全国新闻出版系统职业技术学校统编教材

电脑排版工艺

（上）

全国新闻出版系统职业技术学校统编教材审定委员会 组织编写

主 编 刘春青
参 编 （按姓氏笔画排列）
于 卉 李艳霞
张 琳 郭 琳
主 审 杨速章

印刷工业出版社

内容提要

本书是全国新闻出版系统职业技术学校统编教材中的一本。

《电脑排版工艺》上册主要内容有：计算机排版基础知识、书刊排版的基本操作和书刊、期刊、辅文版面的排版。上册主要围绕防方正书版软件介绍相关的软件操作和排版知识。作者用最新的方正书版软件介绍相关排版知识，同时引入一些具体的案例进行介绍，突破目前部分排版方面的专业教材和图书注重理论、忽视实践的缺点，本书的案例介绍将使排版人员更容易理解及掌握相关知识。

本教材可作为新闻出版系统职业技术学校专业教师教学用书和学生自学用书，也可用于本行业在职技术工人的职业技能培训、技术等级考核和鉴定工作使用。除此以外，本教材还能满足职业技能鉴定和行业内企业对相关工种技术人员再就业的培训需要。

图书在版编目（CIP）数据

电脑排版工艺．上／刘春青主编；于卉等编著．—北京：印刷工业出版社，2009.6
ISBN 978-7-80000-841-2

Ⅰ．电… Ⅱ．①刘…②于… Ⅲ．排版－应用软件，方正书版 Ⅳ．TS803.23

中国版本图书馆CIP数据核字（2009）第072102号

电脑排版工艺（上）

主　　编：刘春青
参　　编：于　卉　李艳霞　张　琳　郭　琳
主　　审：杨速章

责任编辑：张宇华　　　责任校对：郭　平
责任印制：张利君　　　责任设计：张　羽
出版发行：印刷工业出版社（北京市翠微路2号　邮编：100036）
网　　址：www.keyin.cn　　www.pprint.cn
网　　店：//shop36885379.taobao.com
经　　销：各地新华书店
印　　刷：河北省高碑店市鑫宏源印刷包装有限公司

开　　本：787mm×1092mm　1/16
字　　数：362千字
印　　张：15.25
印　　数：1～3000
印　　次：2009年6月第1版　2009年6月第1次印刷
定　　价：29.00元
ISBN：978-7-80000-841-2

◆ 如发现印装质量问题请与我社发行部联系　发行部电话：010-88275707　88275602

全国新闻出版系统职业技术学校统编教材审定委员会

委　员　名　单

全国新闻出版系统职业技术学校统编教材

第一批

拼晒版与打样实训教程…………………… 陈世军　主编
印刷实训指导手册………………………… 周玉松　主编
印前工艺…………………………………… 郝景江　主编
印后加工 ………………………………… 徐建军　主编
柔性版印刷工艺………………………… 严　格　主编
印刷机械基础…………………………… 王　芳　主编
印刷机械电气控制……………………… 王　乔　主编

第二批

印刷概论…………………………………… 李　予　主编
印刷材料…………………………………… 唐裕标　主编
平版印刷工艺…………………………… 谭旭红　主编
印刷品质量检测与控制………………… 陈世军　主编
印刷机结构与调节……………………… 袁顺发　主编
电脑排版工艺（上、下册）……………… 刘春青　主编
包装概论…………………………………… 岳　蕾　主编
包装印刷工艺…………………………… 段　纯　主编

出版说明

新闻出版总署发布的印刷业“十一五”发展指导实施意见提出，要在2010年把我国建设成为全球主要的印刷基地之一，“十一五”末期我国印刷业总产值达到4400亿元。迅猛发展的产业形势对印刷人才的培养和教育工作提出了更高的要求。新闻出版系统中等职业技术学校作为专业人才培养的重要阵地必须因循产业发展的需求做出相应的变革和创新。其中，教材作为必不可少的教学工具，也必须紧跟产业形势，体现产业技术和管理发展的最新成果。

总署一直十分重视和支持系统内中等职业技术学校教材建设工作，于1995年专门成立了印刷类专业教材编审委员会，组织有关学校的教师和行业专家规划、编写了电脑排版、平版制版和平版印刷三个专业的9本专业课统编教材。这批教材突出技工学校印刷类专业教育、教学的特点，陆续出版之后一举扭转了相关专业教材陈旧落后的局面，对近十几年技能型印刷专业人才的培养做出了很大贡献。但近年来，随着印刷专业技术的飞速发展和职业教育改革的不断深化，无论在体系、内容还是形式上都显露出一些问题，有的还比较突出，亟需根据新的形势进行必要的调整和革新。

2006年，汇集了国内相关院校教学骨干的全国新闻出版系统职业技术学校教材审定委员会经新闻出版总署批准成立。委员会的首要任务就是根据新的产业形势，做好系统内院校印刷及相关专业统编教材的更新换代工作。委员会成立后，先后三次召开专题工作会议，明确了新版教材的编写指导思想，首批7本统编教材《拼晒版与打样实训教程》《印刷实训指导手册》《印前工艺》《印后加工》《柔性版印刷工艺》《印刷机械基础》《印刷机械电气控制》已全部出版。

首批7本教材出版后，得到各中职院校的广泛采用及热烈评价，各学校普遍反映新教材的编写适应了当前对中职院校注重实践操作与理论教学相结合的教学目的，体现了“项目驱动”“案例教学”。首批教材的出版标志着新版统编教材的编写工作迈出了实质性的第一步。

根据委员会的规划，2007年又连续多次召开了第二批教材编写会议，确定提纲，落实主编及各中职院校参编作者。第二批统编教材一共8本，分别是《印刷概论》《印刷材料》《平版印刷工艺》《印刷品质量检测与控制》《印刷机结构与调节》《电脑排版工艺》（上、下册）《包装概论》《包装印刷工艺》。第二批教材继续保持第一批教材的鲜明特点及编写方式，具有鲜明的实践性、前瞻性特征，能更好地满足有关院校的教学需要。比如，《印刷品质量检测与控制》首次被纳入新闻出版系统职业技术学校统编教材出版体系，该书有针对性地介绍了通用型印刷品以及书刊、包装、报纸等主流印刷品质量检测与控制的工具、方法，有助于学生适应不同工作岗位的要求；《平版印刷工艺》突破传统教材特点，结合具体案例进行分析和讲解，使学生加深对工艺过程的认识和掌握；《印刷机结构与调节》以“任务驱动”方式突出介绍了国内企业使用较多的进口胶印机和国产胶印机型，更贴近企业对中职院校学生掌握常见机型操作的要求。

从整体上看，这15本教材紧密结合中职院校的教学需求，较好贯彻了委员会的教材编写指导思想，在选题和编写模式上都有了很大突破。新版统编教材主要突出以下显著特点：

1. 面向职业需求，突出实践导向。面向实践，针对企业需求制定有针对性的课程内容，争取使培养出来的学生能较快融入到生产实践中。

2. 关注持续成长，注意延伸学习。在突出实践导向的同时，注意各知识点的延伸性，培养学生的持续学习能力，举一反三，以适应企业的不同需要。

3. 强调任务驱动，理论适度够用。引入职业教育流行的任务驱动理念，明确每一教学单元的培养目标和知识点、技能点，知识教学和技能训练交叉进行。

4. 重视双证融通，接轨技能标准。注重教材内容与职业技能鉴定标准的衔接，以体现职业教育双证融通的特点。

5. 丰富教材体系，适应教改要求。突破纯技术教学倾向，在技术性课程之外，增加营业、计价和营销等业务员相关知识，扩展学生就业面。

第二批中职教材的出版，标志着新版统编教材的编写工作已经在稳步前进。希望有关院校在总结已有经验的基础上继续做好后续教材的编写工作。同时，由于教材编写是一项复杂的系统工程，难度很大，也希望有关院校的师生及行业专家不吝赐教，将发现的问题及时反馈给我们，以利于我们改进工作，真正编出一套能代表当今产业发展需求，体现职业教学特点的高水平教材。

全国新闻出版系统职业技术学校

统编教材审定委员会

2008年8月

前　言

本书主要论述电脑排版基础知识及排版语言，版面设计，期刊杂志版面、报版版面的排版等内容，具有一定的知识性和较强的实用性。

本书是作者结合多年对电脑排版的应用和教学经验编写的教材。全书分上、下两册，其中上册内容是书籍排版，全面介绍了方正书版 9.11 的功能和使用技巧，以案例驱动的方式对 BD 排版语言进行了全面的论述。下册的内容是报业排版，同样是以案例驱动的方式，系统介绍了方正飞腾 4.1 的应用功能和技巧。不仅如此，在书中还加入了书籍排版和报纸排版的基础知识，使读者在学习专业基础课的基础上，比较全面地掌握电脑排版的基本原理和基础知识。

本书上册分为四章，第一章～第二章介绍计算机排版的基础知识和书版 9.11 软件的基本应用，第三章～第四章详细介绍书版 9.11 软件的排版语言。

本书下册分为六章。第一章～第二章主要介绍方正飞腾 4.1 文字、文字块基本操作，第三章介绍了图元和图像的排版，第四章～第六章介绍了表格、主页及数学公式的排版。本书将软件功能的讲解和实例操作相结合，以任务实例来带动讲解具体的操作技巧，使读者边练、边学、边提高，为了巩固所学的内容，在每一章节的后面都设计了一些练习题，其中有一些比较完整的作品练习。使读者在掌握软件功能以后，能在实际工作中尽快上手，举一反三。

由于本书编写时间仓促，有所疏漏在所难免，希望读者批评指正。

编　者

2009 年 5 月

目　录

第一章

计算机排版基础知识

应知要点：

1. 字符的字体、字号。

2. 标点符号及外文符号的排版规则。

3. 书刊排版的工艺流程。

应会要点：

1. 字符的字体、字号的选用及注解命令。

2. 掌握标点符号的排版禁则。

随着社会的进步和科技的发展，计算机的应用越来越广泛，已深入到社会生活的各个方面。计算机排版是计算机技术和印刷排版技术相结合的产物，是一项新兴的信息处理技术。计算机排版作为新的生产工艺，成功地取代了传统的铅字排版，给印刷行业带来了巨大的变化。计算机排版已经广泛地应用在新闻出版、印刷行业、行政机关、教育机构和社会生活的各个方面，成为我国信息产业的一个重要组成部分。下面我们就来学习排版基础知识。

第一节　汉字字模的字体、字号及选用原则

【任务】认识汉字字模的字体、字号，掌握修改字体、换行等最基本的注解命令。

【分析】通过讲述书刊排版基础知识，使大家能了解书刊排版软件的功能。通过常见的印刷品实例，比较它们在字体、字号上的选用。

在计算机排版过程中，接触最多的就是文字，所以设置文字的格式及排法对一个版式来说至关重要。下面就以方正系统为例，介绍一下常用汉字的字体、字号及选用原则。

一、汉字字模的字体、字号

字模由字心与边框组成。边框的底线称作基线。在一般文字排版中，如没有特殊要求，同一行文字不论字号大小，基线是一致的，但数学和化学公式除外。

（一）字体

字体是汉字的格式和风格。不同的字体可区分版面中的标题字与正文字以及主要内容与次要内容等。常用字体有书宋、报宋、仿宋、黑体、小标宋和楷体。

方正汉字字体的名称及输入符号如表 1–1 所示。

表 1–1　方正汉字字体的名称及输入符号

字体名	输入符号	字体名	输入符号	字体名	输入符号	字体名	输入符号
报　宋	BS	仿　宋	F	黑　体	H	楷　体	K
书　宋	SS	小标宋	XBS	中等线	ZDX	宋　三	S3
细等线	XH	幼　线	YX	行　楷	XK	魏　碑	W
美　黑	MH	姚　体	Y	大　黑	DH	大标宋	DBS
舒　体	ST	细　圆	Y1	准　圆	Y3	隶　二	L2
水　柱	SZ	综　艺	ZY	粗　圆	Y4	琥　珀	HP
隶　书	L	彩　云	CY	隶　变	LB	黑　变	HB
细黑一	XH1	康　体	KANG	新报宋	NBS	超粗黑	CCH
瘦金书	SJS	黄　草	HC	新舒体	NST	宋　一	S1
细　倩	XQ	粗　倩	CQ	中　倩	ZQ	华　隶	HL
细珊瑚	XSH	平和体	PHT	少　儿	SE	稚　艺	ZHY
粗　宋	CS	胖　娃	PW	水　黑	SHH	卡　通	KAT
古　隶	GL	艺　黑	YH	启　体	QT	硬笔行书	YBXS
硬笔楷书	YBKS	毡笔黑	ZBH	小篆体	XZT	秀　丽	XL
新秀丽	XXL	日文黑	RWH	日文明	RWM	粗　黑	CH
中　楷	ZK	平　黑	PH				

（二）字号

字号即字的大小。铅活字的规格一般采用“号数制”或“磅数制”来计量。手动照排字的大小用“级数制”来计量。计算机字的大小一般用“号数制”或“磅数制”来计量。

号数制　字的大小用号表示的就称为“号数制”。按字由小到大的顺序排列是小七号、七号、小六号、六号、小五号、五号、小四号、四号、三号、小二号、二号、小一号、一号、小初号、初号、小特号、特号等。

磅数制　又称点数制，是以计量单位“点”为单位计量字形大小的体制。点的英文为 point，音译为“磅”，符号取英文的第一个字母 p。点数制与英制和公制的换算关系为：1p（磅）=1/72 英寸=0.35 毫米。

级数制 照排字规格表示法。在手动照排中的照排字采用级数制。

方正系统字形规格如表 1–2 所示。

表 1–2 方正系统字形规格

字 号	注解写法	磅数 p	级数 i	尺寸 mm	字 号	注解写法	磅数 p	级数 i	尺寸 mm
小七号	7”	5.25	7	1.849	小一号	1”	24	34	8.424
七 号	7	6	8.5	2.123	一 号	1	28	39	9.657
小六号	6”	7	10	2.465	小初号	0”	32	44	11.095
六 号	6	8	11	2.808	初 号	0	36	51	12.671
小五号	5”	9	12.6	3.150	小特号	10”	42	599	14.794
五 号	5	10.5	15	3.698	特 号	10	48	68	16.917
小四号	4”	12	17	4.246	特大号	11	56	79	19.726
四 号	4	14	20	4.931	63 磅	63	63	89	22.191
三 号	3	16	22	5.547	72 磅	72	72	101	25.342
小二号	2”	18	25.5	6.369	84 磅	84	84	118	29.589
二 号	2	21	30	7.397	96 磅	96	96	135	33.836

二、字体、字号的选用原则

方正系统常用的字体有：书宋（SS）、楷体（K）、仿宋（F）、黑体（H）、小标宋（XBS）和报宋（BS）。一般来说，书版版心字常用五号书宋，报版版心字常用小五号报宋，办公文件版心字常用四号仿宋，黑体、小标宋和楷体常用作标题字。下面就介绍它们的特点及选用原则。

（一）书宋

方正书宋字体示例

笔画横平竖直，粗细适中，疏密布局合理，使人看起来清晰爽目，久读不易疲劳，所以一般书刊的正文都用书宋体。

书宋体的另一优点是印刷适性好。一般书籍正文都用五号字，由于书宋的笔画粗细适中，疏密合理，印出的笔道完整清晰，若用五号仿宋，因笔画太细，易使字残缺不全，若用楷体又因笔画较粗，对多笔画字易糊。

（二）报宋

方正报宋字体示例

字形方正，笔画比书宋细，比仿宋粗。报宋常用于排报纸版心字，用小五号或六号报宋，印出笔画清晰，多笔画字不会糊。也可做中、小标题字。

（三）仿宋

方正仿宋字体示例

仿宋是古代的印刷体。笔画粗细一致，起落锋芒突出，刚劲有力。

一般用于：

（1）中、小号标题。

（2）报、刊中的短文正文。

（3）小四号、四号、三号字的文件。

（4）古典文献和仿古版面。

（四）黑体

方正黑体字体示例

又称等线体、粗体、平体和方头体。字体文正饱满，横竖笔画粗细相同，平直粗黑，受西方等线黑体影响而设计的。

一般用于：

（1）各级大、小标题字、封面字。

（2）正文中要突出的部分。

（五）小标宋

方正小标宋字体示例

笔画横细竖粗，刚劲有力，笔锋突出。是方正系统基本字模中最理想的排大、小标题字及封面字的字体。

（六）楷体

方正楷体字体示例

笔画接近于手写体，直接由古代书法发展而来，字体端正、匀称。

一般用于：

（1）小学课本及幼教读物。选用四号楷体便于孩子们模仿与模写。

（2）中、小号标题，作者的署名等，以示与正文字体相异而出。但用楷体做标题时，至少要比正文大一个字号，否则标题字会显得比正文还小。

（3）报刊中的短文正文。

三、字体选用实例

下面以方正书版为例，举几个字体选用实例。

实例一

大样：

通　　知

计算机排版专业全体学生：

今天下午4点整在四楼会议室召开排版专业师生座谈会。

望全体同学准时参加。

计算机排版教研室

2008年3月18日

此例标题字用的是小一号黑体，正文字用的是三号楷体。

小样：

〖HS4〗〖JZ〗〖HT1”H〗通＝＝知〖HT3K〗↙计算机排版专业全体学生：↙今天下午4点整在四楼会议室召开排版专业师生座谈会。望全体同学准时参加。↙↙↙〖JY，2〗计算机排版教研室↙〖JY，2〗2008年3月18日

实例二

大样：

请　假　条

高老师：

我因感冒、发烧，无法上课，需请假一天，恳请批准。附医生证明一份。

学生　　王小小

2008 年 3 月 6 日

此例标题字用的是二号小标宋，正文字用的是四号楷体。

小样：

〖HS4〗〖JZ〗〖HT2XBS〗请=假=条〖HT〗⇙〖HT4K〗高老师：↙我因感冒、发烧，无法上课，需请假一天，恳请批准。附医生证明一份。↙↙↙〖JY，2〗学生==王小小↙〖JY，2〗2008 年 3 月 6 日

实例三

大样：

目　　录

第一部分　基础知识

第二部分　黑色金属材料

小样：

〖JZ〗〖HT4H〗目〖KG2〗录⇙⇙〖HT5H〗〖JZ〗第一部分〓基础知识〖HJ7mm〗⇙〖HJ2mm〗〖HT5"SS〗1.1〓常用计量单位及换算〖JY。〗2⇙1.2〓黑色金属材料基本知识〖JY。〗3⇙〖HT5"K〗〓〓1.2.1〓黑色金属材料的分类〖JY。〗3↙1.2.2〓黑色金属材料中钢材的分类〖JY。〗4↙1.2.3〓黑色金属材料中常用钢材的牌号、性能及用途〖JY。〗5↙1.2.4〓黑色金属材料理论质量计算〖JY。〗18↙1.2.5〓钢的涂色标记〖JY。〗22⇙〖HT5"SS〗1.3〓有色金属材料的基本知识〖JY。〗23↙〖HT5"K〗1.3.1〓有色金属材料的分类〖JY。〗23↙1.3.2〓常用有色金属材料的特性及应用〖JY。〗24↙1.3.3〓有色金属材料理论质量计算〖JY。〗25↙1.3.4〓常用有色金属材料的储运管理〖JY。〗30〖HJ5mm〗↙〖HT5H〗〖JZ(〗第二部分　黑色金属材料〖JZ)〗⇙〖HT5"SS〗2.1〓热轧盘条〖JY。〗32〖HJ2mm〗⇙2.2〓钢筋混凝土用热轧光圆钢筋〖JY。〗33⇙2.3〓钢筋混凝土用余热处理钢筋〖JY。〗33⇙2.4〓预应力混凝土用热处理有纵肋钢筋〖JY。〗34⇙2.5〓预应力混凝土用热处理无纵肋钢筋〖JY。〗34⇙2.6〓钢筋混凝土用热轧带肋钢筋〖JY。〗35⇙2.7〓冷轧带肋钢筋〖JY。〗36⇙2.8〓热轧圆钢和方钢〖JY。〗37⇙2.9〓热轧六角钢和八角钢〖JY。〗41⇙2.10〓冷拉圆钢、方钢、六角钢〖JY。〗43⇙2.11〓热轧扁钢〖JY。〗46⇙2.12〓热轧等边角钢〖JY。〗58⇙2.13〓热轧不等边角钢〖JY。〗62⇙2.14〓热轧L形钢〖JY。〗66⇙2.15〓热轧普通槽钢〖JY。〗67⇙2.16〓热轧轻型槽钢〖JY。〗69

第二节　外文及标点符号的排版及选用

【任务】 认识标点符号、外文及外文符号的排版规则。

【分析】 通过讲述标点符号、外文及外文符号的排版规则，使大家能了解标点符号、外文及外文符号的用法。

一、标点符号的排版规则

在传统印刷排版行业，标点符号的排法主要有开明制、全身制和对开制。

（一）标点符号的排法

1. 开明制

除句号（。）、问号（？）、感叹号（！）占一个汉字的位置外，其他标点符号占半个汉字位置。由于这种规矩最早在开明书店出版的书中采用，故称为“开明式”或“开明制”。目前很多出版物都采用这种排法，特别是科技出版物都采用这种排法。通常方正书版系统的标点符号采用开明制。

2. 全身制

所有标点符号都占一个汉字的位置，称为“全身制”或“全角制”。这种方法排出的版面比较整齐，排公文通常采用这种方法，一些文科类图书也采用这种方法。

3. 对开制

所有标点符号全部占半个汉字的位置，又称“半角”、“对开”，只有破折号、省略号除外。对开制排出的版面比较紧凑，多用于辞书、工具书。

（二）标点符号的禁排规则

标点符号的排列位置有一些规则，也叫“排版禁则”。主要有：

（1）句号（。）、问号（？）、叹号（！）、逗号（，）、顿号（、）、分号（；）和冒号（：）不得出现在一行之首。

（2）引号“”、括号（）和书名号《》的前一半不得出现在一行之末，后一半不得出现在一行之首。

（3）破折号（——）和省略号（……）占两个字的位置，允许出现在行首或行末，但中间不能断开。连接号（－）和间隔号（·）占一个字的位置。这4种符号上下居中排。

（4）横排时，着重号、专名号、波浪号、书名号标在字的下边。

书版中标点符号的禁排规则由系统自动实现，除非特殊需要，一般用户无须操心。

二、外文符号的排版规则

排版人员应具备一些最常用的外文符号的排版知识，以免在排版时出现常规性的错误。

（一）外文字母和符号为白正体

1. 三角、反三角函数符号

sin（正弦）　cos（余弦）　tg 或 tan（正切）　ctg 或 cot（余切）
sec（正割）　csc 或 cosec（余割）　arcsin　arccos
arctg 或 arctan　arcctg 或 arccot　arcsec　arccsc 或 arccosec

2. 双曲、反双曲函数符号

sh（双曲正弦）　ch（双曲余弦）　th 或 tanh　cth 或 coth（双曲余切）
sech（双曲正割）　csch 或 cosech　arsh 或 arsinh　arch 或 arcosh
arth 或 artanh　arcth 或 arcoth　arsech　arcsch 或 arcosech

3. 对数符号

log（通用对数）　lg（常用对数）　ln（自然对数）

4. **公式中的缩写字和常用符号**

max（最大值）　min（最小值）　lim（极限）　Re（复数实部）

Im（复数虚部）　arg（复数的幅角）　const（常数符号）　mod（模数）

sgn（符号函数）

5. **公式中常用算术符号**

∑（连加）　∏（连乘）

6. **罗马数字**

大写罗马数字：Ⅰ、Ⅱ、Ⅲ、Ⅳ、Ⅴ、Ⅵ、Ⅶ、Ⅷ、Ⅸ、Ⅹ、Ⅺ、Ⅻ。

7. **化学元素符号**

排化学元素符号时，单字母排大写；双字母中的第一个字母大写，第二个字母小写。如化学符号H、He、Ag、Ca、Fe、Mn、O、Sn、K、Na。

8. **法定计量单位和温度符号**

kg（千克）　m（米）　°F（华氏温度）　°C（摄氏温度）　K（热力学温度）

9. **硬度符号**

H_B（布氏硬度）　G_V（维氏硬度）　H_S（肖氏硬度）　H_R（洛氏硬度）

H_{RA}（A标洛氏硬度）　H_{RB}（B标洛氏硬度）　H_{RC}（C标洛氏硬度）

H_{RF}（F标洛氏硬度）

10. **代表形状、方位的外文字母**

T形　V形　U形　N（北极）　S（南极）

11. **国名及专名缩写**

P. R. C（中华人民共和国）　U. S. A（美利坚合众国）　IDF（独立函数）

A. U. S（澳大利亚）　UFO（飞碟）

（二）外文字母和符号为白斜体

（1）代数中的已知数，如 a，b，c，……；未知数，如 x，y，z，……

（2）几何中代表点，如 A，B，C，……；线段，如 a，b，c，……；角度，如 α，β，γ，θ。

（3）化学中易与元素符号混的外文字母。如L左型、R右型、N当量……

（三）外文字母和符号为黑体

（1）近代物理学与代数学中的“张量”用黑斜体，如张量 $\boldsymbol{S}$，张量 $\boldsymbol{T}$ 等。

（2）近代物理学和代数学中的“矢量”用黑斜体，如矢量 $\boldsymbol{A}$、磁场 $\boldsymbol{H}$ 等。

（四）科技书刊中外文字母大小写的用法

（1）凡有两个字母组成的化学元素，第一个字母大写，第二个字母必须小写，如Pb、Au、Na、Fe。

（2）科技书籍中，同一个字母的大、小写所代表的数或量不同，因此在排版时要注意外文字母的大、小写，如pH值，其中“p”一定要排小写。

第三节　计算机排版工艺流程

【任务】认识计算机排版工艺流程，了解计算机排版系统主要工序。

【分析】通过讲解计算机排版工艺流程，使大家了解计算机排版系统主要工序的功能，为将来搞生产打下良好的基础。

从事计算机排版的人员，首先要了解计算机排版工艺流程。下面我们来介绍一下计算机排版工艺流程。

一、计算机排版工艺流程图

计算机排版的工艺流程一般是：

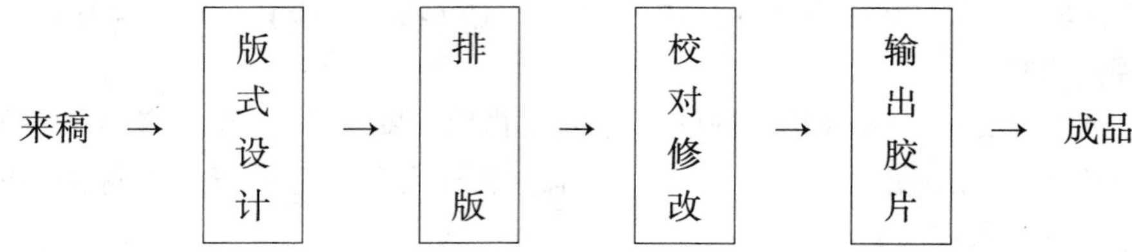

二、计算机排版系统主要工序

作为排版人员，应熟悉计算机排版系统的工序。下面简单介绍一下计算机排版系统主要工序。

（一）版式设计

客户来稿后，排版人员排版前，首先要对稿件进行版式设计，确定正文字号字体、版心尺寸，指出各级标题、书眉格式、页码格式等。以上工作往往由排版人员来完成，所以排版人员必须有版式设计的素养。

（二）排版

排版人员按原稿和版式设计的要求录入文字、符号，排出所要版式，毛校后通过打印机输出版样，交给作者或编辑进行校对。

（三）校对、修改

校对就是校正与核对。各种图书、报刊等出版物和印刷品均需经过多次校对、修改，才能定版付印。一般情况下，对计算机的排版结果还需要经过编辑、作者的手工校对。其流程一般为：

毛校→一改、出一校样→一校→二改、出二校样→二校→三改、出三校样→三校→出付印样。

毛校一般由排版者负责，要逐字逐句检查，主要解决以下问题：

查看错别字，有无丢字、漏段；查看各级标题位置及其格式；检查字号、字体是否符合要求；检查插图是否就位；表格位置是否正确，有无不该拆页表等。

一改、出一校样初步解决毛校中的问题，有些问题不必完全解决，因为毛校还不是最后确定的版面，以后还可能变动。

一校由出版社或作者负责，重点是对文字和格式全面校对。

二改除改正一校稿中的错误外，重点是顺页码、定版面。

二校进一步确定版面、顺页码。

三改时一般仅改个别错误之处。若为非正式出版物三改后可出付印的激光纸样。若是公开出版物，三校后方可出付印样。

一般校改后差错率合格标准应该在表 1-3 中所述范围之内。

表 1-3　各校次质量要求

校次	毛校样	一校样	二校样	三校样	付印样
差错率	≤5. 0‰	≤3. 0‰	≤0. 5‰	≤0. 1‰	≈

（四）输出胶片

通过上述的校对和修改后，即可在激光照排机上出胶片。出激光照排胶片前，最好先出一份准确无误的纸样，防止浪费胶片。为了保证付印样的墨色均匀一致、纸张黑白一致，一本书的付印样最好一次出完，需个别修改补单张的，一定要注意上述两个一致。

第二章 书刊排版的基本操作

应知要点：

1. 小样文件基本操作。
2. 大样文件基本操作。
3. PRO 文件基本操作。

应会要点：

1. 小样文件的新建、编辑、保存、关闭、打开。
2. 大样文件的显示与退出。
3. 设置版心、页码、书眉、脚注。

方正书版的排版文件是它的核心部分。一般包括：小样文件、大样文件、PRO 文件以及与之相关的一些基本操作。

第一节　小样文件基本操作

【任务】认识小样文件基本操作。

【分析】通过讲述小样文件基本操作，使大家能了解小样文件的新建、编辑、保存、关闭、打开。

小样文件是包含方正书版注解信息的文本文件。书版小样文件名允许使用任何符合 Windows 标准的文件名，缺省的小样文件名带扩展名“. fbd”。例如“留言条 . fbd”。

一、新建小样文件

启动书版软件之后，单击标准工具栏的“新建小样”按钮，可直接新建一个小样文件。如果选择“文件”菜单的“新建”命令，则会打开如图 2–1 所示的“新建”对话框，在对话框的“新建”列表中选择“小样文件”并确定，即会新建一个以默认的小样文件名（“小样 1”、“小样 2”……）命名的

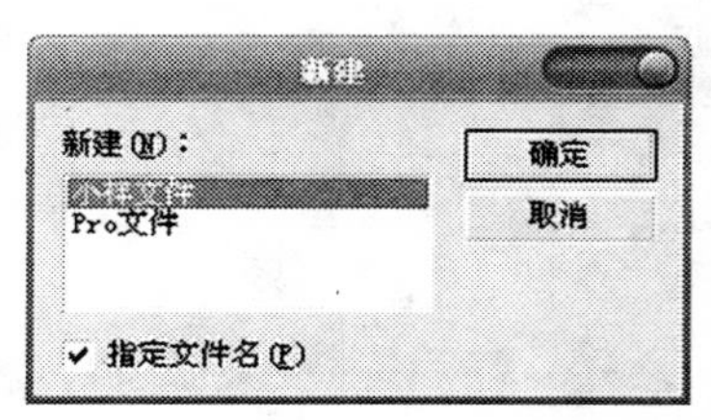

图 2–1　“新建”对话框

小样文件。

如果选中“指定文件名”复选框，单击“确定”按钮后，会打开如图 2-2 所示的对话框，选择好文件夹，输入文件名，单击“保存”按钮，则会新建一个以该文件名命名的小样文件。

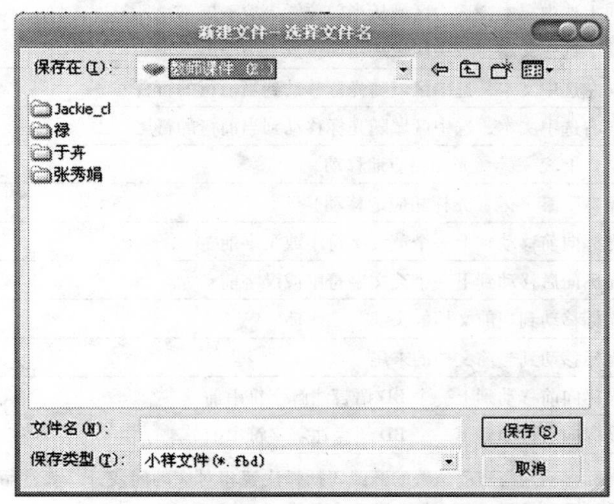

图 2-2　“新建文件—选择文件名”对话框

二、编辑小样文件

同其他文字处理软件一样，在书版中建立一个小样文件后，就可以通过键盘录入文字。页面上一条不停闪动的竖线光标就是插入点，录入文字内容就从这里开始。

在书版中录入文字可用快捷键（见表 2-1），从而提高速度。

表 2-1　常用键盘命令

快 捷 键	功　能
↑	光标向上移动一行
↓	光标向下移动一行
←	光标向左移动一个字符
→	光标向右移动一个字符
PageUp	光标上滚一屏
PageDown	光标下滚一屏
Home	光标移动到当前行的行首
End	光标移动到当前行的行尾
Insert	切换文本的编辑状态（插入/改写）
Enter	回车
Shift + Enter	插入换行符 + 回车
Ctrl + Enter	插入换段符 + 回车
Shift + ↑	向上选中文本，选中区域随光标向上移动一行
Shift + ↓	向下选中文本，选中区域随光标向下移动一行

续表

快捷键	功 能
Shift + ←	向左选中文本，选中区域随光标向左移动一列（一个字符）
Shift + →	向右选中文本，选中区域随光标向右移动一列（一个字符）
Shift + PageUp	向上选中文本，选中区域从当前位置上滚一屏
Shift + PageDown	向下选中文本，选中区域从当前位置下滚一屏
Shift + Home	向左选中文本，选中区域随光标移动到当前行的行首
Shift + End	向右选中文本，选中区域随光标移动到当前行的行尾
Ctrl + ↑	窗口上滚一行（光标相应地移动）
Ctrl + ↓	窗口下滚一行（光标相应地移动）
Ctrl + ←	光标向前移动到上一个英文字符串或汉字前
Ctrl + →	光标向后移动到下一个英文字符串或汉字前
Ctrl + Home	光标移动到当前文档的头部
Ctrl + End	光标移动到当前文档的末尾
Ctrl + =	光标向前移动到上一个 BD 语言注解字符串前
Ctrl + \	光标向后移动到下一个 BD 语言注解字符串前
Ctrl + 0	光标移动到与当前位置的开或闭括弧注解相对应的闭或开括弧注解前。如果当前位置不是一个开或闭括弧注解，此命令无效
Ctrl + Shift + ←	选中文本，选中区域随光标向前移动到上一个英文字符串或汉字字符前
Ctrl + Shift + →	选中文本，选中区域随光标向后移动到下一个英文字符串或汉字字符前
Ctrl + Shift + Home	选中文本，选中区域随光标移动到当前文档的头部
Ctrl + Shift + End	选中文本，选中区域随光标移动到当前文档的末尾
Ctrl + Shift + =	选中文本，选中区域随光标向前移动到上一个 BD 语言注解字符串前
Ctrl + Shift + \	选中文本，选中区域随光标向后移动到下一个 BD 语言注解字符串前
Ctrl + Shift + 0	选中文本，选中区域随光标移动到与当前位置的开或闭括弧注解相对应的闭或开括弧注解前

在书版中输入符号常用以下三种方法：

（一）输入法状态条

在书版录入过程中，可通过输入法状态条（见图 2–3）输入常见符号。

右击小键盘，可得如图 2–4 所示符号盘。单击希腊字母，可得如图 2–5 所示希腊字母符号盘。

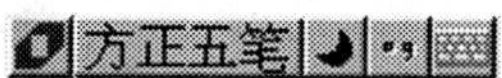

图 2–3 输入法状态条

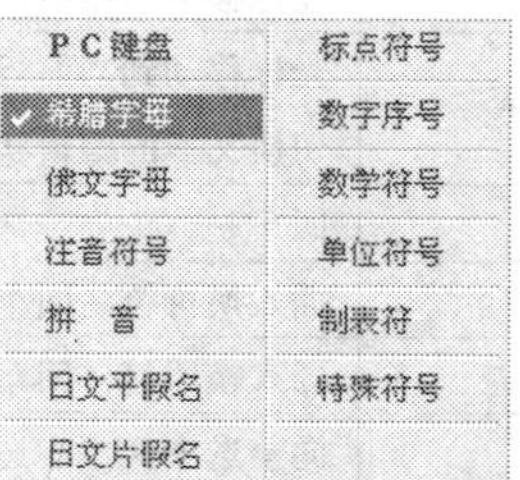

图 2–4 符号盘

图 2-5　希腊字母符号盘

（二）特殊字符条

在录入书版小样过程中，用户可以用鼠标单击“特殊字符”工具条上的按钮或通过快捷键录入小样中常用的控制符（见图 2-6）。

图 2-6　“特殊字符”工具条

“特殊字符”工具条上各字符的功能及快捷键如表 2-2 所示。

表 2-2　“特殊字符”工具条上各字符的功能及快捷键

字　　符	功　　能	快 捷 键
[]	注解括弧	Ctrl + Shift + [
⇑	上标	Ctrl + Shift + I
⇓	下标	Ctrl + Shift + M
$⃝	数学态切换符	Ctrl + Shift + ;
ⓩ	转字体符	Ctrl + Shift + ’
&⃝	页码目录替换符	Ctrl + Shift + /
〖〗	盒组括弧	Ctrl + Shift +]
(())	盘外符括弧	Ctrl + Shift + (
↣	转义符	Ctrl + Shift + >
↙	换段符	Ctrl + Shift + P
⇙	换行符	Ctrl + Shift + L
Ω	文件结束符	Ctrl + Shift + O
=	中文空格	Ctrl + Shift + Space
《》	外挂字体名括弧	Ctrl + Shift + <
-	外文软连字符	Ctrl + Shift + -
——	破折号	Ctrl + Shift + J
……	省略号	Ctrl + Shift + K
”	右双引号	Ctrl + Shift + N
。	句号	Ctrl + Shift + U
.	小数点	Ctrl + Shift + H

（三）动态键盘

书版的动态键盘提供了各类常用符号。选择“查看”菜单的“动态键盘”命令，或按下快捷键 Ctrl + K 打开如图 2-7 所示的动态键盘。

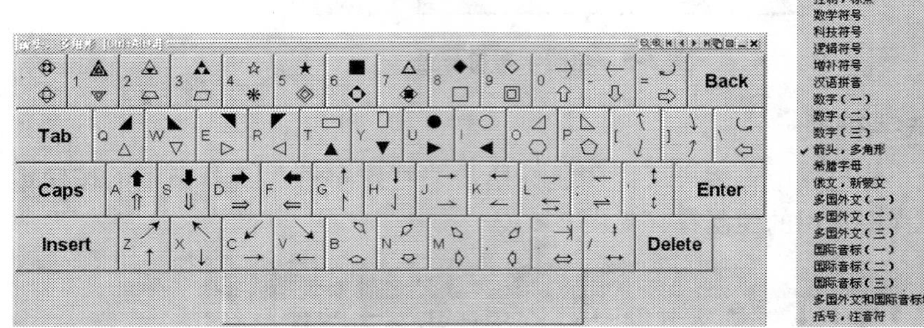

图 2-7　动态键盘

在打开“动态键盘”的情况下，通过键盘录入的单字节字符都会被替换为动态键盘上对应的符号，也可用鼠标单击以输入相应的符号。一般情况，直接输入的是下档键符号，使用 Shift 输入的是上档键符号，但如果按了 Caps Lock 键，就正好反过来。如果要输入的字符不在当前页上，可单击“动态键盘”右上角的“选择码表”按钮选择需要的动态键盘。

三、保存小样文件

保存小样文件的操作方法如下：

（1）选择“文件”菜单的“保存”命令，弹出如图 2-8 所示的“保存为”对话框。

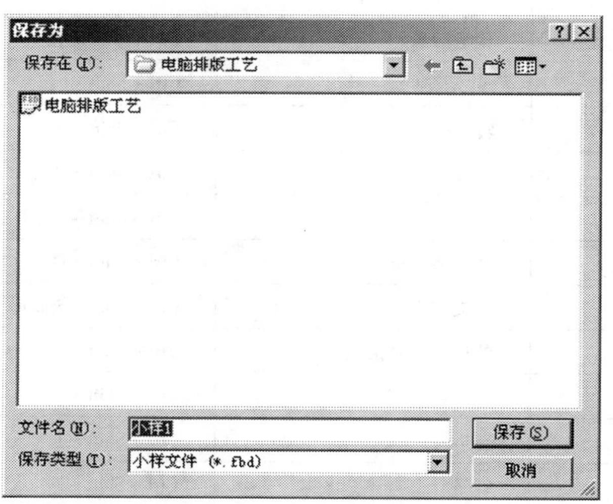

图 2-8　“保存为”对话框

（2）默认的保存位置是“我的文档”，如果不想将文件保存在这里，可弹出“保存在”右边的下箭头按钮，从打开的下拉列表中选择需要的位置。

（3）在“文件名”文本框中输入文件的名称，单击“保存”按钮即可。如果键入的文件名没有扩展名，保存时系统会自动附加“.fbd”扩展名。

（4）如果要保存当前打开的所有文档，可选择“文件”菜单“全部保存”命令。

对新建的小样文件，第一次保存时也可单击标准工具栏中“保存”按钮或按下快捷键 Ctrl + S。而对于已经保存过又作了修改的文件，单击“保存”按钮或按下 Ctrl + S 组合键则不再弹出“保存为”对话框。如果想使用新名称保存已保存过的小样文件，则要选择“文件”菜单“另存为”命令，才会弹出“保存为”对话框，此时用户就可以选择新的位置或改变文件名保存一份原文件副本。

四、关闭小样文件

关闭文件的操作方法如下：

（1）单击“小样编辑”窗口右上角的按钮，或选择“文件”菜单的“关闭”命令，都可以关闭当前文档（见图 2-9）。

（2）如果要关闭所有打开的文件窗口，可选择“文件”菜单的“关闭全部窗口”命令。

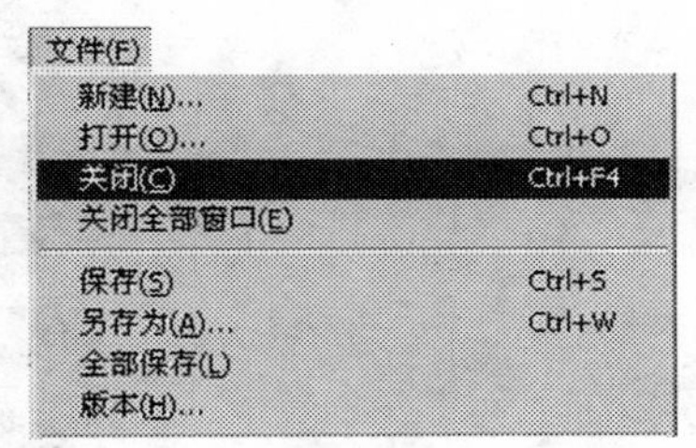

图 2-9　“关闭”文件菜单

五、打开小样文件

打开小样文件的操作方法如下：

（1）选择“文件”菜单的“打开”命令，或单击标准工具栏的“打开”按钮，也可按下快捷键 Ctrl + O，弹出如图 2-10 所示的“打开”对话框。

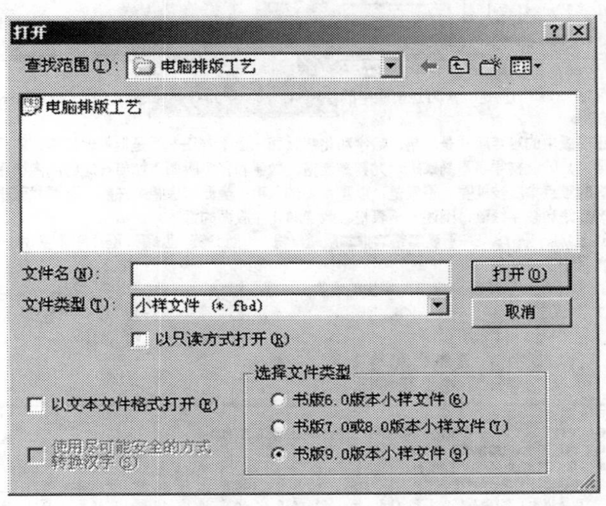

图 2-10　“打开”对话框

（2）在列表框中选择要打开的文件，单击“打开”按钮即可打开该文件。在“文件类型”下拉列表中有三种选择：小样文件、PRO 文件和所有文件。当选择“小样文件”时，在文件列表框中会列出所有以“.fbd”为扩展名的小样文件。当选择“PRO 文件”时，文件列表框中会列出所有扩展名为“.pro 的文件”。

（3）双击某个 fbd 文件或 PRO 文件，可以启动书版软件，并自动打开该文件。如果书版已经处于打开状态，双击 pro 和 fbd 文件，相应的文件就会在书版中打开。

（4）如果是近期编辑保存的文件，还可通过单击“文件”菜单下的保存记录打开该文件（见图 2–11）。

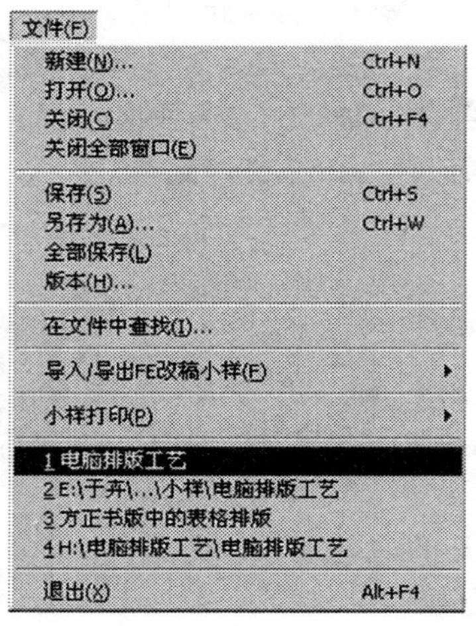

图 2–11　打开最近保存文件

（5）如果同时打开了多个文件，则可以通过单击“窗口”菜单下的文件名在不同文件窗口间切换（见图 2–12）。

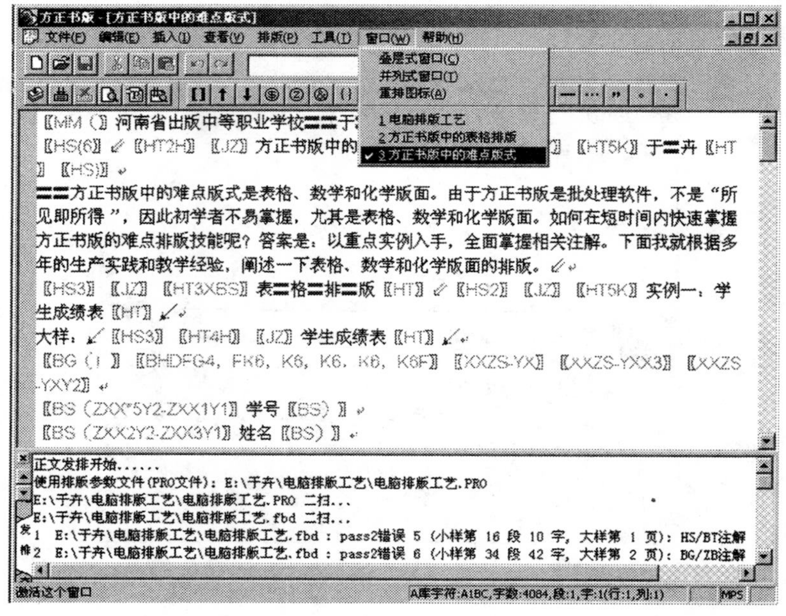

图 2–12　切换文件窗口

第二节　大样文件基本操作

【任务】 认识大样文件基本操作。

【分析】 通过讲述大样文件基本操作，使大家能了解大样文件的显示、平铺大样预览窗口、在大样预览窗口中设置网格、大样文件的显示比例、大小样文件的对照以及大样文件中的图片显示等操作。

小样文件通过排版与扫描，将自动生成大样文件。大样文件是排版的中间结果文件，主要供显示和输出用。

一、显示大样文件

显示大样文件的基本操作如下：

（1）在“正文发排”命令成功之后，选择“排版”→“正文发排结果显示”；也可在排版工具栏中单击“正文发排结果显示”按钮或按下 F5 键。

（2）系统将打开“大样预览窗口”（见图 2–13），显示发排后的大样文件。

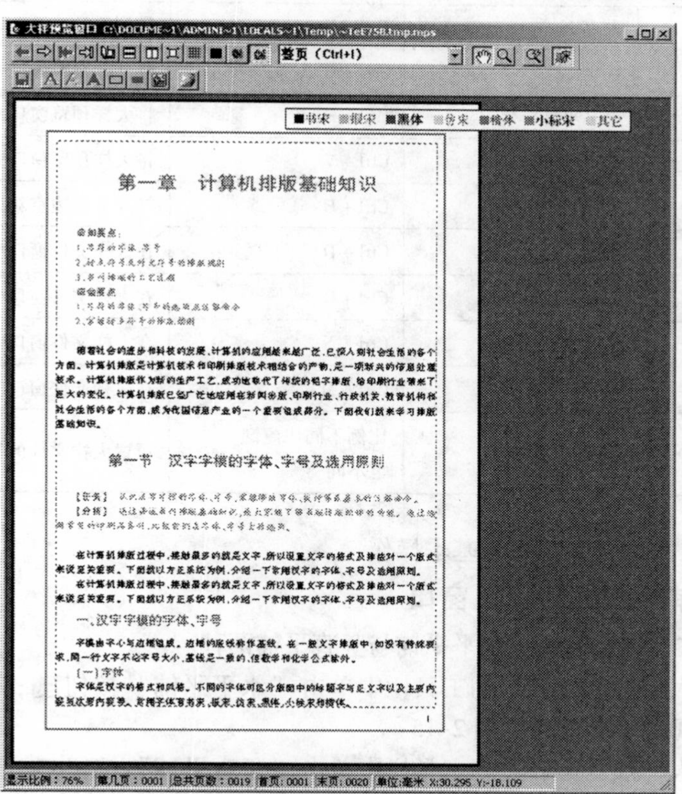

图 2–13　大样预览窗口

二、大样预览中的基本操作

大样预览中的基本操作包括平铺大样预览窗口、在“大样预览窗口”中设置网格、大样文件的显示比例、大小样文件的对照以及大样文件中的图片显示。

“大样文件预览窗口”的操作都是通过工具栏来完成的。“大样预览窗口”工具栏如图2–14所示。

图 2–14　“大样预览窗口”工具栏

上述“大样预览窗口”工具栏中各按钮名称、快捷键及说明如表 2–3 所示。

表 2–3　“大样预览窗口”工具栏中各按钮名称、快捷键及说明

按　钮	名　称	快 捷 键	说　明
	前一页	Ctrl + PageUP	向前翻一页
	后一页	Ctrl + PageDown	向后翻一页
	首页	Ctrl + Home	翻到第一页
	末页	Ctrl + End	翻到最后一页
	选页	Ctrl + G	打开选页对话框
	水平平铺	Ctrl + F	将大样预览窗口水平平铺
	竖直平铺	Ctrl + V	将大样预览窗口竖直平铺
	页面边空	Ctrl + H	打开页面边空对话框
	网格	Ctrl + D	在大样文件窗口中显示网格
	不显示图片	Ctrl + B	在大样文件窗口中不显示图片
	粗略显示图片	Ctrl + N	在大样文件窗口中粗略显示图片
	完整显示图片	Ctrl + M	在大样文件窗口中完整显示图片
整页（Ctrl+I）	显示比例	比例不同快捷键 也不同	设置大样文件的显示比例

下面简述一下大样预览中的基本操作：

（一）平铺大样文件预览窗口

平铺大样文件预览窗口分水平平铺与竖直平铺两种。

（1）在“大样预览窗口”的工具栏中单击“水平平铺”按钮（或按快捷键 Ctrl + F），就能实现水平平铺（见图 2–15）。

（2）在“大样预览窗口”的工具栏中单击“竖直平铺”按钮（或按快捷键 Ctrl + V），就能实现竖直平铺（见图 2–16）。

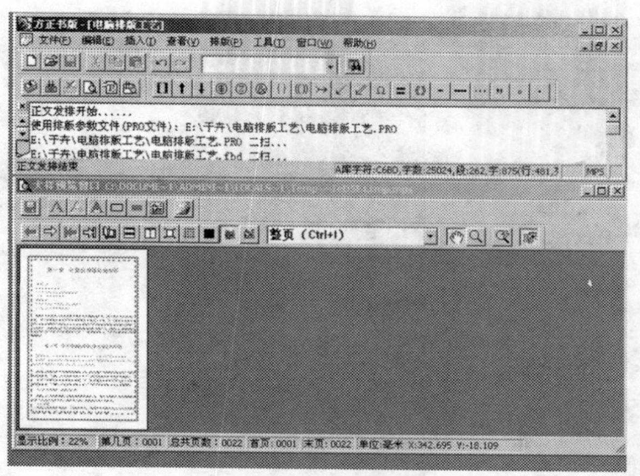

图 2–15　“水平平铺”窗口

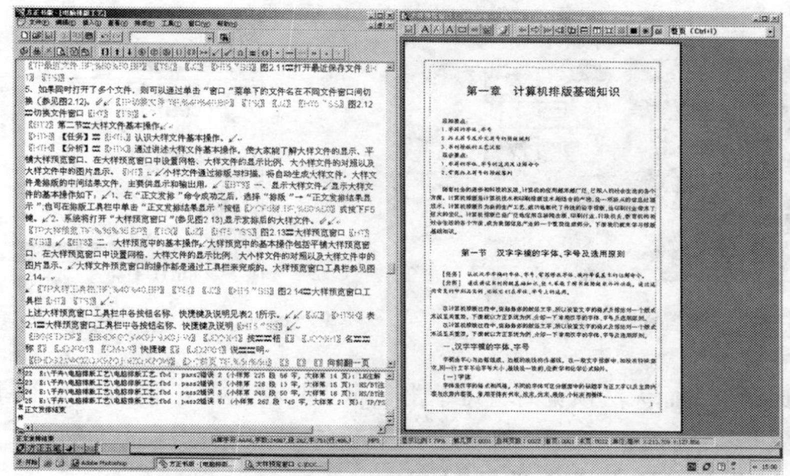

图 2–16　“竖直平铺”窗口

（二）在大样文件预览窗口中设置网格

在“大样预览窗口”中设置网格，可以让我们清楚各字符所在的位置，从而更好地设置它们。单击工具栏上的“网格”按钮▦（或按快捷键 Ctrl + D），可显示大样网格（见图 2–17）。

如果想重新设置网格的大小与其所使用的单位，可在“大样预览窗口”中单击鼠标右键，在弹出的快捷菜单中选择“网格”命令下的“设置网格间距”子命令，系统就会调出“设置网格”对话框（见图 2–18）。

（三）设置大样文件的显示比例

在“大样预览窗口”的工具栏上，“显示比例”的下拉列表框中选择大样文件的显示比例（见图 2–19）。

在工具栏上，单击“缩放页面工具”按钮🔍可控制大样文件页面的显示大小。单击该按钮，只需在大样文件中单击鼠标左键即可进行放大页面操作；如果要缩小，则按 Alt 键即可。

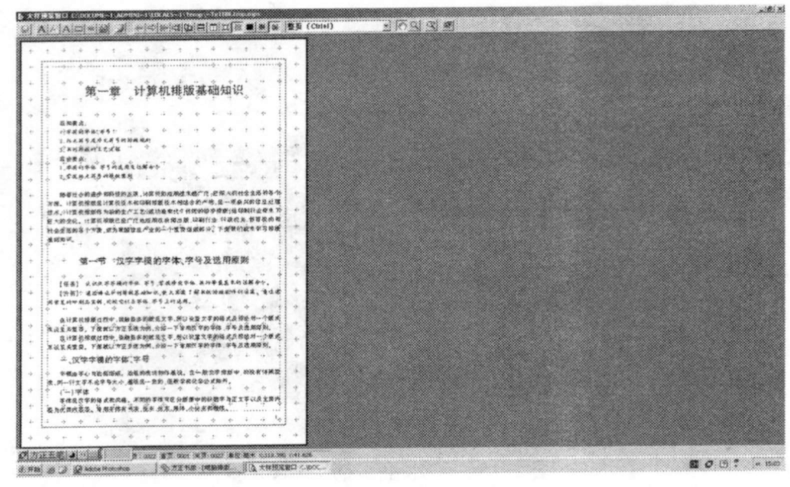

图 2–17　在大样文件中显示网格

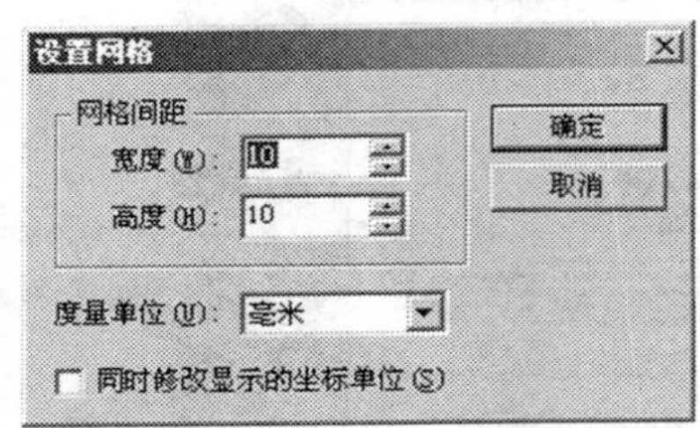

图 2–18　“设置网格”对话框

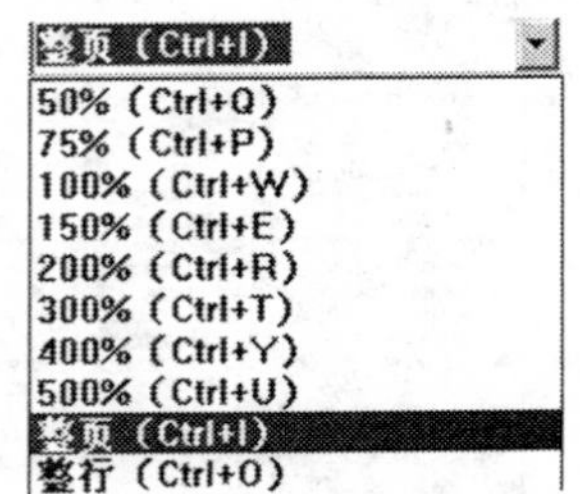

图 2–19　“显示比例”列表框

当显示比例过大而无法预览时，可单击显示工具栏上的“移动页面工具”按钮进行查看。

(四) 大样文件和小样文件的对照

大样文件和小样文件的对照操作方法如下：

(1) 如果在大样文件中发现错误，可双击该错误处，系统会自动在小样文件中显示出该错误的准确位置，以便修改。

(2) 通过按 Ctrl + J 快捷键，可以在小样文件中定位大样文件预览窗口中心字符的位置，如果在该中心无法找到，就可将查找范围向外扩展进行搜寻。

(3) 系统在默认的情况下，会显示出大小样文件的对照信息，如果出现的大样文件和小样文件对照信息会使大样文件过多而难于保存，或已获得一个较满意的排版结果后，想输出 PS 文件时，就可在主窗口中选择“工具”→“设置”命令，即可弹出“设置”对话框。在对话框中取消“包含大小样对照信息”的复选框就可减少大样文件的信息含量。

大样文件与小样文件对照与修改后，必须重新对小样文件进行扫描查错、发排以及显示，以确保小样文件修改正确。

(五) 大样文件中的图片显示

图片文件数据信息量较大，大样预览时的速度较慢。在“大样预览窗口”的工具栏上设置了三个按钮，允许用户用三种不同的精度预览图片内容。

（1）不显示图片。按下“不显示图片”按钮■或 Ctrl + B 键，大样预览将不显示图片内容，用青色方块表示图片在版面上占的区域。

（2）粗略显示图片。按下“粗略显示图片”按钮或 Ctrl + N 键，大样预览将粗略显示图片内容。

（3）完整显示图片。按下“完整显示图片”按钮或 Ctrl + M 键，大样预览将完整显示图片内容。

如果指定的图片不存在或读不到图片的数据，则用红色方块表示图片在版面上占的区域。对不带预显数据的 EPS 图片以及 GRH、PIC 图，无论何种方式均不能显示图片内容，仅将区域空出。

按下工具栏上的“图片信息”按钮，这时光标将在“大样预览窗口”中变成十字形 +，在图片上单击鼠标左键，系统将弹出“图片信息”对话框（见图 2–20），显示该图片的有关参数。再次按下“图片信息”按钮，则退出显示图片信息状态。

另外，在“大样预览窗口”中单击鼠标右键，在弹出的菜单中（见图 2–21）进行相应的选择也可实现。

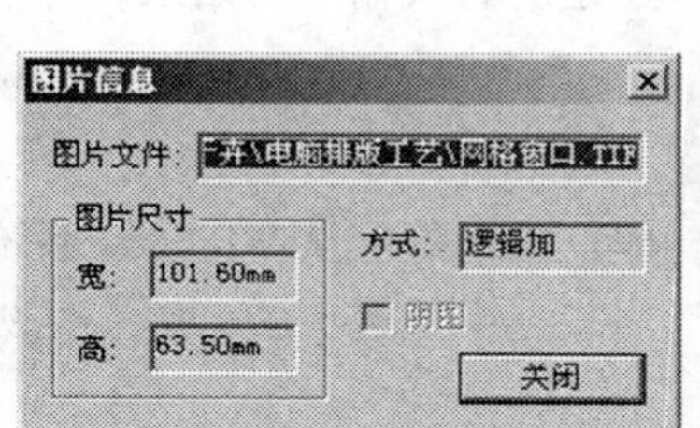

图 2–20 “图片信息”对话框

图 2–21 “大样预览窗口”的快捷菜单

三、生成 PS 或 EPS 文件

小样文件经过排版菜单下“一扫查错”（或“排版工具栏”按钮）、“正文发排”（或“排版工具栏”按钮）后，即可由“正文发排结果输出”（或“排版工具栏”按钮）生成最后结果。

书版生成的最终排版结果有两种形式：一种是 PS 文件，可以在后端输出；另一种是 EPS 文件，可以被插入到其他排版软件中，也可以单独输出。这两种文件分别以扩展名“. PS”和“. EPS”加以区别。

生成 PS 或 EPS 文件操作方法如下：

（一）打开“输出”对话框

选择排版菜单下的“正文发排结果输出”或按“排版工具栏”按钮，即可打开一个“输出”对话框（见图 2–22）。

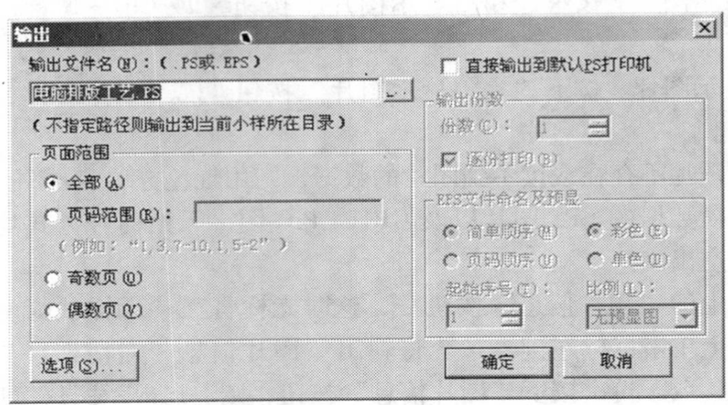

图 2–22 “输出”对话框

（二）填写“输出文件名”编辑框

“输出文件名”编辑框用来指定要输出的 PS 或 EPS 文件的路径名和文件名。路径名是指 PS 文件所在的位置，可以是网络路径或本机路径。如果路径省略，在发排结果输出时，PS 文件将输出到当前小样所在目录；在选择大样文件输出时，表示 PS 文件将输出到指定大样文件所在的目录。

（三）选择输出页面范围

对话框中的页面范围是指要把大样文件中的部分还是所有页输出到结果文件中。它有四个选项：全部、页码范围、奇数页、偶数页。

（四）指定输出到默认打印机

将大样文件内容直接输出到系统默认打印机上打印。首先得确认 Windows 系统的默认打印机是方正文杰打印机，否则该选项不可选。当用户选中该选项后，原来呈灰色的“输出份数”组合框被激活，可设置份数。

（五）页面设置

页面设置是通过“输出选项”对话框中的“页面设置”完成的，如图 2–23 所示。合理地设置页面是保证版面正确输出的有效途径。

四、直接预览正文

单击“排版”菜单的“直接预览正文”命令或按快捷键 Shift + F5 键，系统即可对指定的排版文件进行“一扫查错”和“正文发排”操作，并在 Windows 的临时目录下生成临时的大样文件，然后显示该临时大样文件。当退出大样预览时，该临时大样文件将被自动删除。由于不保存大样文件，每一次直接预览都将重新发排小样，因此此功能通常适用于比较小的文件。

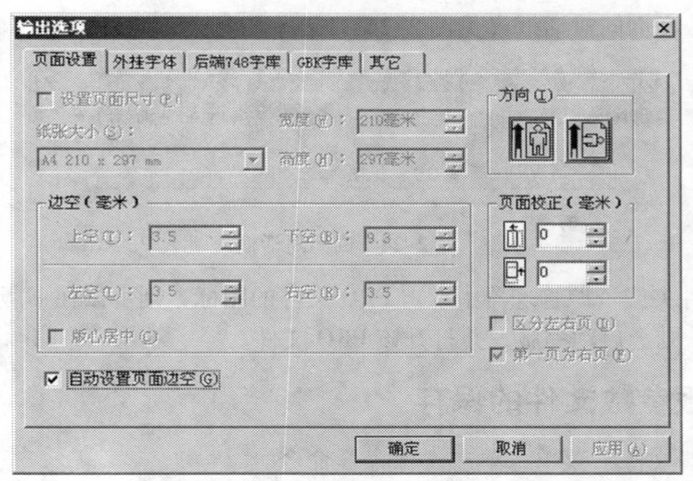

图 2-23 “输出选项”对话框

第三节 PRO 文件基本操作

【任务】认识 PRO 文件基本操作。

【分析】通过讲述 PRO 文件基本操作，使大家能了解排版参数文件的建立、排版参数文件的打开、排版参数文件的保存、排版参数文件的删除、排版参数文件的设置等操作。

排版参数文件中包含对全书整体说明性注解，主要包括版心说明（BX）、页码说明（YM）、书眉说明（MS）、注文说明（ZS）等。系统约定的 PRO 文件名带扩展符“. pro”。

一、排版参数文件的建立

操作方法：

（1）打开“文件”菜单，单击“新建”命令。

（2）在弹出的“新建”对话框的文件列表中单击“PRO 文件”文件类型。系统将打开一个排版参数编辑窗口，创建一个空的排版参数文件。

（3）单击“文件”菜单上的“另存为”命令即可为新排版参数文件命名。

二、排版参数文件的打开

（1）单击“文件”菜单中的“打开”命令或单击“打开”按钮或按下快捷键 Ctrl + O，在弹出“打开”对话框中选择要打开的 PRO 文件。此时在“文件类型”列表框中要选择“PRO 文件”。

（2）如果当前打开了一个小样文件，此时单击“排版”菜单中的“排版参数”命令，也可以打开当前的小样文件对应的排版参数文件。如果对应的 PRO 文件不存在，那么将会弹出一个询问对话框（见图 2–24）。

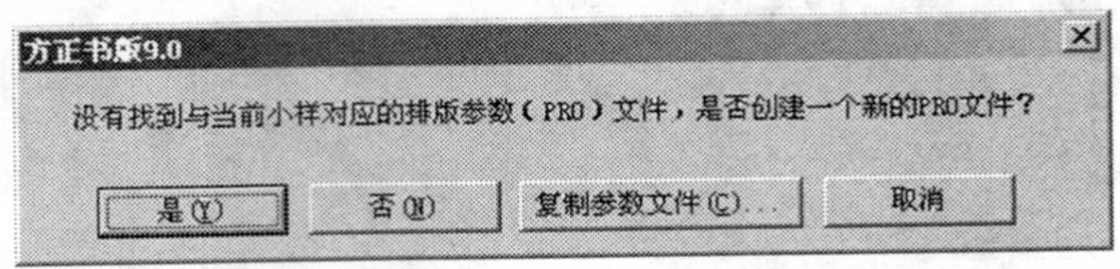

图 2–24　询问对话框

（3）在文件夹或资源管理器中双击 PRO 文件的图标，则可以在书版中打开该文件；若书版未启动，则会启动书版，并打开该 PRO 文件。

三、排版参数文件的保存

（1）打开“文件”菜单，单击“保存”命令。

（2）也可以在标准工具栏中单击“保存”按钮或按下快捷键 Ctrl + S，保存排版参数文件。

（3）如果想使用新名称保存现存 PRO 文档，请单击“另存为”命令，弹出“保存文件”对话框，在“文件名”框中键入新文件名。

四、排版参数文件的删除

如果当前打开了一个小样文件，且该小样文件有对应的排版参数文件，则单击“排版”菜单中的“删除排版参数文件”命令，可以删除该排版参数文件。

五、排版参数文件的参数设置

系统新建或打开排版参数文件时，会打开一个窗口（见图 2–25），左边的注解子窗口显示排版参数文件中定义的注解；右边的属性子窗口显示各排版参数的属性。

图 2–25　排版参数窗口

（一）版心说明

版心说明是全书说明性注解，它决定了全书版面格式。它只能设置在 PRO 文件中。

选中“版心说明”后，即打开如图 2–26 所示的“版心说明”对话框。可按要求进行设置。

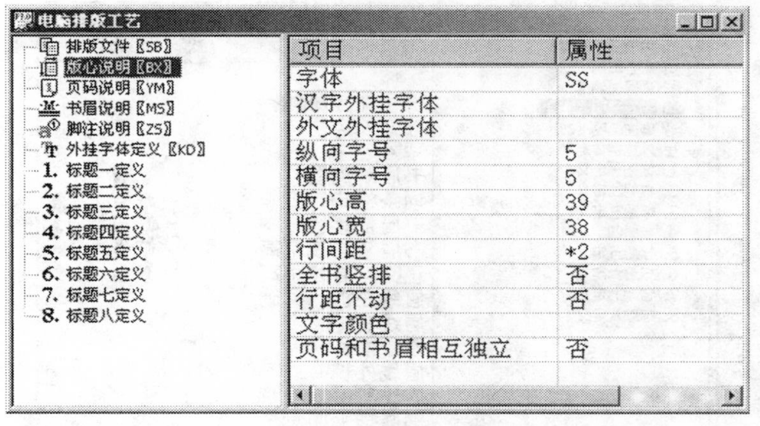

图 2–26　“版心说明”对话框

（二）页码说明

设置排版时对页码的各种要求，如字号、字体、位置及格式等。

选中“页码说明”后，即打开如图 2–27 所示的“页码说明”对话框。可按要求进行设置。

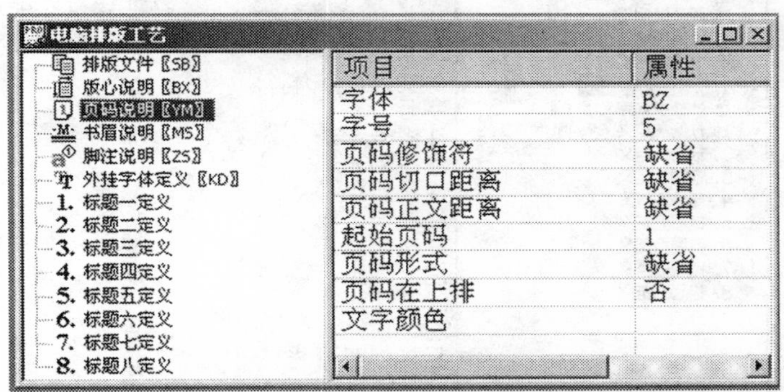

图 2–27　“页码说明”对话框

（三）书眉说明

书眉说明是对整本书的书眉给出一个总体说明，也就是全书书眉的总体要求。

选中“书眉说明”后，即打开如图 2–28 所示的“书眉说明”对话框。可按要求进行设置。

（四）脚注说明

脚注说明用来排脚注内容。

选中“脚注说明”后，即打开如图 2–29 所示的“脚注说明”对话框。可按要求进行设置。

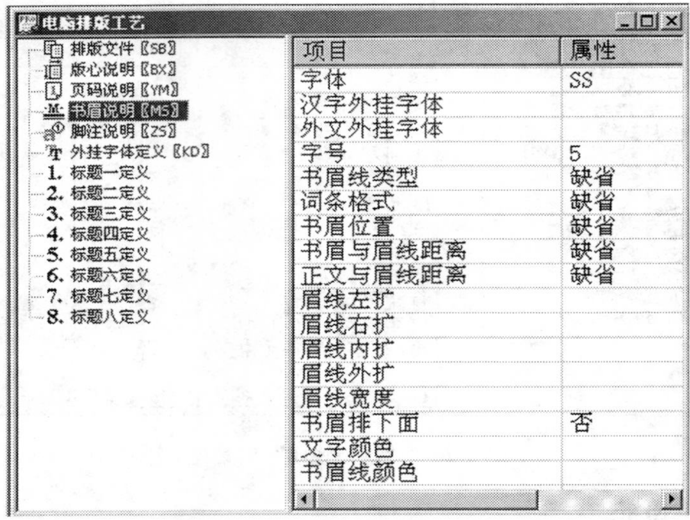

图 2–28 “书眉说明”对话框

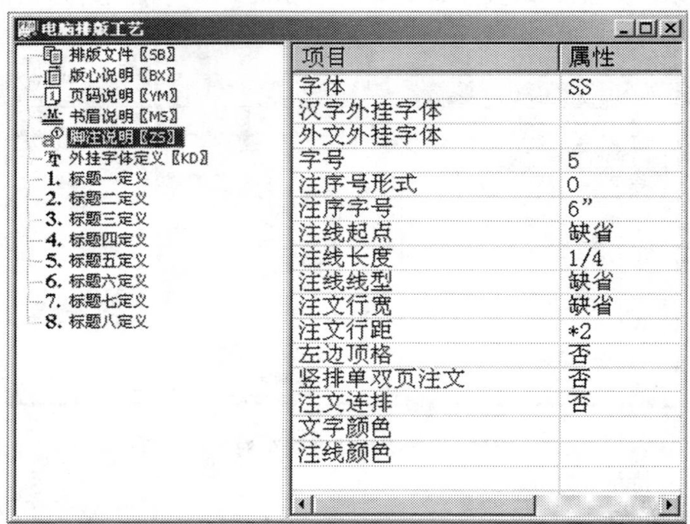

图 2–29 “脚注说明”对话框

综 合 练 习

照原样排此大样。

色彩学

第三章　色彩基础知识

人们几乎每时每刻都在与色彩打交道，日常生活中所接触的物品、衣、食、住、行各个方面都含有丰富的色彩信息，可以说我们正是生活在一个五彩缤纷的世界里；色彩装扮世界，也同样装扮我们设计的图像制品。主题、造型、色彩，永远都是图像处理专业中不可缺少的元素。

第一节　认识色彩

一、色彩的三属性

自然界的色彩是千差万别的，种类相当丰富，通常可区分为三大种类，一为无色彩，如白色、灰色、黑色等；二为有色彩，如红色、绿色、蓝色等；最后一类为特殊色，如金色、银色等。人们之所以能对如此繁多的色彩加以区分，是因为每一种颜色都有自己鲜明的特征，为了定性和定量地描述颜色，国际上统一规定了鉴别心理颜色的三个特征量，即色相、明度和饱和度。

（一）色相

所谓色相，是指色彩的相貌，它是色彩彼此区别的最主要、最基本的特征，也是色彩之间区分最明显的特征。从光的物理刺激角度认识色相：是指某些不同波长的光混合后，所呈现的不同色彩表象。从人的颜色视觉生理角度认识色相：是指人眼的3种感色视锥细胞受不同刺激后所引起的不同颜色感觉。因此，色相是表明不同波长的光刺激所引起的不同颜色心理反应。例如：红、绿、黄、蓝都是不同的色相。

87

第三章

书版、期刊、辅文版面的排版

应知要点：

1. 了解书版、期刊、辅文版面的排版规则。
2. 掌握注解命令在版面中的运用。
3. 掌握表格版面的排版注解。

应会要点：

1. 标题、页码、书眉、注文、插入图片、分栏、分区、有线表类注解的排版。
2. 图片、分区和表格类注解的排版。

第一节　标题排版

【任务1】 掌握标题排版的基础知识和格式。

【分析】 以标准的16或32开本图书为例，通过讲述标题版面的排版，使同学们认识标题的分级、字体、字号的选用及标题的占行等基础知识。

一、标题排版的基础知识和格式

"标题"也称"题目"，是一篇文章的核心、主题。因此在图书、报刊及其他出版物中，标题往往占着很重要的地位。

1. 标题的作用和图书标题的特点

图书标题一般变化较小，但要求分级详细、层次明显、格式统一、字体字号前后一致。标题排版格式一般为：小标题有另行居中排，也有排在正文段首的，称为行首标题；大标题有另页、另面或另行居中排。版面中不应出现背题。前面文章告一段落后，下面新开始的文章大标题另起一面（无论双、单码）排的，称为另面排，若必须排在单页上的，称为另页排。

2. 图书标题的分级和字体字号的选用

在一本书或一篇文章中，往往有大小不同的各种标题，它们各处于不同的层次。在版面设计和排版过程中，一般是按不同级别来划分不同的标题。通常把一本书或一篇文章中最大的标题称为一级标题，然后按标题的层次顺序排列为二级标题、三级标题……以此类推。同一级别的标题不但要用相同的字体字号，在排版格式上也应当相同。带序号的标题在同一级别中，所用符号及序号也应相同。

3. 标题序号

标题一般可分为有序号标题和无序号标题两种，标题序号有“第×章”或“第×节”等形式。不用“第×章”、“第×节”等形式的标题序号，需要另加专用符号和改变数码写法来标明其序级，其表示方法一般为：“一、”、“（一）”、“1.”、“（1）”、“①”等。

注意：在汉码序号后用“、”，应空半个字；在西码序号后用“.”，可不用加空；序号外有括号或圈码的后面不带标点，与正文间空1/2；在“章”、“节”与标题字间应空一字距离。

4. 标题字号字体的选用

标题字号字体必须遵循：“由大到小，由重到轻，变化有序，区别有秩”的原则。一般来说，开本越大，字号也应越大；反之，则字号越小。16K版面，大标题可选用一号或二号字；32K版面，大标题可用二号或三号字。如大标题用二号、三号字；中标题则用四号、小四号字；小标题用正文同号的其他字体。字体“由重到轻”的顺序是：黑、标宋、宋、楷、仿宋。标题的字距：标题必须美观、紧凑、大方。标题字数不等，字数多的标题，不必考虑字距；字数少的标题，无论其位置居中，或是靠左，均因“行长”过短而显得局促，不相称。图书标题一般占版心1/2～2/3。一个标题，字数不多，又不嵌开，必然会缩成一团，显得不够匀称。加空过多，间隔太大，显得过于松散。竖排标题，字数较少时，也需要空开。

在图书标题排版中，字间的加空原则是一本书或一套书必须做到前后统一。标题长在版心的1/2以上宽时，字间可不用加空。表3–1、表3–2供参考。

表3–1 大标题字间加空参考数

标题字数	16K				32K				64K	期刊
	有序号		无序号		有序号		无序号			
	二号	三号	二号	三号	二号	三号	二号	三号		
2	2	2	3	3	2	2	2	2	2	3
3	1.5	1.5	2	2	1.5	1.5	1.5	1.5	1.5	2
4	1	1	1	1	1	1	1	1	1	1.5
5	3/4	3/4	1	1	3/4	3/4	1	1	1/2	1
6	1/2	1/2	3/4	1	1/2	1/2	1/2	3/4	1/4	3/4
7	1/4	1/3	3/4	3/4	1/4	1/3	1/4	1/2	—	1/2
8	—	1/4	1/2	3/4	—	—	1/4	1/3	—	1/2
9	—	—	1/3	1/2	—	—	—	1/4	—	1/3
10	—	—	1/4	1/3	—	—	—	—	—	1/4

表 3-2　居中小标题字间加空

标题字数	无题序居中小标题		有题序居中小标题	
	16K	32K	16K	32K
2	3 字	2 字	2 字	2 字
3	1/2 字	1 字	1 字	1 字
4	1 字	1/2 字	1/2 字	1/2 字
5	1/2 字	1/4 字	1/4 字	1/4 字
6	1/4 字	—	—	—

注：16K 双栏版面，小标题字间加空以 32K 为准。

5．标题占行

标题所占行数是以版心中正文行高的倍数来计算，习称占行。标题占行的目的，主要是保证正文的对行，同时也有利于版面的规范化。标题占行，一般按标题级别和排版方式加以确定。一级标题，横排，另面或另页起排，占 5 ~ 6 行；竖排，占 4 ~ 5 行，两边间空相等。横排的一级标题如与前一章节的正文接排，则占 4 ~ 5 行。二级标题（无论横排或竖排），一般占 2 ~ 3 行。三级标题（无论横排或竖排），约占 1 ~ 2 行。遇一级、二级、三级标题分行连排时，应为各级标题占行数相加后，酌情减去 1 ~ 2 行，以免过于松散稀疏。段首标题前空两个字，后接正文。

6．标题转行

各种出版物对标题转行的要求不同。在报纸版面中，标题可以排到与正文的长度相同，超过正文长度时才转行。期刊标题的长度超过版心宽的 4/5 时才转行。图书标题长度超过版心宽 3/4 时即可转行。无论哪种标题，在转行时都应注意从文字意义的停顿处转行，要有利于阅读。

标题从排版格式上又可分为居中式和非居中式两种。

（1）居中式标题。居中式标题，应避免两行长短相同。

①有序号的居中标题转行时常用的格式有：序号单占一行、转行后齐题文排和转行后仍居中排。如下例：

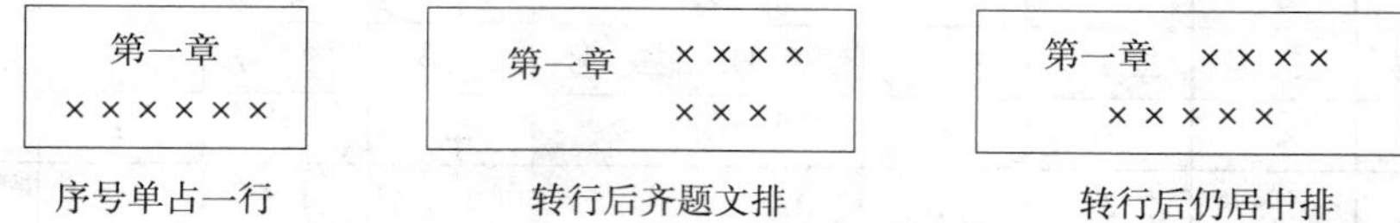

序号单占一行　　转行后齐题文排　　转行后仍居中排

②无序号居中标题转行方法有：上长下短式、上短下长式、宝塔式、倒三角式和菱形式。如下例：

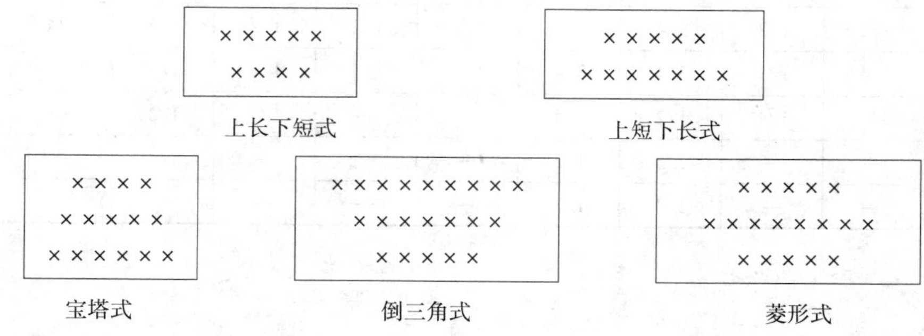

上长下短式　　上短下长式

宝塔式　　倒三角式　　菱形式

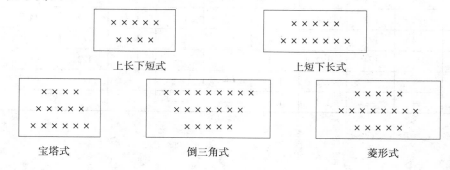

（2）非居中标题。此类标题有顶格式、低格式、阶梯式和后齐式几种形式。其转行形式如下例：

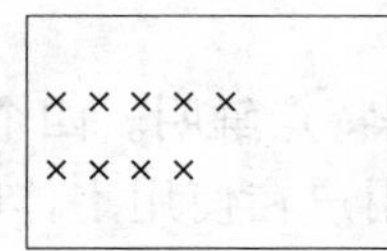

顶格式

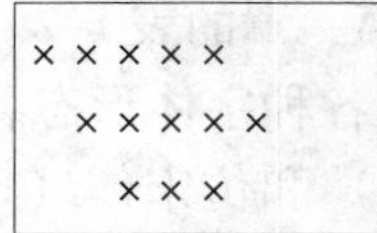

低格式

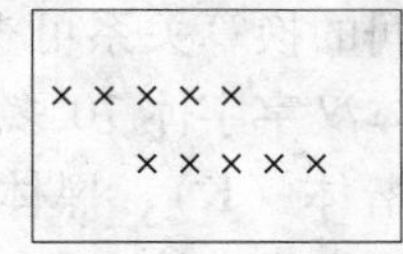

阶梯式

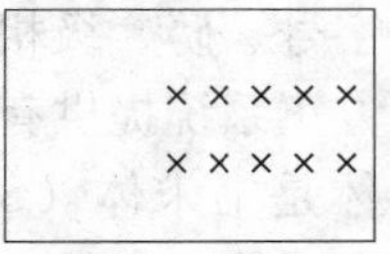

后齐式

二、标题排版所用的注解

【任务2】新建一个小样文件，完成下面的实例。

排版工艺技术　方正排版软件
Founder　Book
12345678　34567890

【分析】在这个实例中主要用了汉体（HT）、外体（WT）和数体（ST）注解来实现。这三个注解是学习方正书版最基础并且常用的注解。汉字采用的是五号琥珀体，英文采用的是四号黑正体，而数字采用的是四号黑斜体。

【小样】〖HT5HP〗排版工艺技术＝方正排版软件↙〖WT4HZ〗Founder＝Book↙〖STHX〗12345678＝34567890

汉体注解（HT）

功能：指定汉字的大小与字体。

注解定义：〖HT〔〈双向字号〉〕〔〈汉字字体〉〕〗

注解参数：

〈双向字号〉　〈纵向字号〉〔，〈横向字号〉〕

〈纵向字号〉、〔，〈横向字号〉〕　〈常用字号〉｜〈磅字号〉｜〈级字号〉

〈汉字字体〉　〔〈方正汉字字体〉〕〔#〕｜〔《〈GBK 外挂字体〉〔〈外挂字体效果〉〕》〔!〕〕

〈外挂字体效果〉　#〔B〕〔I〕

解释：

本注解是方正书版中最基本最常用的注解，主要用来改变汉字的字号和字体。

文字的大小主要是用号数制、磅数制和级数制这三种制式来改变：

（1）号数制最常用，从小七号到特大号共 18 个级别。

（2）磅数制可以实现无级变倍，大小随意改变，使用中必须在数字后加英文句号（如〖HT20.〗），变换的最小单位是 0.25 磅。

（3）级数制在数字后面必须加英文小写字母 j（如〖HT20j〗），变换的最小单位是 1j。

（4）汉字主要是方形字，通常只给出纵向字号，横向字号大小等同于纵向字号。如五号字表示为〖HT5〗，即等同于〖HT5，5〗。

字号、磅、级相互之间的换算关系可查阅第一章的表 1–2。

方正系统提供有简繁体汉字字体 70 多种，各种字体形态各异、特点鲜明。四个基本字体是书宋体（SS）、楷体（K）、黑体（H）和仿宋体（F），用户在使用字体时，可以参照第一章的表 1–1 提供的字体名称。

（5）〈方正汉字字体〉指方正书版系统中自带的汉字字体。

（6）〈GBK 外挂字体〉表示使用方正系统之外的其他字体。字体名称可以使用任何 GBK 字体的字面名，并在名称外添加书名号，如〖HT4《华文新魏》〗、〖HT4《华文中宋》〗。

（7）# 表示停止使用外挂字体，恢复使用方正汉字字体。

（8）〈外挂字体效果〉参数中，〔B〕表示外挂字体使用粗体，〔I〕表示外挂字体使用斜体。

（9）〔!〕表示汉字外挂字体只对汉字起作用。

【例】 设置文字不同字体与双向字号效果。

字体	符号	实　例
三号黑体	[HT3H]	举头望明月　低头思故乡
楷书体字（长字）	[HT1，3K]	举头望明月　低头思故乡
隶书体字（扁字）	[HT4，3L]	举头望明月　低头思故乡
双向磅数（行楷）	[HT15.，17. XK]	举头望明月　低头思故乡
双向级数（细倩体）	[HT20j，25jZDX]	举头望明月　低头思故乡

外体注解（WT）

功能：排外文和 ASCⅡ字符的字号和字体形式。

注解定义：〖WT〔〈双向字号〉〕〔〈外文字体〉〕〗

注解参数：

〈双向字号〉　　〈纵向字号〉〔，〈横向字号〉〕

〈外文字体〉　　〔〈方正外文字体〉〕〔#〕|〔《〈外文外挂字体〉〔〈外挂字体效果〉〕》〔!〕〕

〈外挂字体效果〉　#〔B〕〔I〕

解释：

（1）外文字体字号注解功能同汉体注解（HT）一样，可参阅前面汉体注解相关内容。

（2）〈方正外文字体〉是指方正系统内置的方正外文字体，如：白正（BZ）、黑正（HZ）。字体名称见表 3–3。

（3）省略外文注解时表示所有外文均采用白正体。

（4）外挂字体说明：

①〈外文外挂字体〉表示方正系统之外的其他 ANSI 字体或 GBK 字体的字面名或别名。可以直接指定字体的字面名，如 Arial Black、Ms Sans Serif 或 System 等。

②# 表示停止使用外挂字体，恢复使用〈方正外文字体〉。

③〈外挂字体效果〉参数中，〔B〕表示外挂字体使用粗体，〔I〕表示外挂字体使用斜体。

④使用外挂字体时，改变〈方正外文字体〉并不能改变 ASC Ⅱ 字符的外挂字体使用状态，修改的只是全角外文符号的字体。

⑤使用外挂外文字体时，数学态中转字体字符ⓩ不起作用。

表 3–3　外文字体名称对照表

<table>
<tr><th>语种</th><th>汉字名称</th><th>符号</th><th colspan="3">汉字名称</th><th>符号</th><th>汉字名称</th><th>符号</th></tr>
<tr><td rowspan="12">英文</td><td>白正体</td><td>BZ</td><td colspan="3">白 1 体—白 8 体</td><td>B1—B8</td><td>白歌德体</td><td>BD</td></tr>
<tr><td>黑正体</td><td>HZ</td><td colspan="3">白斜 1—白斜 8</td><td>BX1—BX8</td><td>黑歌德体</td><td>HD</td></tr>
<tr><td>白斜体</td><td>BX</td><td colspan="3">黑 1 体—黑 7 体</td><td>H1—H7</td><td>细方黑正</td><td>XFZ</td></tr>
<tr><td>黑斜体</td><td>HX</td><td colspan="3">黑斜 1—黑斜 7</td><td>HX1—HX7</td><td>细方黑斜</td><td>XFX</td></tr>
<tr><td>方头正</td><td>FZ</td><td colspan="3">方黑 1—方黑 9</td><td>FH1—FH9</td><td>大 圆 体</td><td>DY</td></tr>
<tr><td>方头斜</td><td>FX</td><td colspan="3">方黑 1 斜—方黑 9 斜</td><td>F1X—F9X</td><td>圆 1 体</td><td>YT1</td></tr>
<tr><td>细　体</td><td>XT</td><td colspan="3">数学体</td><td>SX</td><td>圆 2 体</td><td>YT2</td></tr>
<tr><td>细 1 体</td><td>X1</td><td colspan="3">特　体</td><td>TT</td><td>半宽白体</td><td>BKB</td></tr>
<tr><td>细 1 斜</td><td>X1X</td><td colspan="3">花　体</td><td>HT</td><td>半宽黑体</td><td>BKH</td></tr>
<tr><td>细 2 体</td><td>X2</td><td colspan="3">花 1 体</td><td>HT1</td><td>半宽白斜</td><td>BKBX</td></tr>
<tr><td>细 2 斜</td><td>X2X</td><td colspan="3">花 2 体</td><td>HT2</td><td>半宽黑斜</td><td>BKHX</td></tr>
<tr><td>细圆体</td><td>XY</td><td colspan="3"></td><td></td><td>空圆体</td><td>KY</td></tr>
<tr><td rowspan="2">希腊文</td><td>白正体</td><td>BZ</td><td>黑正体</td><td>HZ</td><td>方头正</td><td>FZ</td><td>白 2 斜</td><td>B2X</td></tr>
<tr><td>白斜体</td><td>BX</td><td>黑斜体</td><td>HX</td><td>方头斜</td><td>FX</td><td></td><td></td></tr>
<tr><td rowspan="2">俄　文
新蒙文</td><td>白正体</td><td>BZ</td><td>黑正体</td><td>HZ</td><td>方头正</td><td>FZ</td><td>方黑 5</td><td>F5</td></tr>
<tr><td>白斜体</td><td>BX</td><td>黑斜体</td><td>HX</td><td>方头斜</td><td>FX</td><td>方黑 5 斜</td><td>F5X</td></tr>
<tr><td>国际音标</td><td>音　标</td><td>YB</td><td colspan="3"></td><td></td><td></td><td></td></tr>
</table>

【范 1】 外文字体实例

字体	符号	实　例
白正体	[WT2BZ]	Founder Book
黑正体	[WT2HZ]	**Founder Book**
白斜体	[WT2BX]	*Founder Book*
黑斜体	[WT2HX]	***Founder Book***
特　体	[WT2TT]	Founder Book
花　体	[WT2HT]	Founder Book
圆 1 体	[WT2YT1]	Founder Book
空圆体	[WT2KY]	Founder Book

【范 2】 外文外挂字体实例

外挂字体注解	外文外挂字体
[WT2《Arial Black》]	**Arial Black**
[WT2《Arial Narrow》]	Arial Narrow
[WT2《Courier》]	Courier
[WT2《Fixedsys》]	Fixedsys
[WT2《Impact》]	**Impact Impact**
[WT2《Georgia》]	Monotype Corsiva
[WT2《Palatino Linotype》]	Palatino Linotype
[WT2《Bookman Old Style》]	Bookman Old Style

说　明：

①本注解指定的字号对所有汉字、数字及符号起作用，一直作用到下一个外文字体注解为止。

②外文字号可随汉体注解中的字号变化，但字体由本注解决定。

③出现外文时，前边从未写过外体注解，系统会自动选择白正体字号为当前字号。如前边写过外体注解，系统选择前边最近的外体字体，而字号为当前字号。

④并非任何文种都有外文字体，遇到不存在的外文字体一律为白正体。

外文自动搭配注解（WT＋）

功能：中英文混排时，根据当前汉字字体自动搭配外文字体。

注解定义：〖WT〔〈＋〉〕｜〔〈－〉〕〗

注解参数：

〈＋〉　设置外文字体随中文字体变化功能

〈－〉　取消外文字体随中文字体变化功能

解释：

（1）在排格式丰富的位置时，汉字字体变化通常要求与之匹配的英文字体也变化。使用本注解可以实现同步变化，中外文字体间自动搭配。

（2）本注解与外文字体字号注解（WT）名称相同，但功能和参数不同。

（3）本注解提供汉字与外文字体的自动搭配，请见中、外文自动搭配规则定义表（见表3-4）。

表3-4　中、外文自动搭配规则定义表

汉体	外体	搭配关系	汉体	外体	搭配关系	汉体	外体	搭配关系
BS	BZ	报宋—白正	CCH	H6	超粗黑—黑六	H	FZ	黑体—方正
SS	BZ	书宋—白正	W	HZ	魏碑—黑正	XBS	HZ	小标宋—黑正
F	BX	仿宋—白斜	CH	H6	粗黑—黑六	CM	HZ	长牟—黑正
CY	KY	彩云—空圆	DBS	B8	大标宋—白八	DH	H7	大黑—黑七
DXK	BZ	大行楷—白正	HB	FZ	黑变—方正	HC	BZ	黄草—白正
HJ	BZ	汉简—白正	HP	DY	琥珀—大圆	HP2	DY	琥珀二—方正
K	BZ	楷体—白正	KANG	H4	康体—黑四	L	HZ	隶书—黑正
L2	HZ	隶书二—黑正	LB	TT	隶变—特体	RW2	BZ	日文二—白正
NBS	BZ	新报宋—白正	NST	HZ	新舒体—黑正	PH	FZ	平黑—方正
RW	BZ	日文—白正	RW1	BZ	日文一—白正	MH	FZ	美黑—方正
RWH	HZ	日文黑—黑正	RWM	BZ	日文明—白正	S1	B3	宋一—白三
Y2	XY	圆二—细圆	Y3	YT1	圆三—圆体一	Y4	YT2	圆四—圆体二
S3	B1	宋三—白一	S4	B2	宋四—白二	SJS	B2	瘦金书—白二

续表

汉 体	外 体	搭配关系	汉 体	外 体	搭配关系	汉 体	外 体	搭配关系
XH1	X1	细黑一一细一	SZ	BZ	水柱—白正	XH	XT	细黑—细体
ST	HZ	舒体—黑正	YX	XT	幼线—细体	XL	BZ	秀丽—白正
XXL	BZ	新秀丽—白正	Y	HZ	姚体—黑正	Y1	XY	圆一—细圆
ZY	HZ	综艺—黑正	ZDX	XFZ	中等线—细方正	ZK	BZ	中楷—白正
XK	HZ	行楷—黑正	XQ	X1	细倩—细体一	CQ	F5	粗倩—方五
ZQ	XFZ	中倩—细方正	HL	TT	华隶—特体	SH	F4	水黑—方四
PHT	B7	平和体—白七	SE	YT2	少儿—圆体二	ZHY	XFZ	稚艺—细方正
CS	H4	粗宋—黑四	ZBH	H1	毡笔黑—黑一	PW	H6	胖娃—黑六
LX	HZ	流行体—黑一	YH	F5	艺黑—方五	GL	H3	古隶—黑

【范3】 中外文字体搭配实例

中外文搭配	不使用［WT+］效果	使用［WT+］效果
仿宋—白斜	方正书版中外文 Founder HT WT	方正书版中外文 *Founder HT WT*
姚体—黑正	方正书版中外文 Founder HT WT	方正书版中外文 **Founder HT WT**
魏碑—黑正	方正书版中外文 Founder HT WT	方正书版中外文 **Founder HT WT**
细黑一—细一	方正书版中外文 Founder HT WT	方正书版中外文 Founder HT WT
康体—黑四	方正书版中外文 Founder HT WT	方正书版中外文 **Founder HT WT**
琥珀—大圆	方正书版中外文 Founder HT WT	方正书版中外文 **Founder HT WT**
隶书—黑正	方正书版中外文 Founder HT WT	方正书版中外文 **Founder HT WT**
彩云—空圆	方正书版中外文 Founder HT WT	方正书版中外文 Founder HT WT
圆二—细圆	方正书版中外文 Founder HT WT	方正书版中外文 Founder HT WT
隶变—特体	方正书版中外文 Founder HT WT	方正书版中外文 Founder HT WT

说 明：

①本注解的作用范围一直到下一个［WT-］为止。

②在使用［WT+］中如果需要局部改变外文字体，可用［WT〔〈双向字号〉〕〔〈外文字体〉〕］临时调整字体。

③本注解［WT-］取消外文随中文字体变化功能，此后外文字体按默认白正体，直到下一个［WT+］为止。

数体注解（ST）

注解定义：〖ST〔〈双向字号〉〕〔〈数字字体〉〕〗

注解参数：

〈双向字号〉　〈纵向字号〉〔，〈横向字号〉〕

〈数字字体〉　〈外文字体〉

解释：

（1）本注解用于指定数字的字体与字号，数字体没有独立的字体，因此书版指定数字体使用外文字体；因为每一种外文都有一套数字字体，所以改变外文字体会相应地改变数字字体。

（2）〈数字字体〉用对应的外文字体名。数字字体没有数字外挂字体，不过可使用外文外挂字体来实现半角数字、汉字外挂字体来实现全角数字的效果。

字体名	数 字 字 体	注解形式
白正体	0 1 2 3 4 5 6 7 8 9	〔ST2BZ〕
黑正体	**0 1 2 3 4 5 6 7 8 9**	〔ST2HZ〕
白斜体	*0 1 2 3 4 5 6 7 8 9*	〔ST2BX〕
黑斜体	***0 1 2 3 4 5 6 7 8 9***	〔ST2HX〕
方黑体	0 1 2 3 4 5 6 7 8 9	〔ST1FZ〕
空圆体	0 1 2 3 4 5 6 7 8 9	〔ST1KY〕

说　明：

①本注解指定的字体只作用于数字字体，但字号对所有汉字、外文及符号都起作用。

②本注解字体、字号的用法同汉体（HT）注解，只需将HT改为ST。

③本注解作用范围到下一个数体注解；默认状态下采用白正体。

【任务3】 新建一个小样文件，完成下面的实例。

方正书版软件	方 正 书 版 软 件
方正书版软件 居中文字 居右文字	方正书版软件 居中文字 居右文字
方正书版软件 空一行文字	方正书版软件 空一行文字

【分析】 在这个实例中主要用了空格（KG）、居中（JZ）、居右（JY）和空行（KH）注解来实现。左列表格内容是为了反映右列表格内容变化而设置的，第一行右列表格字间隔增加了1/3空；第二行右列表格内容由居中、居右注解引起了位置的变化；第三列中右列表格内容间出现一个空行，那是因为设置了空行注解

【小样】 〖BG(!〗〖BHDG2，WK12，DK12W〗方正书版软件〖〗〖KG*3。6〗方正书版软件〖BHDDG6〗方正书版软件↙居中文字↙居右文字〖〗方正书版软件↙〖JZ〗居中文字↙〖JY〗居右文字〖BH〗方正书版软件↙空一行文字〖〗方正书版软件〖KH1〗空一行文字〖BG)〗

空格注解（KG）

功能：将文字内容之间加空。

注解定义：

〖KG〔〈空格参数〉〕〗
〖KG（〈字距〉〗〈空格内容〉〖KG)〗

注解参数：〔〈空格参数〉〕 表示字符内容之间的空距

〔－〕 〈字距〉｜｜〈字距〉。〈字数〉

〔－〕 空距与排版方向的相反

〈字距〉 指定字符之间空出的距离

解释：

（1）本注解是设定字符之间空距，中文、英文和各类数字都是以单个字为标准加空。

（2）〔〈空格参数〉〕中〔－〕表示空距与排版方向相反，如果排版的正常方向为从左向右，那添加〔－〕会使空距从右向左，即拉近字符之间的距离。

（3）〈字距〉。表示连续在字符间加空距。〈字距〉。〈字数〉表示在规定的字数之间添加空距。

【例】 空格参数实例

空格效果	小样文件	说明
独自莫凭栏　　无限江山	独自莫凭栏［KG2］无限江山	在当前位置空出2个字距离
□□□☒☒××××	□□□□□［KG－2］××××××	在当前位置向左移动2个字距离
独自莫　凭　栏　无限江山	独自莫［KG1。3］凭栏无限江山	在当前位置连续3个字空出1个字距离
独　　自　　凭　　栏　　江　　山	［KG2。］独自凭栏江山	在当前位置连续空出2字距离
独 自 莫 凭 栏 无 限 江 山	［KG（＊2］独自莫凭栏无限江山［KG）］	在开、闭弧间连续空1字距离

说　明：

①方正书版小样中字符间使用空格键加空，无论连续按多少下空格键，结果都是空1/3个字宽效果。想空出其他空距，可以使用本注解，也可以使用＝ ½ ¼ ⅙ ⅛来实现。

②本注解给出的空距是可消除的，当出现自动换行时，在换行点的空距自动消失。也就是说下一行的内容齐头排，不会留出一段空距。

③本注解是以盒子为单位设定空距，对于有〈字数〉设置的也是以盒子计数，但数字串虽为盒子，还是以单个数字为单位来调整空距的。

注意：

（1）本注解第一种形式是将指定的字数在给定的宽度内撑满排，字符间距离相等，第二种形式是将〈撑满内容〉在给出的宽度内撑满排，同样字间距相等。

（2）撑满排的内容不允许换行，〈字距〉要大于等于〈字数〉，否则系统报“无法撑满”错。调整行格式。

空行注解（KH）

功能：结束当前行，空出多行或一定的尺寸。

注解定义：

［KH〔－〕〈空行参数〉〔X｜D〕］

注解参数：〈空行参数〉　〈行数〉|〔〈行数〉〕＋〈行距〉|〔〈行数〉〕＊〈分数〉

〈行数〉　单位为行高，行高＝行距＋字高

〈行距〉　上一行基线和下行顶线的距离

〈分数〉　小于1个字高时，为字高的几分之几

〔－〕　为反向移动

〔X｜D〕　指出空行后字符的位置

解释：

(1)〔－〕表示向排版的反向移动指定的高度，如正常的横排字符，加〔－〕表示空行是向上移动，省略表示向下移动。

(2)〔X|D〕表示空行后，后面字符的位置；X 表示空行后继续前面相应位置排；D 表示空行后字符从行首位置排，省略这些参数则表示空行后第一个字符排在第三个字的位置，即前空 2 个字（与↙类似）。

【例 1】 参数 X|D 的使用

参数类型	空 行 效 果	小 样 文 件
省略 X|D	劝君更进一杯酒 西出阳关无故人	劝君更进一杯酒［KH1］西出阳关无故人
使用“X”参数	劝君更进一杯酒 西出阳关无故人	劝君更进一杯酒［KH1X］西出阳关无故人
使用“D”参数	劝君更进一杯酒 西出阳关无故人	劝君更进一杯酒［KH1D］西出阳关无故人

【例 2】 空行注解形式例

〖KH1D〗　表示空出 1 行的高度。

〖KH2＋1D〗　表示空出 2 行，再加 1 个当前字的高度。

〖KH1＊2D〗　表示空 1 行，再加半个字的高度。

〖KH＋2mmD〗　表示空 2 毫米的高度，＋号和 mm 均不能少。

〖KH＋15pD〗　表示空 15 磅的高度，＋号和 p 均不能少。

说　明：

①本注解的三种空行参数表示如下：

◆〈行数〉即指定距离为多少行高。

◆〔〈行数〉〕＋〈行距〉。行距通常用字高的倍数表示，所以表示的空行为行高＋字高，如［KH3＋2］为空 2 行，再加 2 个字高的距离。

◆〔〈行数〉〕＊〈分数〉。分数为字高的几分之几，如［KH2＊3］表示空 2 行，再加 1/3 字高的距离。

◆另外还可以用毫米和磅表示空行的距离，如［KH＋2mm］、［KH＋15p］。

②本注解和↙、↙一样遇到即换行，如本注解里有↙或↙，则实际空距比〈空行参数〉指定的多一行，如（［KH2］↙）。

③本注解只随注解前的字号变化而变化，如空行注解前的字号是四号，则［KH3］空出的是四号字的 3 行。

居中注解（JZ）

功能：将内容排在本行中央位置。

注解定义：

〖JZ〔〈字距〉〕〗
〖JZ（〔〔〈字距〉〕｜Z〕〗〈居中内容〉〖JZ）〗

注解参数：〔〈字距〉〕　表示字符或盒子之间的距离

〔Z〕　表示多行内容整体居中排列

解释：

（1）本注解第一种形式是用来排单行内容居中；第二种形式是用来排多行内容居中。

（2）本注解第一种形式作用范围到⇙或↙注解为止。排多行内容的第二种形式有两种排法，一种是各行分别居中，每行都排在中间位置；另一种是各行左对齐，以最长一行为标准居中，用〔Z〕表示。

【例1】 单行居中效果

居中类型	居 中 效 果	小 样 文 件
单行居中（默认）	狂风暴雨　标新立异	〖JZ〗狂风暴雨　标新立异
单行加字距居　中	狂 风 暴 雨　标 新 立 异	〖JZ＊3〗狂风暴雨　标新立异

【例2】 多行分别居中效果

春雨一首
红楼隔雨相望
万里云罗一雁飞

小样文件：〖JZ（〗春雨一首⇙红楼隔雨相望⇙万里云罗一雁飞〖JZ）〗

【例3】 多行整体居中效果

春雨一首
红楼隔雨相望
万里云罗一雁飞

小样文件：〖JZ（Z〗春雨一首⇙红楼隔雨相望⇙万里云罗一雁飞〖JZ）〗

说　明：

①本注解一般用于文字段落的开头，否则报重叠错。

②单行居中的出口在居中内容之后；多行居中有〔Z〕参数出口在整个居中内容的右端的中线处。不用〔Z〕参数出口在最后一行居中内容之后。

居右注解（JY）

功能：将内容排在本行居右位置。

注解定义：

〖JY〔。〔〈前空字距〉〕〕〔，〈后空字距〉〕〗
〖JY（〔Z〕〗〈居右内容〉〖JY）〗

注解参数：〔。〕表示在左边内容和居右内容之间添加三连点填充

〔〈前空字距〉〕　表示靠右内容和前面内容之间的三连点换行时前边空出的距离

〔，〈后空字距〉〕　表示靠右内容与右端空出的字距

解释：

（1）本注解是使内容排在本行右端的效果。第一种形式是用来排单行内容居右；第二种形式是用来排多行内容居右。

（2）本注解第一种形式作用范围到↙或↙注解为止。排多行内容居右的第二种形式有两种排法，一种是各行分别居右，每行靠右边对齐；另一种是各行左对齐，整体居右，用〔Z〕表示。

（3）〔。〕一般用在排书籍的目录，当居右内容和左边内容小于2个字符时，三连点和居右内容自动换到下一行，前端默认空2个字符。

【例1】　居右内容效果比较

居右类型	排 版 效 果	小 样 文 件
单行居右	黄鹤知何去？剩有游人处。	〖JY〗黄鹤知何去？剩有游人处。
单行居右 后空1.5字	黄鹤知何去？剩有游人处。	〖JY，1＊2〗黄鹤知何去？剩有游人处。
多行分别 居右	烟雨莽苍苍 龟蛇锁大江 茫茫九派流中国 心潮逐浪高沉沉一线穿南北	〖JY（〗烟雨莽苍苍↙龟蛇锁大江↙茫茫九派流中国↙心潮逐浪高沉沉一线穿南北〖JY）〗
多行整体 居右	烟雨莽苍苍 龟蛇锁大江 茫茫九派流中国 心潮逐浪高沉沉一线穿南北	〖JY（Z〗烟雨莽苍苍↙龟蛇锁大江↙茫茫九派流中国↙心潮逐浪高沉沉一线穿南北〖JY）〗

电脑排版工艺（上）

【例 2】 三连点应用

类 型	排 版 效 果	小 样 文 件
无三连点	烟雨莽苍苍，龟蛇锁大江。 (3)	烟雨莽苍苍，龟蛇锁大江。[JY]（3）
有三连点	烟雨莽苍苍，龟蛇锁大江。 …………………………………… (3)	烟雨莽苍苍，龟蛇锁大江。[JY。]（3）
后空 3 字	烟雨莽苍苍，龟蛇锁大江。 ……………………………… (3)	烟雨莽苍苍，龟蛇锁大江，[JY。，3]（3）
三连点少于 2 个换行后前空 3 字后空 2 字	烟雨莽苍苍，龟蛇锁大江，茫茫九派流中国。 ……… (3)	烟雨莽苍苍，龟蛇锁大江，茫茫九派流中国。[JY。3，2]（3）

【任务 4】新建一个小样文件，完成下面的实例。

> ……令狐冲大吃一惊，回过头来，见山洞口站着一个白须青袍老者，神气抑郁，脸如金纸。令狐冲心道：“这老先
>
> 生莫非便是那晚的蒙面青袍人？他是从哪里来的？怎地站在我身后，我竟没半点知觉？”

【分析】在这个实例中主要用了行距（HJ）注解来实现。行距注解作用范围是从下一行开始，但如果用于一段的开头则从本行起就作用，如果要恢复版心的行距，直接输入［HJ］无参数即可。

【小样】［HJ0］……令狐冲大吃一惊，回过头来，见山洞口站着一个白须青袍老者，［HJ1］神气抑郁，脸如金纸。令狐冲心道：“这老先生莫非便是那晚的蒙面青袍人？他是从哪里来的？［HJ］怎地站在我身后，我竟没半点知觉？”

行距注解（HJ）

功能：根据给定的参数改变当前行的距离。

注解定义：

> ［HJ〔〈行距〉〕］

注解参数：〔〈行距〉〕〔〈字号倍数〉〕 * 〈分数〉 | 〈字号倍数〉 * 〔〈分数〉〕

| {〈数字〉}〔.〔{数字}〕〕mm | {〈数字〉} x | {〈数字〉}〔.〔{数字}〕〕p

〔〈字号倍数〉〕　〔〈字号〉〕:〔〈倍数〉〕

解释:

(1)〔〈行距〉〕是用来指定改变后的行距，省略参数（[HJ]）表示恢复行距。行距可以用字号、磅（p）、线（x）和级（j）4 种单位，可以使用多位小数。行距中的磅数制单位用英文字母 p 表示。

(2)〔〈字号〉〕表示以当前字号的字高为单位还是以指定的字号的字高为单位。〔〈倍数〉〕表示指定字号单位的倍数。省略参数由〈分数〉指定，即小于 1 字宽。

(3) *〈分数〉表示单位的几分之几，如 1/3 为“*3”；3/4 为“*3/4”。

(4) 本注解的作用范围是从下一行开始。

【例】 行距的设置效果

小样文件	参数意义	小样文件	参数意义
[HJ2]	行距为当前字号的 2 倍	[HJ3：1*2]	行距为三号字的 $1\frac{1}{2}$ 倍
[HJ2*3]	行距为当前字号的 $2\frac{1}{3}$ 倍	[HJ3：*2/3]	行距为三号字的 $\frac{2}{3}$ 倍
[HJ5mm]	行距为 5mm	[HJ30x]	行距为 30 线
[HJ]	恢复为版心正文行距	[HJ8.75p]	行距为 8.75 磅

说　明:

①本注解的作用范围是一直到下一个行距注解为止。所以要及时恢复行距，否则会影响后面内容的排版。

②本注解和空行注解（KH）的区别在于空行注解只一次空出一段距离，适合于一次空出较大距离，而行距注解是持续改变各行之间的距离。

【任务 5】 新建一个小样文件，完成下面的实例。

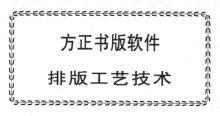

方正书版软件

排版工艺技术

【分析】 在这个实例中主要用了彩色（CS）和长扁字（CB）注解来实现。本例中使用彩色和长扁字注解设置三号黑体字和红色三号框线，第一行设置 80% 的长字，第二行设置 80% 的扁字。

【小样】 [CSX%100，100，0，0] [FK（H0035*2。15] [HT3H] [CS%0，100，

100，0〗〖CBC%80〗方正书版软件=〖HT3H〗〖CBB%80〗排版工艺技术〖CS〗〖CSX〗〖FK)〗

彩色注解（CS）

功能：设置文字、线框和底纹的颜色。

注解定义：

〖CS〔X|D〕〔%〕〔〈C〉,〈M〉,〈Y〉,〈K〉〕〗

注解参数：〔X|D〕　表示设置框线或底纹的颜色

〔X〕　设置框线的颜色

〔D〕　设置底纹的颜色

〔%〕　设置颜色按百分比格式

〈C〉　表示 CMYK 中的青色值

〈M〉　表示 CMYK 中的品红色值

〈Y〉　表示 CMYK 中的黄色值

〈K〉　表示 CMYK 中的黑色值

解释：

（1）本注解是在小样文件中设定文字、框线和底纹的颜色，另外在版心文件和大样预览中也可以设置，以小样中的设定为准。

（2）〔X〕为设置框线的颜色，〔D〕为设置底纹的颜色，如果省略 X 或 D 则是设置字符的颜色。

（3）〈C〉表示 CMYK 中的青色值，使用%表示为百分比，取值范围在 0～100，省略%的数值范围在 0～255。

〈M〉表示 CMYK 中的品红色值，使用%表示为百分比，取值范围在 0～100，省略%的数值范围在 0～255。

〈Y〉表示 CMYK 中的黄色值，使用%表示为百分比，取值范围在 0～100，省略%的数值范围在 0～255。

〈K〉表示 CMYK 中的黑色值，使用%表示为百分比，取值范围在 0～100，省略%的数值范围在 0～255。

（4）取消字符颜色的方法是添加〖CS〗，取消框线颜色的方法是添加〖CSX〗，取消底纹颜色的方法是添加〖CSD〗，系统恢复版心文件的颜色。

（5）学习了本注解后，我们会在后面的很多注解中涉及颜色设置的问题，例如画线注解（HX）、长度注解（CD）、方框注解（FK）、加底注解（JD）、上下注解（SX）和界标注解（JB）等，这些注解涉及的线、花边、边框、底纹和括弧均用此注解的@〔〈%〉〕(C，M，Y，K）参数形式设置。

【例】 彩色字、框线和底纹的黑白效果

色彩类型	效 果	小样文件	色彩类型	效 果	小样文件
红色文字	方正书版	〖CS%0，100，100，0〗	黄色文字	方正书版	〖CS%0，0，100，0〗
绿色文字	方正书版	〖CS%100，0，100，0〗	蓝色文字	方正书版	〖CS%100，100，0，0〗
红色正线	————	〖CSX%0，100，100，0〗	黄色正线	————	〖CSX%0，0，100，0〗
绿色正线	————	〖CSX%100，0，100，0〗	蓝色正线	————	〖CSX%100，100，0，0〗
红色底纹		〖CSD%0，100，100，0〗	黄色底纹		〖CSD%0，0，100，0〗
绿色底纹		〖CSD%100，0，100，0〗	蓝色底纹		〖CSD%100，100，0，0〗

长扁字注解（CB）

此注解功能是给文字变形为长字或者扁字的效果。

注解定义：〖CB（C〔%〕〈长扁参数〉｜B〔%〕〈长扁参数〉）〗

注解参数：〔C〕　表示长形字

〔B〕　表示扁形字

〈长扁参数〉　1～7级或者1～200（百分比）

〔%〕　指定〈长扁参数〉按百分比变化字长或者字高

解释：

参数C为长形字，表示字宽减少；参数B为扁形字，表示字高减小。省略长扁参数〖CB〗表示恢复版心的正常字形。

〈长扁参数〉表示字宽或字高的变化率。1～7表示〈长扁参数〉用分数表示，变化率从1/10～7/10，数字越大字变形的程度就越大。〔%〕指定〈长扁参数〉将以1%～200%的范围变化。如果指定的是C参数，表示定义字高不变的情况下，宽是高的百分之几。如果指定的是B参数，表示定义字宽不变的情况下，高是宽的百分之几。当长扁参数的百分比超过100%后，扁形字变成长形字；长形字变成扁形字。

本注解的作用范围是遇到下一个长扁注解（CB）、汉体注解（HT）或外体注解（WT）停止。

【例】 长扁字效果

扁 字 效 果〖CBB〗		长 字 效 果〖CBC〗	
CBB1	两岸猿声啼不住	CBC1	两岸猿声啼不住
CBB3	轻舟已过万重山	CBC3	轻舟已过万重山
CBB5	轻舟已过万重山	CBC5	轻舟已过万重山

续表

扁字效果［CBB］		长字效果［CBC］	
CBB%50	两岸猿声啼不住	CBC%50	两岸猿声啼不住
CBB%100	留取肝胆两昆仑	CBC%100	留取肝胆两昆仑
CBB%150	我自横刀天笑	CBC%150	我自横刀天笑
CBB%200	轻舟万重山	CBC%200	轻舟万重山

说明：

①虽然在前面我们讲到的汉体注解通过调整双向字号可以排出长字或扁字，但使用本注解更加方便准确、合乎规范。

②本注解指定的扁字在超过〖CBB%100〗后会变成长字，长字在超过〖CBC%100〗后会变成扁字。

③方正书版中的长形字不是因为字变长，而是将字的宽度变窄，同理扁形字是因为将字的高度变短。

④本注解作用范围到下一个长扁字注解、汉体注解、外文和数体注解。

【任务6】 新建一个小样文件，完成下面的实例。

岱宗夫如何，齐鲁青未了。
造化钟神秀，阴阳割昏晓。
荡胸生层云，决眦入归鸟。
会当凌绝顶，一览众山小。

【分析】 在这个实例中主要用了立体（LT）、勾边（GB）、阴阳（YY）、空心字（KX）注解来实现。本例中第一行使用蓝色2级立体字效果；第二行使用5级品红勾边色、红色边框色；第三行使用阴阳字；第四行使用编号10的空心字。

【小样】 〖HT2HP〗〖LT（2@%（100，100，0，0）〗岱宗夫如何，齐鲁青未了。〖LT）〗↙〖GB（5@%（0，100，100，0）B@%（0，100，0，0）G〗造化钟神秀，阴阳割昏晓。〖GB）〗↙〖YY（〗〖JD3001〗荡胸生层云，决眦入归鸟。〖YY）〗↙〖KX（10〗会当凌绝顶，一览众山小。〖KX）〗

立体注解（LT）

功能：设置文字的立体效果。

注解定义：

［LT〔〈阴影宽度〉〕〔〈阴影颜色〉〕〔W〕〔Y〕〔YS | ZS | ZX〕〔，〈字数〉〕］
［LT（〔〈阴影宽度〉〕〔〈阴影颜色〉〔W〕〔Y〕〔YS | ZS | ZX〕］〈立体内容〉［LT）］

注解参数：〔〈阴影宽度〉〕　0～7 级，级别越大阴影宽度越大
〔〈阴影颜色〉〕　〈颜色〉
〈颜色〉　@〔%〕（〈C〉，〈M〉，〈Y〉，〈K〉）
〔W〕　表示立体字不要边框
〔Y〕　表示为阴字
〔YS〕　表示阴影在字符的右上方
〔ZS〕　表示阴影在字符的左上方
〔ZX〕　表示阴影在字符的左下方
〔，〈字数〉〕　指定立体字的字数

解释：

（1）〔〈阴影宽度〉〕为 0～7 级，宽度逐级加大，省略为 0 级。

（2）〔〈阴影颜色〉〕是指阴影颜色，设定字符本身的颜色需要使用彩色注解（CS）。

（3）〔W〕表示不在字符和阴影之间添加边框，省略表示添加和阴影一样颜色的边框。

（4）〔Y〕参数表示阴字即白字黑影效果，此时阴影颜色固定为黑色，再设置阴影颜色无效。

（5）本注解内不要插入其他注解，否则系统报错。

【例 1】 立体字效果

立体字效果	小样文件
黑色立体字	［HT1H］［LT（4@（255，0，0，0）］黑色立体字［LT）］
紫色立体字	［CS0，255，0，0］［HT1H］［LT（4@（255，255，0，0）ZX］紫色立体字［LT）］
明月松间照	［CS%0，100，100，0］［HT1H］［LT（4@%（100，100，0，0）］明月松间照［LT）］
清泉石上流	［CS%100，100，0，0］［HT1H］［LT（6@%（0，100，100，20）］清泉石上流［LT）］

【例 2】 阴影字效果比较

阴影字种类	立体字效果	小样文件
白字黑影	方正书版 Founder	[HT2H] [JD1001] [LT（6Y] 方正书版 Founder [LT）]
黑字白影	方正书版 Founder	[HT2H] [JD1001] [LT（6] 方正书版 Founder [LT）]

勾边字注解（GB）

功能：设置文字的勾边效果。

注解定义：

〖GB〔〈勾边宽度〉〕〔W〕〔Y〕〔〈边框色〉〕〔〈勾边色〉〕〔，〈字数〉〕〗
〖GB（〔〈勾边宽度〉〕〔W〕〔Y〕〔〈边框色〉〕〔〈勾边色〉〕〗〈勾边字内容〉〖GB）〗

注解参数：〔〈勾边宽度〉〕　0～30 级，级别越大勾边宽度越大
〔W〕　表示勾边字不要边框
〔Y〕　表示为阴字
〔〈边框色〉〕　〈颜色〉B
〔〈勾边色〉〕　〈颜色〉G
〈颜色〉　@〔%〕（〈C〉，〈M〉，〈Y〉，〈K〉）
〔，〈字数〉〕　指定勾边字的字数

解释：

（1）本注解作用是在字边上加边加框，勾边是字符延伸出来的部分，边框是在勾边外面勾描出来的线。

（2）〔Y〕表示设置阴字效果，即白字黑勾边色；此时所有颜色均不起作用（包括边框色、勾边色和字符颜色）。

（3）〔〈勾边宽度〉〕是指勾边的宽度，和边框线无关，级别越大越宽。

（4）〔〈勾边色〉〕是设定字符延伸出来的部分颜色，省略为白色。

（5）〔〈边框色〉〕是设定勾边外沿线的颜色，省略为黑色。

【例 1】 勾边字黑白效果

勾边字种类	勾边字效果	小样文件
白边黑框（默认）	方正书版	[HT1XK] [JD1001] [GB（10] 方正书版 [GB）]

续表

勾边字种类	勾边字效果	小样文件
黑字白边无框	方正书版	[HT0XK] [JD1001] [GB（10W]方正书版 [GB)]
白字黑边无框	方正书版	[HT0XK] [JD1001] [GB（10WY] 方正书版 [GB)]
白字黑边白框	方正书版	[HT1XK] [JD1001] [GB（10Y]方正书版 [GB)]

【例2】 彩色勾边字黑白效果

勾边彩色种类	勾边字效果	小样文件
10级紫边黑框	方正书版	[HT0XK] [JD1001] [GB（10@%（0，100，0，0）G] 方正书版 [GB)]
10级黄字蓝边	方正书版	[HT0XK] [JD1001] [CS%0，0，100，0] [GB（10@%（100，100，0，0）G] 方正书版 [GB)]
15级黄字蓝边	方正书版	[HT0XK] [JD1001] [CS%0，0，100，0] [GB（15@%（100，100，0，0）G] 方正书版 [GB)]
20级绿字紫边	方正书版	[HT0XK] [JD1001] [CS%100，0，100，0] [GB（20@%（0，0，100，0）G] 方正书版 [GB)]

阴阳字注解（YY）

功能：设置文字的阴阳字效果。

注解定义：

[YY（]〈阴阳字内容〉[YY)]

解释：

本注解是设置白色字效果，一般都搭配黑色底纹。

【例】 阴阳字效果

阴阳字效果	小样文件
谈笑有鸿儒 往来无白丁	[HT2Y] [JD1001] [YY(] 谈笑有鸿儒 往来无白丁 [YY)]
采菊东篱下 悠然见南山	[HT2XK] [JD1001] [YY(] 采菊东篱下 悠然见南山 [YY)]
会当凌绝顶 一览众山小	[HT2L] [JD1001] [YY(] 会当凌绝顶 一览众山小 [YY)]
野火烧不尽 春风吹又生	[HT2XQ] [JD1001] [YY(] 野火烧不尽 春风吹又生 [YY)]
烽火连三月 家书抵万金	[HT2CY] [JD1001] [YY(] 烽火连三月 家书抵万金 [YY)]

空心字注解（KX）

功能：设置文字的空心效果。

注解定义：

[KX〔〈网纹编号〉〕〔W〕〔，〈字数〉〕]
[KX(〔〈网纹编号〉〕〔W〕]〈空心字内容〉[KX)]

注解参数：〔〈网纹编号〉〕　1～31 级，共 31 种网纹种类
〔W〕　表示空心字不要边框
〔，〈字数〉〕　指定空心字的字数

解释：

（1）本注解是专门设置字的空心效果，只给出字的轮廓，在字中添加各种网纹效果。

（2）第二种注解形式是将括弧对中的空心字和各种符号数字都设为空心效果。

（3）空心字不能拆行，只能对字符起作用。

【例】空心字网纹种类

级别	空心效果	小样文件	级别	空心效果	小样文件
1 级	求真	[HT1" HP] [KX(1] 求真 [KX)]	3 级	殚精	[HT1" HP] [KX(3] 殚精 [KX)]
2 级	殊途	[HT1" HP] [KX(2] 殊途 [KX)]	4 级	成千	[HT1" HP] [KX(4] 成千 [KX)]

续表

级别	空心效果	小样文件	级别	空心效果	小样文件
5 级	成王	[HT1” HP]　[KX（5]成王［KX)]	19 级	上万	[HT1” HP]　[KX（19]上万［KX)]
6 级	戛然	[HT1” HP]　[KX（6]戛然［KX)]	20 级	败寇	[HT1” HP]　[KX（20]败寇［KX)]
7 级	战战	[HT1” HP]　[KX（7]战战［KX)]	21 级	而止	[HT1” HP]　[KX（21]而止［KX)]
8 级	比比	[HT1” HP]　[KX（8]比比［KX)]	22 级	兢兢	[HT1” HP]　[KX（22]兢兢［KX)]
9 级	望梅	[HT1” HP]　[KX（9]望梅［KX)]	23 级	皆是	[HT1” HP]　[KX（23]皆是［KX)]
10 级	正襟	[HT1” HP]　[KX（10]正襟［KX)]	24 级	止渴	[HT1” HP]　[KX（24]止渴［KX)]
11 级	此起	[HT1” HP]　[KX（11]此起［KX)]	25 级	危坐	[HT1” HP]　[KX（25]危坐［KX)]
12 级	步步	[HT1” HP]　[KX（12]步步［KX)]	26 级	彼伏	[HT1” HP]　[KX（26]彼伏［KX)]
13 级	歪打	[HT1” HP]　[KX（13]歪打［KX)]	27 级	为营	[HT1” HP]　[KX（27]为营［KX)]
14 级	归根	[HT1” HP]　[KX（14]归根［KX)]	28 级	正着	[HT1” HP]　[KX（28]正着［KX)]
15 级	改邪	[HT1” HP]　[KX（15]改邪［KX)]	29 级	结底	[HT1” HP]　[KX（29]结底［KX)]
16 级	务实	[HT1” HP]　[KX（16]务实［KX)]	30 级	归正	[HT1” HP]　[KX（30]归正［KX)]
17 级	同归	[HT1” HP]　[KX（17]同归［KX)]	31 级	归正	[HT1” HP]　[KX（31]归正［KX)]
18 级	竭虑	[HT1” HP]　[KX（18]竭虑［KX)]			

标题定义注解（BD）

功能：定义各级标题的排版格式，注意它存放在版心文件（PRO）中。

注解定义：

[BD〈级号〉，〈标题字体号〉〔〈颜色〉〕，〈标题行数〉〔〈格式〉〕]

注解参数：〈级号〉　1～8 级

〈标题字体号〉　〈双向字号〉〈字体〉

〈双向字号〉　〈横向字号〉〔,〈纵向字号〉〕

〈字体〉　〈方正字体〉〔《H〈GBK 汉字外挂字体名〉》〕〔《W〈ASCⅡ外文外挂字体名〉》〕

〔〈颜色〉〕　@〔%〕(〈C〉,〈M〉,〈Y〉,〈K〉)

〔%〕　表示颜色数值按百分比计算

〈C〉、〈M〉、〈Y〉、〈K〉　青、品红、黄、黑四种颜色的数值在0~255或1~100(按%计算)

〔〈标题行数〉〕　〈空行参数〉

〔〈格式〉〕　〔S〈空行参数〉〕〔Q〈字距〉〕

解释:

(1)本注解存放在版心 PRO 文件中,因此设置其中参数应在 PRO 中进行。

(2)〈级号〉为1~8级,字号最大的标题为一级,后面的依次减小。

(3)〔《H〈GBK 汉字外挂字体名〉》〕〔《W〈ASCⅡ外文外挂字体名〉》〕分别为标题使用汉字、外文外挂字体。

(4)〔〈标题行数〉〕是指定标题所占的行数,按版式定义的正文字号与行距定义。

(5)〔S〈空行参数〉〕为上空行数,即在标题所占的行内,上空的距离。省略此参数时标题上下居中排;使用此参数后标题在所占行数内减去上空行数之后再上下居中排。

(6)〔Q〈字距〉〕表示标题左边空出的距离。

创建 PRO 中标题定义的方法:创建或打开 PRO,按上图所示,双击窗口左边标题定义项,逐项输入需要设置的参数,输入后要注意保存 PRO 文件的修改。

在 PRO 文件中定义标题的格式如图 3-1 所示。

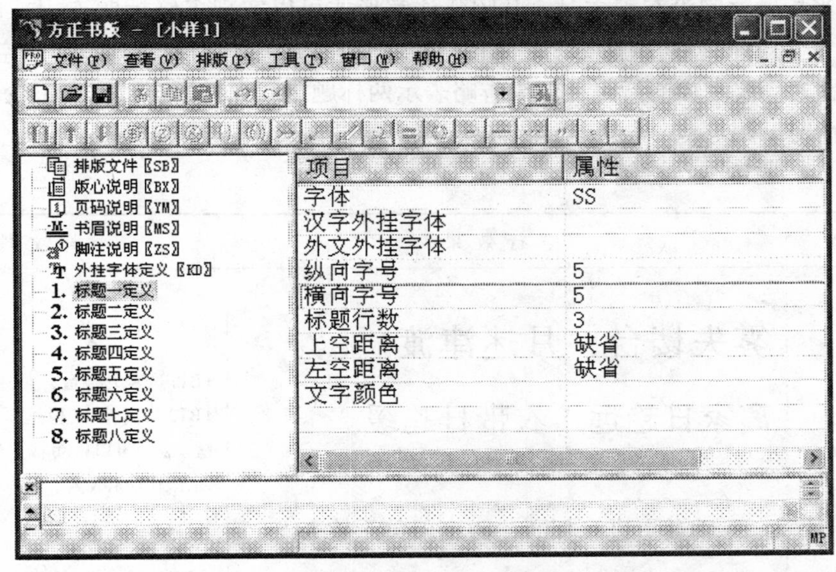

图 3-1　PRO 文件中的标题对话框

标题注解（BT）

功能：按照定义好的格式排标题内容。

注解定义：

[BT〈级号〉〔〈增减〉〈空行参数〉〕〔#〕]
[BT（〈级号〉〔〈级号〉〕〔〈级号〉〕〔〈增减〉〈空行参数〉〕〔#〕]〈空行参数〉[BT）]

注解参数：〈级号〉　1～8级

〔〈增减〉〕　+｜-，其中“+”为增行，“-”为减行

〔〈空行参数〉〕　行距

〔#〕　表示标题后不自动带一行文字

解释：

（1）本注解第一种形式适合单级单行标题，添加⇙、↙或［KH］结束标题注解；第二种形式适合多级标题连用或单行过长需回行的情况。

（2）〈级号〉指定使用哪一级标题的定义，等同于BD注解的级号。

（3）〔〈增减〉〈空行参数〉〕用于调整标题所占的空间的大小。因为标题占行的多少已经在版心文件中做了定义，不过在此也可以适当进行调整占行距离。“+”是增加空行，例如给二级标题在原有占行的基础上再加1行空的注解为［BT3+1］，“-”是减少空行。

（4）〔#〕表示在标题和行数后不自动带一行文字，默认则自动带一行文字。没有“#”时该标题或行数还会出现孤题现象，但在某些情况下其后的文字或表格图片位置可能不正确，无法排版，此时可以通过此参数进行调整。

（5）当标题之间没有正文时，开闭弧注解形式可以实现多级标题连用，也叫“联级标题”。此时不同级别标题文字之间用［〔〈空行参数〉〕］相隔，其中的〈空行参数〉为两级标题之间要减少的行距，如果省略表示两标题之间保持原占行高度不变，用符号［］，默认情况下用［］。

【例】 标题增减空行例

空行类型	空 行 效 果	小 样 文 件
无+｜- 正常空行	雾失楼台，月迷津渡。 离家日趋远，衣带日趋缓。 劝君更进一杯酒，西出阳关无故人。	［BT1］雾失楼台，月迷津渡。⇙［BT2］离家日趋远，衣带日趋缓。↙［BT3］劝君更进一杯酒，西出阳关无故人。

续表

空行类型	空 行 效 果	小 样 文 件
减少一个空 行	雾失楼台，月迷津渡。 离家日趋远，衣带日趋缓。 劝君更进一杯酒，西出阳关无故人。	〔BT1〕雾失楼台，月迷津渡。↙〔BT2－1〕离家日趋远，衣带日趋缓。↙〔BT3〕劝君更进一杯酒，西出阳关无故人。
增加一个空 行	雾失楼台，月迷津渡。 离家日趋远，衣带日趋缓。 劝君更进一杯酒，西出阳关无故人。	〔BT1〕雾失楼台，月迷津渡。↙〔BT2＋1〕离家日趋远，衣带日趋缓。↙〔BT3〕劝君更进一杯酒，西出阳关无故人。

例中标题也可以用标题连续注解形式〔BT（123〕雾失楼台，月迷津渡。〔〕离家日趋远，衣带日趋缓。〔〕劝君更进一杯酒，西出阳关无故人。〔BT）〕；减行数时可用〔BT（123〕雾失楼台，月迷津渡。〔1〕离家日趋远，衣带日趋缓。〔〕劝君更进一杯酒，西出阳关无故人。〔BT）〕

说　明：

①本注解是和PRO中标题定义相关联的，否则系统报“没有定义”错。

②本注解后正文字体字号不受标题定义字体号的影响，不需要在标题后加〔HT〕来恢复版心的字体号。

【任务7】新建一个小样文件，完成下面的实例。

出版说明

一九九五年二月，中华人民共和国新闻出版署成立了新闻出版系统技工学校印刷类专业教材编审委员会，组织新闻出版系统……

印刷类专业教材编审委员会

一九九八年二月

【分析】在这个实例中主要用了行数（HS）注解和居右（JY）注解来实现。本例中第一行标题占三行，字体为黑体。

【小样】 〔HS3〕〔JZ〕〔HT3H〕出版说明〔HT〕↙一九九五年二月，中华人民共和国新闻出版署成立了新闻出版系统技工学校印刷类专业教材编审委员会，组织新闻出版系统……〔KH2〕〔JY，2〕印刷类专业教材编审委员会↙〔JY，2〕一九九八年二月

行数注解（HS）

功能：用于排标题，它作为标题注解的一种补充手段。

注解定义：[HS<空行参数>〔#〕]
[HS（<空行参数>〔#〕]<行数内容>[HS）]

注解参数：〈空行参数〉 给出了标题所占的高度
〔#〕 开关参数

解释：

（1）第一种形式用于单行标题，以换段符、换行符或空行符 KH1 等注解作为结束。

（2）第二种形式一般用于多行标题或多级标题。这种形式的行数注解以［HS）］作为结束。

（3）〔#〕表示在标题和行数后不自动带一行文字，缺省则自动带一行文字。没有〔#〕时该标题或行数不会出现孤题的现象，但在某些情况下其后的文字图片位置可能不正确，此时可通过加“#”解决。

（4）另有标题定义（BD）注解在＊．PRO 文件中说明，全书采用统一格式时用。当某些标题格式比较特殊，统一说明的格式不能满足时，可用行数注解来实现。

（5）办公文件虽然不全是特殊格式，但一份文件只有一个文件头，在同一份文件的正文中不再使用，用标题定义注解反而得不偿失，所以也用行数注解。

【任务8】新建一个小样文件，完成下面的实例。

方正书版 *排版工艺*

方 正 书 版 软 件

【分析】在这个实例中主要用了倾斜（QX）和旋转（XZ）注解来实现。本例中使用倾斜第一行左倾 15 度和右倾 15 度，第二行设置 5 个旋转字，分别是 30、60、90、150 和 180 度。

【小样】〔HT3H〕〔QX（Z15〕方正书版〔QX）〕==〔HT3H〕〔QX（Y15〕排版工艺〔QX）〕〔KH1〕〔XZ（30〕方〔XZ）〕=〔XZ（60〕正〔XZ）〕=〔XZ（90〕书〔XZ）〕=〔XZ（150〕版〔XZ）〕=〔XZ（180〕软〔XZ）〕件

倾斜注解（QX）

功能：设置文字左倾和右倾的效果。

注解定义：〖QX（〈Z｜Y〉〈倾斜度〉〔#〕〗〈倾斜内容〉〖QX）〗

注解参数：〈Z〉　表示文字向左倾斜

〈Y〉　表示文字向右倾斜

〈倾斜度〉　1~15 度，度数越大倾斜效果越明显

〔#〕　添加此参数表示按字符的中心线倾斜；省略此参数表示按字符的顶线倾斜

解释：

(1)〈倾斜度〉范围为 1~15 度，即可以选取 1~15 中任一个整数作为倾斜度数。

(2) 添加〔#〕参数时，字符中心线不动，字符对角倾斜形成左倾或右倾；省略此参数时，字符顶线不动，以下部分倾斜形成左倾或右倾。

【例】 字符倾斜效果

倾斜方向	倾斜度	倾斜效果	小样文件
向左	3 度	方正书版 Founder	〖QX（Z3#〗方正书版 Founder〖QX）〗
向左	7 度	方正书版 Founder	〖QX（Z7#〗方正书版 Founder〖QX）〗
向左	10 度	方正书版 Founder	〖QX（Z10#〗方正书版 Founder〖QX）〗
向左	15 度	方正书版 Founder	〖QX（Z15#〗方正书版 Founder〖QX）〗
向右	3 度	方正书版 Founder	〖QX（Y3#〗方正书版 Founder〖QX）〗
向右	7 度	方正书版 Founder	〖QX（Y7#〗方正书版 Founder〖QX）〗
向右	10 度	方正书版 Founder	〖QX（Y10#〗方正书版 Founder〖QX）〗
向右	15 度	方正书版 Founder	〖QX（Y15#〗方正书版 Founder〖QX）〗

旋转注解（XZ）

功能：设置文字的旋转效果。

注解定义：〖XZ（〈旋转参数〉｜〈竖排旋转参数〉〗〈旋转内容〉〖XZ）〗

注解参数：〈旋转参数〉　〈旋转度〉〔#〕

〈旋转度〉　0~360 度

〔#〕　添加此参数表示按字符中心旋转；省略此参数表示按字符左上角旋转

〈竖排旋转参数〉　〔Z〕〔H〕〔W〕

〔Z〕　竖排时符号向左旋转 90 度，省略表示向右旋转 90 度
〔H〕　竖排时旋转汉字标点符号
〔W〕　竖排时旋转外文标点符号

解释：

（1）本注解可以向左向右按任意角度旋转文字，另外在竖排时为达到文字和字符的标准样式可以旋转数字、外文和各类符号。

（2）添加〔#〕参数时，字符按中心点旋转，省略此参数时按字符的左上角旋转。

【例】 字符旋转效果

旋转方式	旋 转 效 果	小 样 文 件
按字符中心旋转	方正书版排版精品	方[XZ(45#]正[XZ)][XZ(90#]书[XZ)][XZ(135#]版[XZ)][XZ(180#]排[XZ)][XZ(225#]版[XZ)][XZ(270#]精[XZ)][XZ(315#]品[XZ)]
按字符左上角旋转	方正书版排版精品	方[XZ(45]正[XZ)][XZ(90]书[XZ)][XZ(135]版[XZ)][XZ(180]排[XZ)][XZ(225]版[XZ)][XZ(270]精[XZ)][XZ(315]品[XZ)]

综合练习　标题版面排版实例

第一章　光　与　色

第一节　色觉形成的物理基础

光与色对于人类生活有着重要的意义，与印刷工业有着十分密切的关系，二者都是我们在本书内要研究的主要对象。

人类感知外部客观世界的器官有眼、耳、鼻、舌、皮肤，它们可分别形成人们的视觉、听觉、嗅觉、味觉和触觉。其中，人们获取外界信息量最多的是视觉。颜色视觉简称为色觉，是视觉的重要组成部分，色觉又包括色感觉和色知觉两个方面。色感觉是指眼睛接受色光刺激后产生的颜色感觉，色知觉则是指人们对于有色物体的整体反映。色

感觉总是存在于色知觉之中，很少有孤立的色感觉存在。所以，平时我们提到的色觉是建立在色感觉基础上的色知觉，将二者合称为色觉。

色觉的形成有它的物理基础、生理基础和心理基础。

一、色觉形成的三个要素

人类生活在五光十色、绚丽多彩的世界里。在阳光下，我们能欣赏到大自然中的红花、绿叶、蓝天、白云，能看到街上行人。穿款式各异、五颜六色的服装，能看到书店里陈列着琳琅满目、各色各样的书画报刊。以上种种都是人类产生的色觉。但是在没有光的时候，我们就无法看到这些赏心悦目的颜色。另外，眼睛和大脑不健全的人也无法感知这些美丽的色彩。这说明，要产生色觉，必需具备三个要素：光、彩色物体、健全的器官。光照射于 彩 色 物 体之上，经过物体对光的吸收、反射或 透射 之 后 作 用 于 人 的 眼 睛，再由眼睛中的视神经将信息传递给大脑，大脑得出关于颜色的判断，由此而产生色觉。……

⋮

⋮

版面编辑：__________

200 ____年____月____日

第二节 正文排版

【任务1】掌握正文排版的基础知识和格式。

【分析】通过讲述图书正文的排版格式，使同学们了解在排图书正文的时候应该如何控制行距，设置分栏参数以及如何灵活设置正文的字体。

一、正文排版的基础知识和格式

正文排版的格式，种类较多，如横排、竖排、通栏排、分栏排、单面排、双面排等。正文内，除文字外，还有图、表、注等。书版正文所用字号一般为五号、字体为书宋。

正文每行字数与版心宽相等，称通栏。这是图书版面常用的排版方法。正文每行字数如按版心宽度分成相等的若干栏，称为分栏。

分栏排的目的是为了便于阅读和调整版面，也可以减少段末行的空间。从视觉效果上来看，排行过长容易视觉疲劳。工具书、期刊及开本较大的图书，往往采用分栏排，分栏有二栏（双栏）、三栏甚至更多栏的。在多数情况下，分栏时都不加栏线，栏距为1~2个字。部分工具书习惯在栏阀加上栏线，栏线一般用细线。分栏排时，栏宽一般相等。大开本双栏排时，栏距为2个字，版心宽应为双数；小开本栏距为1个字，版心宽应为单数。否则分栏后，两栏的字数就不相等。

双栏排时，大标题通常都用通栏排，小标题则排在一栏内；在三栏排时，用两栏做标题；遇到短文时，第一篇正文应先全部占满第一栏，其余部分则排在第二栏和第三栏中，再以第二栏和第三栏的余下幅面排双栏标题，并接排第二篇文章。如图 3–2 所示。

北京农行为航天机电二院
授信五亿元

本报讯 日前，中国农业银行北京分行与中国航天机电集团公司第二研究院签署合作协议。农行北京分行将为航天机电二院提供综合授信，金额达五亿元人民币，以支持该企业发展高新科技产业。（三水）

鲁北集团出资亿元兴水利

本报讯 山东鲁北企业集团总公司近日拿出一亿元人民币用于当地小开河二期工程配套建设。该工程可以解决当地八万群众、七点八万头大牲畜的饮水困难和四十多万亩耕地的灌溉问题，并将对农业结构调整起到推动作用。

（门福通 步宝金）

药品分类管理宣传周活动将举办

本报讯 国家药品监督管理局、卫生部等五部局将在五月二十七日至三十一日举办处方药与非处方药分类管理宣传周。宣传周活动的主题是实施药品分类管理，保障群众用药安全。

柯达第五千家快速彩扩店落户成都

本报讯 柯达公司第五千家快速彩扩店近日落户成都。据悉，柯达以服务、促销及员工当地化等方式快速扩张，如今已进入全国五百多个城市。（吴迎春）

综艺股份注资雅宝网站

本报讯 中国网络股的杰出代表企业江苏综艺股份有限公司，近日注资二千六百多万元投资国内最大的拍卖网站——雅宝竞价交易网。这是综艺股份继连邦软件、8848 网站和南大苏富特软件之后在信息产业和电子商务领域的又一次重要

周活动的主题是实施药品分类管理，保障群众用药安全。

柯达第五千家快速彩扩店落户成都

本报讯 柯达公司第五千家快速彩扩店近日落户成都。据悉，柯达以服务、

北京农行为航天机电二院
授信五亿元

本报讯 日前，中国农业银行北京分行与中国航天机电集团公司第二研究院签署合作协议。农行北京分行将为航天机电二院提供综合授信，金额达五亿元人民币，以支持该企业发展高新科技产业。（三水）

本报讯 山东鲁北企业集团总公司近日拿出一亿元人民币用于当地小开河二期工程配套建设。该工程可以解决当地八万群众、七点八万头大牲畜的饮水困难和四十多万亩耕地的灌溉问题，并将对农业结构调整起到推动作用。

（门福通 步宝金）

综艺股份注资雅宝网站

药品分类管理宣传周活动将举办

本报讯 国家药品监督管理局、卫生部等五部局将在五月二十七日至三十一日举办处方药与非处方药分类管理宣传周。宣传

促销及员工当地化等方式快速扩张，如今已进入全国五百多个城市。（吴迎春）

本报讯 中国网络股的杰出代表企业江苏综艺股份有限公司，近日注资二

图 3–2 分栏版面的标题排版

遇到图或表时，应该排在一栏内；如果图或表的幅面较大，超过栏宽时，可以排成中插图或跨栏图、跨栏表。

许多出版物采用分栏排版，例如期刊、工具书多采用双栏排版；报纸中四开大报版面基本分 8 栏；八开小报版面基本分 6 栏。打破基本栏排版叫“破栏”。

分栏时若栏与栏之间宽度相等，叫“等宽分栏”；否则叫“不等宽分栏”。如图3–3 所示。

一、古代奥运会的起源和发展

有文字记载的古代奥运会始于公元前 776 年。当时，古希腊有 200 多个大大小小的城邦。公元前776 年，3 个城邦的国王达成协议，决定在 7 月中旬到 8 月中旬之间恢复在奥林匹亚举行的宗教庆典———体育大会，每 4 年一次，并同意在庆典期间停止战争行动，以便运动员和观众参加奥运会并安全返回。这就是著名的“奥林匹克神圣休战”。古代奥运会共举办了 293 届，直到公元 394 年才因外族入侵等原因结束，历时 1170 年。

二、现代奥运会的起源

1894 年 6 月 16 日，国际体育会议在巴黎举行，来自法国、英国、美国、希腊、俄国、意大利、比利时、瑞典、西班牙 9 个国家的 78 名代表集会。经过法国人顾拜旦多次提议和精心安排，会议终于通过了恢复举办奥运会的建议，决定每 4 年举行一次奥运会，并为举办奥运会建立一个长期委员会，即国际奥委会（IOC），顾拜旦任秘书长。会议还决定于 1896 年在雅典举办第一届现代奥运会。

（a）等宽分栏

一、古代奥运会的起源和发展

有文字记载的古代奥运会始于公元前 776 年。当时，古希腊有 200 多个大大小小的城邦。公元前776 年，3 个城邦的国王达成协议，决定在 7 月中旬到 8 月中旬之间恢复在奥林匹亚举行的宗教庆典———体育大会，每 4 年一次，并同意在庆典期间停止战争行动，以便运动员和观众参加奥运会并安全返回。这就是著名的“奥林匹克神圣休战”。古代奥运会共举办了 293 届，直到公元 394 年才因外族入侵等原因结束，历时 1170 年。

二、现代奥运会的起源

1894 年 6 月 16 日，国际体育会议在巴黎举行，来自法国、英国、美国、希腊、俄国、意大利、比利时、瑞典、西班牙 9 个国家的 78 名代表集会。经过法国人顾拜旦多次提议和精心安排，会议终于通过了恢复举办奥运会的建议，决定每 4 年举行一次奥运会，并为举办奥运会建立一个长期委员会，即国际奥委会（IOC），顾拜旦任秘书长。会议还决定于 1896 年在雅典举办第一届现代奥运会。

（b）不等宽分栏

图 3–3 分栏的两种形式

分栏排版若文字内容占不满一页，其结束方式有拉平栏、部分拉平栏或不拉平栏三种形式。所有栏的高度一致叫“拉平栏”；排满一栏再顺序排下一栏称为“不拉平栏”；多栏排版时一部分栏拉平叫“部分拉平栏”。如图 3–4 所示。

有文字记载的古代奥运会始于公元前776年。当时，古希腊有200多个大大小小的城邦。公元前776年，3个城邦的国王达成协议，决定在7月中旬到8月中旬之间恢复在奥林匹亚举行的宗教庆典——体育大会，每4年一次，并同意在庆典期间停止战争行动，以便运动员和观众参加奥运会并安全返回。这就是著名的"奥林匹克神圣休战"。古代奥运会共举办了293届，直到公元394年才因外族入侵等原因结束，历时1170年。

二、现代奥运会的起源

1894年6月16日，国际体育会议在巴黎举行，来自法国……

（a）拉平栏

一、古代奥运会的起源和发展

有文字记载的古代奥运会始于公元前776年。当时，古希腊有200多个大大小小的城邦。公元前776年，3个城邦的国王达成协议，决定在7月中旬到8月中旬之间恢复在奥林匹亚举行的宗教庆典——体育大会，每4年一次，并同意在庆典期间停止战争行动，以便运动员和观众参加奥运会并安全返回。这就是著名的"奥林匹克神圣休战"。古代奥运会共举办了293届，直到公元394年才因外族入侵等原因结束，历时1170年。

二、现代奥运会的起源

1894年6月16日，国际体育会议在巴黎举行，来自法国、英国、美国、希腊……

（b）不拉平栏

有文字记载的古代奥运会始于公元前776年。当时，古希腊有200多个大大小小的城邦。公元前776年，3个城邦的国王达成协议，决定在7月中旬到8月中旬之间恢复在奥林匹亚举行的宗教庆典——体育大会，每4年一次，并同意在庆典期间停止战争行动，以便运动员和观众参加奥运会并安全返回。这就是著名的"奥林匹克神圣休战"。古代奥运会共举办了293届，直到公元394年才因外族入侵等原因结束，历时1170年。**二、现代奥运会的起源**

1894年6月16日，国际体育会议在巴黎举行，来自法国、英国、美国……

（c）部分拉平栏

图3-4　分栏排版的三种拉栏方式

正文的行距，据出版物的性质而定。一般分为宽行、标准行、密行三种。宽行行距为字高的2/3～1倍，多用于经典著作；标准行距为字高的1/2，多用于普通读物；密行行距小于字高的1/3，多用于报纸或工具书。

段落的排法，除工具书、诗词和剧本外，一般图书正文每一段落开始，都要空出两个字，这就叫另起行。计算机排版系统排版时，在段末用换段符"↙"，下一段开始会自动缩进两格。另起行顶版口排时，称顶格。计算机排版系统排版时，在行末用换行符"⇙"，下一行开始会自动顶格排。

行页的伸缩：将本版面上的文、图、表、公式等挤到前一版面里减少一版面，称缩面。将本行上的字挤到前一行里去，减少一行，称缩行。

在排版格式上，习惯有"单字不成行，单行不成面"的规定，这主要是为了防止版面不美观。另一方面，可以减缩版面，节约纸张。解决的办法是，应将单字单行设法缩进去。缩字可以在标点符号内调整，缩行则主要是缩小图、表的上下空位，或在图、表旁串文。在缩行时往往要动几个版面。

二、正文排版的注解

【任务2】新建一个小样文件，完成下面的实例。

不要敲破子孙的饭碗

森林资源贫乏的出口一次性木筷，森林资源丰富的却进口一次性木筷。这一进一出，一差一错，正好说明可持续发展的重要性。常言道，毁树容易种树难。把我们本来就不多的木材资源做成筷子，用一次就"断子命"，长此以往，森林消失，资源枯竭，我们子孙的饭碗有可能被敲破。正像鲁迅先生在《拿来主义》中所说的，他们只能吃"残羹冷炙"。

【分析】在这个实例中主要可以用分栏（FL）、方框（FK）和段首（DS）注解来实现。本例子中由于是多字符段首，所以段首注解用第二种有开闭弧的形式。"W"表示无边框；右下角的方框是可以用两个方框嵌套来实现，先排出里面的方框，再根据其位置排出外面的方框，由于里面的内容是多字符，所以两个方框注解都要用开闭弧形式。

【小样】〖FL(2〗〖DS(3。7WB4006〗〖HT2DH〗〖JZ〗〖YY(〗不要敲〖YY)〗〖HT〗〖DS)〗破子孙的饭碗↙森林资源贫乏的出口一次性木筷，森林资源丰富的却进口一次性木筷。这一进一出，一差一错，正好说明可持续发展的重要性。常言道，毁树容易种树难。把我们本来就不多的木材资源做成筷子，用一次就"断子命"，长此以往，森林消失，资源枯竭，我们子孙的饭碗有可能被敲破。正像鲁迅先生在《拿来主义》中所说的，他们只能吃"残羹冷炙"。↙〖JZ〗〖FK(Q〗〖FK(H020B2007〗〖WT3HT〗ABCDEW〖KG*2〗〖WT〗〖FK)〗〖FK)〗〖HT〗〖FL)〗

方框注解(FK)

功能：在版面中排一个方框，在框中排放内容。

注解定义：

〖FK〔〈边框说明〉〕〔〈底纹说明〉〕〔〈附加距离〉〕〗
〖FK(〔〈边框说明〉〕〔〈底纹说明〉〕〔〈方框尺寸〉〕〔〈内容排法〉〕〗〈方框内容〉〖FK)〗

注解参数：

〈边框说明〉　F|S|D|W|K|Q|=|CW|XW|H〈花边编号〉

　〈花边编号〉　000~117

〈底纹说明〉　B〈底纹编号〉〔D〕〔H〕〔#〕

　〔D〕　本方框底纹代替外层底纹

　〔H〕　底纹用阴图

　〔#〕　底纹不留余白

〈底纹编号〉　〈深浅度〉〈编号〉

〈附加距离〉　〈字距〉

〈方框尺寸〉　〔〈空行参数〉〕〔。〈字距〉〕

〈内容排法〉　〈ZQ|YQ|CM〉〔〈字距〉〕|〔〈ZQ〉〔〈字距〉〕〕

　〈字距〉　用于指定字与框线之间的距离，省略时距离为0

解释：

本注解有两种形式：

第一种注解形式无开闭弧，用于对前面的文字或盒子加边框。可以将方框内容用盒子注解〖〗括起来一起加框。此时方框的大小取决于前面文字或盒子的大小，附加距离只是用于调节内容与边框之间的距离。

第二种形式是用开闭弧将方框内容括起来，此时方框大小有两种给定的方式，一是给出〈方框尺寸〉大小；二是根据方框中的内容，自动在其外边画框线。当方框中有图片(TP)或插入(CR)时，则必须给出〈方框尺寸〉。

〈边框说明〉用于选择框线，省略为正线，并有F反线、S双线、D点线、K不要线但占边框的位置、W不要线并不占线的位置、Q曲线、=双线、CW上粗下细文武线、XW上细下粗文武线、H花边线(**〈花边编号〉**000~117)。以上各种线型除花边占1字宽，其余线型均占当前字号的1/4宽。

〈底纹说明〉用字母 B 打头，**〈底纹编号〉**为 4 位数字，首位表示底纹的深浅程度，用 0～8 表示，0 级最浅，8 级最深。后 3 位为底纹号，由 000～353 表示，大于 353 按 353 处理。

〈附加距离〉用**〈字距〉**表示，只用于第一种方框注解中，用来调节框内文字（或盒子）与边框之间的距离，省略为四分空。

〈方框尺寸〉决定方框大小，省略表示大小由〈方框内容〉决定。省略方框宽度字距时，均为左齐。

〈内容排法〉用于指定框内文字内容的排法，省略为居中排，ZQ 为左齐，YQ 为右齐，CM 为撑满。以上排法中，只有左齐 ZQ 时框内文字可以自动换行，其他排法均不能换行。只有指定了方框的宽度〈字距参数〉后，才可以指定方框的“内容排法”参数，否则排法均为“左齐”。

〈字距〉用于指定字与框线之间的距离，省略时距离为 0。

〔#〕参数表示底纹不留余白，即底纹与边框线之间不要有白边。

【例 1】 用第一种注解形式，为单个字加框

小样文件：〖HT28. L〗云〖FK〗=淡〖FK〗=风〖FK〗=清〖FK〗

小样分析：第一种注解形式是为注解前面的文字或盒子加框。框的大小取决于前面文字或盒子的大小。

【例 2】 用第二种注解形式，为几行字加框

东篱把酒黄昏后，有暗香盈袖。
莫道不消魂？
帘卷西风，人比黄花瘦。

东篱把酒黄昏后，有暗香盈袖。
莫道不消魂？
帘卷西风，人比黄花瘦。

小样文件：〖FK（SB10234〗东篱把酒黄昏后，有暗香盈袖。↙莫道不消魂？↙帘卷西风，人比黄花瘦。〖FK）〗

小样文件：〖FK（SB10234。13＊2〗东篱把酒黄昏后，有暗香盈袖。↙莫道不消魂？↙帘卷西风，人比黄花瘦。〖FK）〗

小样分析：本例中的两个方框，一个未指明宽度，即框的大小由〈方框内容〉来决定；一个指明了框的大小。〈方框内容〉均采用默认的排法。可以看出，当省略表示方框宽度的字距时，方框中的内容垂直方向为上下居中，水平方向为左齐排；否则，方框内容为上下、左右居中排。

【例 3】 用第二种注解形式，注解中给出方框尺寸大小

身无彩凤双飞翼　心有灵犀一点通

小样文件：〖FK（WB10163。36〗〖HT28. HC〗身无彩凤双飞翼⑫心有灵犀一点通〖FK）〗

小样分析：本例中，指明方框尺寸为 3 行高，36 字宽（给出了字宽）框内文字上下、左右居中排。

【例4】 方框底纹代替与叠加的效果

底纹代替

上层代替下层

底纹叠加

上层叠加下层

小样文件：［FK（WB20265。8］［SQ1］［HT14. Y3］底纹代替［FK)］［HT］［KG-4］［JX2］［FK（WB3012 D5。8］［HT12. Y3］上层代替下层［FK)］

小样文件：［FK（WB20265。8］［SQ1］［HT14. Y3］底纹叠加［FK)］［HT］［KG-4］［JX2］［FK（WB30125。8］［HT12. Y3］上层叠加下层［FK)］

【例5】 使用消除余白参数#

没有白边

有白边

小样文件：［FK（FB8001 #3。16］［YY（］［HT14. Y3］没有白边［HT］［YY)］［FK)］

小样文件：［FK（FB80013。16］［YY（］［HT14. Y3］有白边［HT］［YY)］［FK)］

【例6】 用底纹替代功能排阴影

明月松间照 清泉石上流

小样文件：［JZ（］＝［FK（WB80013。36］［FK)］［JZ)］［KG-37*2］［JX-1］［FK（WB00133。36］［HT34. LB］明月松间照½清泉石上流［FK)］

小样分析：先排出做阴影的那个方框，再根据其位置排叠加在它上面的那个方框。

说 明：

①方框内容自动上下居中，需要顶头排时，可使用上齐注解（SQ）。

②整个方框为一个盒子，框中线与行中心一致，出口在方框之后的第一个字上。

③本注解中框线所占空间为当前字号的1/4字，花边线为1字，无线（W）为0。

④方框中不能排对照（DZ）及强制换页注解。

⑤开闭弧的方框注解不能放在数学态（ⓈⓈ）中排。

⑥除有ZQ参数外，本注解中的文字均不能自动回行，超行宽时报错。

段首注解（DS）

功能：用于排一段开始的大字或标题。

注解定义：

[DS〈尺寸〉〔〈边框说明〉〕〔〈底纹说明〉〕]　用于处理单字符段首
[DS（〈尺寸〉〔〈边框说明〉〕〔〈底纹说明〉〕]〈段首内容〉[DS）]

注解参数：

〈尺寸〉　〈空行参数〉。〈字距〉

〈边框说明〉　F｜S｜D｜W｜K｜Q｜=｜CW｜XW｜H〈花边编号〉

〈花边编号〉　001～117

〈底纹说明〉　B〈底纹编号〉〔D〕〔H〕〔#〕

〔D〕　本框中的底纹带替外层底纹

〔H〕　底纹为阴图

〔#〕　底纹不留余白

〈底纹编号〉　〈深浅度〉〈编号〉

〈深浅度〉　0～8，共九级

〈编号〉　000～353

解释：

本注解在行首排一个方框空间，字排多大则需要用汉体注解[HT]指定，结束时不要忘记恢复正文的字体字号。

本注解有两种形式，第一种形式用于处理单字符段首，将本注解后的第一个汉字或字母（也可以是一个盒子）排为大字；第二种形式用括弧对将段首内容括起来。

〈尺寸〉参数给出段首的高和宽，用**〈空行参数〉。〈字距〉**表示。

〈边框说明〉表示段首边框的线型。

【例1】　段首大字

潯陽江頭夜送客，楓葉荻花秋瑟瑟。主人下馬客在船，舉杯欲飲無管弦。醉不成歡慘將別，別時茫茫江浸月。忽聞水上琵琶聲……

小样文件：[HT4”][DS2。3WB8001][YY（][HT28.PW]浔[YY）][HT4SJS]阳江头夜送客，枫叶荻花秋瑟瑟。主人下马客在船，举杯……

【例2】　外文段首大字

We Expect Friends from Foreign Countries to Write Us Your Experiences in Beijing, and in Your Writing to Tell Another Friends.

小样文件：[DS2。2＊2W][WT24.H5]W[WT10.BZ]e Expect Friends from Foreign Countries ……

欢迎外国朋友写一写在北京的感受，把您发现的好去处告诉别的朋友。

小样文件：[DS2。2＊2W][HT24.H]欢[HT]迎外国朋友写一写在……

【例3】　多字符段首

奥运五环是奥林匹克标志，这是由《奥林匹克宪章》确定的，它由5个奥林匹克环套接组成，可以是单色，也可以是蓝、黄、黑、绿、红5种颜色。环从左到右互相套接，上面是蓝、黑、红环，下面是黄、绿环。整个造型为一个底部小的规则梯形。奥林匹克标志象征五大洲和全世界的运动员在奥运会上相聚一堂。

奥林匹克标志最早是根据1913年顾拜旦的提议设计的，而图案的原型则直接取制于古希腊德尔斐圣坛上的五环。起初国际奥委会采用蓝、黄、黑、绿、红色作为五环的颜色，是因为它能代表当时国际奥委会成员国国旗的颜色，如瑞典的蓝、黄色，希腊的蓝、白色，法国、英国、美国、德国、比利时、意大利及匈牙利的三色旗，西班牙的黄、红色，日本的白、红色等。的确，这是一个真正的国际性颜色标志……

小样文件：［HT5”SS］［HJ＊3］［DS（3。8S］［JZ］［HT4K］奥运五环［DS）］［HT5”SS］是奥林匹克标志，这是由《奥林匹克宪章》确定的……

【例4】 本例以曲线作为边框，并在段首中分两栏排版

相见时难别亦难，东风无力百花残。春蚕到死丝方尽，蜡炬成灰泪始干。晓镜但愁云鬓改，夜吟应觉月光寒。蓬山此去无多路，青鸟殷勤为探看。

这是李商隐以“无题”为题目的许多诗歌中最有名的一首寄情诗。整首诗的内容围绕着第一句，尤其是“别亦难”三字展开。“东风”句点了时节，但更是对人的相思情状的比喻。因情的缠绵悱恻，人就像春末凋谢的春花那样没了生气。三、四句是相互忠贞不渝、海誓山盟的写照。五、六句则分别描述两人因不能相见而惆怅、怨虑，备感清冷以至衰颜的情状。唯一可以盼望的是七、八两句中的设想：但愿青鸟频频传递相思情。

小样文件：［DS（5＊2。18＊2Q］［FL（］［HTF］相见时难别亦难，↙东风无力百花残。↙春蚕到死丝方尽，↙蜡炬成灰泪始干。↙晓镜但愁云鬓改，↙夜吟应觉月光寒。↙蓬山此去无多路，↙青鸟殷勤为探看。［HT］［FL）］［DS）］这是李商隐以“无题”为题目的许多诗歌中最有名的一首寄情诗……

【例5】 用于排目录

小样文件：前言［JY。］（1）↙［DS（5。3H030］［HTXBS］第↙一↙章［HTSS］［DS）］第一节［JY。］（5）↙第二节［JY。］（12）↙第三节［JY。］（16）↙第四节［JY。］（19）↙第五节［JY。］（27）↙［HTK］【本章小结】［HT］［JY。］（28）↙

〖HTK〗【课后练习】〖HT〗〖JY。〗(28)↙〖DS(5。3H030〗〖HTXBS〗第↙二↙章〖HTSS〗〖DS)〗第一节〖JY。〗(33)↙第二节〖JY。〗(40)↙第三节〖JY。〗(61)↙第四节〖JY。〗(70)↙第五节〖JY。〗(80)↙〖HTK〗【本章小结】〖HT〗〖JY。〗(83)↙〖HTK〗【课后练习】〖HT〗〖JY。〗(83)↙

> **说　明：**
> ①汉字排段首应顶格排，前空两字不美观。
> ②段首内容中不得有对照注解（DZ）、强迫换页类注解（LM、DY、SY）

分栏注解（FL）

功能：将版面分成两栏或多栏排版。

注解定义：

〖FL（〔〈栏宽〉｜〈分栏数〉〕〔!〕〔H〈线号〉〕〔-〈线型〉〕〔〈颜色〉〕〔K〈字距〉〕〗〈分栏排正文内容〉〖FL〕〔X｜〈拉平栏数〉〕〗

注解参数：

〈栏宽〉　〈字距〉{，〈字距〉}$_1^7$　用于指定不等栏的宽度。允许最大栏数为8栏，总栏宽及栏间距之和不得超过行宽

〈分栏数〉　指定分栏数（最多不超过8栏），即分成几个等宽栏

〔!〕　栏间排一条分栏线

〈线号〉　指定栏线的粗细，缺省为五号字

〈线型〉　F｜S｜D｜Q｜=｜CW｜XW｜H〈花边编号〉

〔K〈字距〉〕　表示栏间距离，空当前字号1个字

〈颜色〉　@〔%〕(〈C〉,〈M〉,〈Y〉,〈K〉)指定栏线的颜色；省略为黑色

〔X〕　表示后边分栏注解中的内容与前面文字接排

〈拉平栏数〉　〔-〕〈栏数〉

〈栏数〉　拉平栏的数量

〔-〕　表示从分栏闭弧所在栏向左拉平若干栏

解释：

本注解专门用于排分栏，用开闭弧半分栏排的内容从头到尾括起来，一栏排满后，自动换到下一栏；本页排满后自动换到下页。分栏内容结束时，如本页没有排满，将各栏内容自动拉平，使其高度一致，即“拉平栏”。

有以下情况各栏不自动拉平：当采用不等宽分栏，闭弧中有X参数，本页中有图片注解（TP）、分区注解（FQ）和插入注解（CR）时。

本注解参数省略时为双栏排版，注解形式为〖FL（〗……〖FL）〗。

分栏通常为等宽，即栏宽距离相等，此时只写分栏参数即可。

不等宽分栏时，分别给出各栏的栏宽，之间用逗号“，”分隔。如栏宽分别为20，17，注解形式为〖FL（20，17〗……〖FL）〗。

〔!〕表示栏间画一条正线，即分栏线，省略表示不画线。

〔H〈线号〉〕用于指定栏线的粗细，省略H〈线号〉参数表示栏线用五号字。

〔－〈线型〉〕给出栏线的线型，如正线、点线、花边线等。省略〔－〈线型〉〕时栏线为正线。

〔K〈字距〉〕表示栏间距离，用当前字号为单位。如果不说明，默认情况下栏与栏之间空一个字。

分栏闭弧中的〔X〕参数，表示后边分栏注解中的内容与前面的内容接排，不拉平栏。该参数用于分栏中多个文件连续接排（读“续”），前一个文件用〖FL）X〗结束，后一个文件用〖FL（〗开始，中间不能加其他注解。省略X参数时表示后面出现的分栏与前面无关。

〈拉平栏数〉表示分栏闭弧结束时文字所在栏与前面的分栏拉平的数量，拉平的数量为拉平栏数＋1，拉平的方向向右。加〔－〕表示向左拉平。

实际拉平栏与当前栏所在的位置有关，为〈拉平栏数〉＋1，即加上当前栏。例如共分5栏，当前栏为第5栏，拉平参数为－2，结果为本页1、2栏不拉平，3、4、5栏拉平。

实际拉平栏数与当前栏所在的位置有关，如果当前栏数小于要求拉平的数值，则将右边或左边（有一个减号）的所有栏拉平。例如共分5栏，当前为2栏，拉平参数为－2，应当向左拉平3栏（连同当前栏），实际上则只能把这2栏拉平。

【例1】 加栏线的等宽分栏

奥运会的起源、宗旨与奥林匹克格言

一、古代奥运会的起源和发展

有文字记载的古代奥运会始于公元前776年。当时，古希腊有200多个大大小小的城邦。公元前776年，3个城邦的国王达成协议，决定在7月中旬到8月中旬之间恢复在奥林匹亚举行的宗教庆典——体育大会，每4年一次，并同意在庆典期间停止战争行动，以便运动员和观众参加奥运会并安全返回。这就是著名的“奥林匹克神圣休战”。古代奥运会共举办了293届，直到公元394年才因外族入侵等原因结束，历时1170年。

二、现代奥运会的起源

1894年6月16日，国际体育会议在巴黎举行，来自法国、英国、美国、希腊、俄国、意大利、比利时、瑞典、西班牙9个国家的78名代表集会。经过法国人顾拜旦多次提议和精心安排，会议终于通过了恢复举办奥运会的建议，决定每4年举行一次奥运会，并为举办奥运会建立一个长期委员会，即国际奥委会（IOC），顾拜旦任秘书长。会议还决定于1896年在雅典举办第一届现代奥运会。

三、第一届现代奥运会

经过顾拜旦等人近两年的艰苦工作，1896年4月6日，第一届现代奥运会在希腊雅典开幕。希腊国王乔治一世庄严宣布大会开幕，他以东道主的身份向各国来宾及选手表示热烈欢迎。当他赞扬顾拜旦为创办现代奥运会所做的努力时，全场6.9万名观众掌声雷动，经久不息，向顾拜旦表示深深的敬意。生前，顾拜旦被尊称为“现代奥林匹克运动之父”；去世后，人们把他的心脏运往奥林匹亚，为他建立了圣洁的大理石墓，并在雅典的大竞技场中给他保留了一个永远空着的座位。参加首届奥运会的共有14个国家的241名运动员，主要是希腊、德国、法国的运动员，有田径、游泳、举重、射击、自行车、古典式摔跤、体操、击剑和网球9个大项目。

四、奥林匹克宗旨

《奥林匹克宪章》明确提出，奥林匹克运动的宗旨是“使体育运动为人的和谐发展服务，以促进一个维护人的尊严的和平社会的发展”。概括地说，奥林匹克宗旨是“和平、友谊、进步”。

五、奥林匹克格言

亦称奥林匹克座右铭或口号，系奥林匹克运动宗旨之一。格言“更快、更高、更强”是顾拜旦一位密友迪东于1895年提出的。顾拜旦对此颇为赞赏，经他提议，1913年国际奥委会正式批准将其定为奥林匹克格言。1920年它又成为奥林匹克标志的一部分。奥林匹克格言充分表达了奥林匹克运动所倡导的不断进取、永不满足的奋斗精神。虽然只是3个词（译成中文为6个字），但其含义却非常丰富，它不仅表示在竞技运动中要不畏强手，敢于斗争，敢于胜利，而且鼓励人们在自己的生活和工作中不甘于平庸，要朝气蓬勃，永远进取，超越自我，将自己的潜能发挥到极限。

六、现代奥林匹克运动的五环标志

现代奥林匹克运动的五环标志出自现代奥运会创始人顾拜旦之手。顾拜旦认为奥林匹克运动应该有自己的标志。1913年，他终于构思设计出了以白色为底色并印有五环的奥林匹克旗。1914年6月15日至23日，国际奥委会在法国举行代表大会，同时庆祝国际奥委会成立20周年。大会同意将奥林匹克五环和奥林匹克旗作为奥林匹克标志。奥林匹克五环标志由5个奥林匹克环从左至右套接而成，分蓝、黄、黑、绿、红5种颜色。5个不同颜色的圆环是五大洲——欧洲、亚洲、非洲、大洋洲和美洲的象征。奥运会会旗亦称奥林匹克旗或国际奥委会会旗，它3米长，2米宽，以白色为底，象征纯洁。1914年，在巴黎举行的奥林匹克大会首次悬挂了奥林匹克旗。

小样文件：

［HS2＊2］［JZ］［HT4”H］奥运会的起源、宗旨与奥林匹克格言［HT6”SS］［HJ0.9mm］［FL（3－QK2］［HTH］一、古代奥运会的起源和发展［HTSS］↙有文字记载的古代奥运会始于公元前776年。当时……［HT］［HJ］［FL）］

实例分析：

本例［FL（3－QK2］注解中，“3”表示要将当前版面分成等宽的3栏来进行排版，“－Q”表示栏与栏之间要加一条曲线。由于加栏线之后，缺省的栏间距较小，因此再用“K2”进行调整。

由于版面中对文字的字体号和行距重新进行了设置，所以，在用完后应及时恢复版心默认的字体号和行距，以免影响后面版面的排版。

【例2】 如果排如下版式，就需要用〈拉平栏数〉参数，具体步骤如下：

奥运圣火

奥林匹克的圣火，起源于古希腊神话。传说有一次普罗米修斯因为捉弄了万神之王宙斯，发怒的宙斯拒绝给人类降火。普罗米修斯不顾自身安危，将筒香树枝伸向太阳的火焰，引来了火种。凶残的宙斯为此将他吊锁在高加索山的悬崖绝壁上，任鹫鹰啄食他的肝脏，加上烈日的暴晒、风雨的袭击，使普罗米修斯受尽了折磨和煎熬。后来，人们为了纪念这位神话中的英雄，用火炬来传递、扩散火种，并把这作为光明、勇敢和威力的象征。

早在公元前776年古代奥运会上，就有点燃火炬的仪式。当时，在古希腊欧律司县圣地奥林匹克祭祀时，祭坛前站着一位手持火把的祭司。最先到达终点的赛跑选手从祭司手中夺得火把，点燃祭坛上的香火，他便获得崇高的荣誉。人们在点燃火炬后，奔跑在希腊各个城市。他们高擎火炬，一边奔跑，一边呼喊：停止一切战斗，参加运动会去！它像一道威严的命令，有至高无上的权威：即使拔剑张弩的双方、激烈厮杀的城邦，也都纷纷放下武器。现代奥运会仍然沿袭了古奥运会的传统。火炬途经各国时，政府要员都要出面迎送。火炬必须在奥运会开幕前一天到达举办奥运会的城市，第二天大会开幕时，再点燃奥林匹克“圣火”。“圣火”一直燃烧到大会闭幕为止。圣火火种的来源，火炬的接力传递，是1936年柏林11届奥运会上才固定下来的一个仪式。

1936年7月20日上午10时，在奥林匹克山的阿尔提斯神庙前，12名身着白色短裙的少女围跪在大型聚光镜前聚集阳光，将燃起的第一支火炬护送到特建的祭台上。火炬手举行了庄严的宣誓，顾拜旦作了重要讲演。圣火穿越了希腊、保加利亚、南斯拉夫、匈牙利、奥地利、捷克斯洛伐克、德国七个国家，全程3075公里。由3075名各国运动员每人跑1公里，用11个昼夜，将火炬送到了东道国的柏林。

圣火是神圣的，被选中点燃圣火的人也是十分荣幸的，这些人往往是著名运动员或有代表性的人物。例如，1964年在东京举行的第18届奥运会，点燃圣火的是一位日本19岁的大学生运动员。他的出生日是1945年8月6日，恰是广岛原子弹爆炸的那天，所以被东道主选来点燃圣火，目的是让全世界人民记住战争的可怕和和平的可贵。

奥运圣火象征着什么

奥运会期间在主会场燃烧的火焰即是奥运圣火，象征着光明、团结、友谊、和平、正义。

奥运圣火起源于古希腊神话传说。古希腊神普罗米修斯为解救饥寒交迫的人类，瞒着宙斯偷取火种带到人间，火一到人间就再也收不回去，宙斯只好规定，在燃起圣火之前，必须向他祭祀。根据这个神话，古奥运会在开幕前必须举行隆重的点火仪式，由祭司从圣坛上燃取奥林匹克亚之火，所有运动员一齐向火炬奔跑，最先到达的三名运动员将高举火炬跑遍希腊，传谕停止一切战争，开始四年一度的奥运会。

现代奥林匹克运动恢复后，自1936年起，奥林匹克圣火开始从奥运会的故乡希腊奥林匹克亚点燃火炬，然后将火炬接力传到主办国，并于开幕前一天到达举办城市，一般由东道国著名运动员点燃塔上焰火。

实例分析：第一步，先做不拉平各栏，以判断［FL）］所在栏为第几栏

［FL（3］××××××××××××……［FL）0］

此小样是将版面分成等宽三栏排版，在栏间不加分栏线。分栏结束后，各栏不拉平（如果分栏闭弧后没有“0”，则各栏自动拉平）。其排版结果为：

奥运圣火

奥林匹克的圣火，起源于古希腊神话。传说有一次普罗米修斯因为捉弄了万神之王宙斯，发怒的宙斯拒绝给人类降火。普罗米修斯不顾自身安危，将筒香树枝伸向太阳的火焰，引来了火种。凶残的宙斯为此将他吊锁在高加索山的悬崖绝壁上，任鹫鹰啄食他的肝脏，加上烈日的暴晒、风雨的袭击，使普罗米修斯受尽了折磨和煎熬。后来，人们为了纪念这位神话中的英雄，用火炬来传递、扩散火种，并把这作为光明、勇敢和威力的象征。

早在公元前776年古代奥运会上，就有点燃火炬的仪式。当时，在古希腊欧律司县圣地奥林匹克祭祀时，祭坛前站着一位手持火把的祭司。最先到达终点的赛跑选手从祭司手中夺得火把，点燃祭坛上的香火，他便获得崇高的荣誉。人们在点燃火炬后，奔跑在希腊各个城市。他们高擎火炬，一边奔跑，一边呼喊：停止一切战斗，参加运动会去！它像一道威严的命令，有至高无上的权威：即使拔剑张弩的双方、激烈厮杀的城邦，也都纷纷放下武器。现代奥运会仍然沿袭了古奥运会的传统。火炬途经各国时，政府要员都要出面迎送。火炬必须在奥运会开幕前一天到达举办奥运会的城市，第二天大会开幕时，再点燃奥林匹克“圣火”。“圣火”一直燃烧到大会闭幕为止。

……

奥运圣火是团结之火、力量之火，象征着和平、胜利和光明。各国运动员在圣火的照耀下，在奥运赛场上拼搏、竞争。

第二步，加入〈拉平栏数〉参数。因为分栏闭弧注解所在栏为第二栏（见上面版式），希望后两栏拉平，则需要在分栏结束时指定向右拉平两栏（包括当前栏）。因此需要将小样文件改为：〖FL（3〗××××××××××××……〖FL）1〗，其排版结果为：

奥运圣火

奥林匹克的圣火，起源于古希腊神话。传说有一次普罗米修斯因为捉弄了万神之王宙斯，发怒的宙斯拒绝给人类降火。普罗米修斯不顾自身安危，将筒香树枝伸向太阳的火焰，引来了火种。凶残的宙斯为此将他吊锁在高加索山的悬崖绝壁上，任鹫鹰啄食他的肝脏，加上烈日的曝晒、风雨的袭击，使普罗米修斯受尽了折磨和煎熬。后来，人们为了纪念这位神话中的英雄，用火炬来传递、扩散火种，并把这作为光明、勇敢和威力的象征。

早在公元前776年古代奥运会上，就有点燃火炬的仪式。当时，在古希腊欧律司县圣地奥林匹克祭祀时，祭坛前站着一位手持火把的祭司。最先到达终点的赛跑选手从祭司手中夺得火把，点燃祭坛上的香火，他便获得崇高的荣誉。人们在点燃火炬后，奔跑在希腊各个城市。他们高擎火炬，一边奔跑，一边呼喊：停止一切战斗，参加运动会去！它像一道威严的命令，有至高无上的权威：即使拔剑张弩的双方、激烈厮杀的城邦，也都纷纷放下武器。现代奥运会仍然沿袭了古奥运会的传统。火炬途经各国时，政府要员都要出面迎送。火炬必须在奥运会开幕前一天到达举办奥运会的城市，第二天大会开幕时，再点燃奥林匹克“圣火”。“圣火”一直燃烧到大会闭幕为止。圣火火种的来源，火炬的接力传递，是1936年柏林11届奥运会上才固定下来的一个仪式。

1936年7月20日上午10时，在奥林匹克山的阿尔提斯神庙前，12名身着白色短裙的少女围跪在大型聚光镜前聚集阳光，将燃起的第一支火炬护送到特建的祭台上。火炬手举行了庄严的宣誓，顾拜旦作了重要讲演。圣火穿越了希腊、保加利亚、南斯拉夫、匈牙利、奥地利、捷克斯洛伐克、德国七个国家，全程3075公里。由3075名各国运动员每人跑1公里，用11个昼夜，将火炬送到了东道国的柏林。

圣火是神圣的，被选中点燃圣火的人也是十分荣幸的，这些人往往是著名运动员或有代表性的人物。例如，1964年在东京举行的第18届奥运会，点燃圣火的是一位日本19岁的大学生运动员。他的出生日是1945年8月6日，恰是广岛原子弹爆炸的那天，所以被东道主选来点燃圣火，目的是让全世界人民记住战争的可怕和和平的可贵。

奥运圣火是团结之火、力量之火，象征着和平、胜利和光明。各国运动员在圣火的照耀下，在奥运赛场上拼搏、竞争。

第三步，再正常排后续文字“〖HS3〗〖HT4”H〗〖JZ＊3〗奥运圣火象征着什么〖HT6”SS〗↙奥运会期间在主会场燃烧的火焰即是奥运圣火，象征着光明、团结、友谊、和平、正义……”

说　明：

①通常分栏结束时自动拉平，当采用不等宽分栏；闭弧中有 X 参数；本页中有 TP、FQ、CR 时不自动拉平。

②使用〖FL）X〗注解时，后面只能接〖FL（〗注解或结束符Ω，否则系统报错。同时后面的〖FL（〗注解中不应有任何参数，即使有也不起作用，只能接前面的分栏参数继续排。

③分栏排时，脚注通常排在末栏，如能拉平栏，在注文注解（ZW）中使用 DY 参数时也可以排在页末。

④TP、FQ、CR 需要跨栏时，上述注解中必须有 DY 参数。

⑤本注解与对照注解（DZ）不能互相嵌套，也不能自身嵌套。

另栏注解（LL）

功能：立即转到下一栏排版。

注解定义：〖LL〗

解释：

本注解只用于分栏（FL）中，作用是结束当前栏，转到下一栏排版。如果当前位置是本页最末栏，则转到下页首栏。

如果本栏以另栏注解结束，表示本栏已全部被占满，即使本注解后边不远处有闭弧注解时，被拉平的也只能是本栏后的其余各栏。

使用本注解后，分栏闭弧注解中即使有“－〈栏数〉”，对有另栏结束的栏也不起作用，而且闭弧后的字符将在被拉平的几栏下面通栏排。如下面例题所示。

【例】

解读奥运五环

随着奥林匹克不断的深入人心，作为奥林匹克标志的奥运五环也广为人知，但是这个标志的真正意义知道的人却不多。

奥林匹克标志是由《奥林匹克宪章》确定的，它由5个奥林匹克环套接组成，可以是单色，也可以是蓝、黄、黑、绿、红5种颜色。环从左到右互相套接，上面是蓝、黑、红环，下面是黄、绿环。整个造型为一个底部小的规则梯形。奥林匹克标志象征五大洲和全世界的运动员在奥运会上相聚一堂。

奥林匹克标志最早是根据1913年顾拜旦的提议设计的，而图案的原型则直接取自于古希腊德尔斐圣坛上的五环。起初国际奥委会采用蓝、黄、黑、绿、红色作为五环的颜色，是因为它能代表当时国际奥委会成员国国旗的颜色，如瑞典的蓝、黄色，希腊的蓝、白色，法国、英国、美国、德国、比利时、意大利及匈牙利的三色旗，西班牙的黄、红色，日本的白、红色等等。的确，这是一个真正的国际性颜色标志。

1914年在巴黎召开的庆祝奥运会复兴20周年的奥林匹克全会上，顾拜旦先生解释了他的会标设计思想：“奥运五环上的蓝、黄、绿、红和黑环，象征世界上承认奥林匹克运动、并准备参加奥林匹克竞赛的五大洲，第六种颜色白色——旗帜的底色，意指所有国家都毫无例外地能在自己的旗帜下参加比赛。”因此，作为奥运会象征、相互环扣一起的5个圆环，为各民族间的和平事业服务的思想。自1920年第七届安特卫普奥运会起，奥运五环的蓝、黄、黑、绿和红色开始成为五大洲的象征，分别代表欧洲、亚洲、非洲、澳洲和美洲。

《奥林匹克宪章》规定，奥林匹克标志是奥林匹克运动的象征，是国际奥委会的专用标志，未经国际奥委会许可，任何团体或个人不得将其用于广告或其他商业性活动。国际奥委会还要求各国采取必要的措施，保护奥林匹克标志，以确保奥林匹克运动的权威性，避免奥林匹克标志被滥用。

对照注解（DZ）

功能：将多栏内容以对照的形式排版。

注解定义：

〖DZ（〔〈栏宽〉|〈分栏数〉〕〔!〕〔H〈线号〉〕〔-〈线型〉〕〔〈颜色〉〕〔K〈字距〉〕〗〈对照内容〉{〖〗〈对照内容〉}$_0^n$〖DZ）〗

注解参数：

〈栏宽〉　〈字距〉{，〈字距〉}$_1^7$

〈分栏数〉　指定分栏数（最多不超过 8 栏）

〔!〕　栏间排一条分栏线

〈线号〉　指定栏线的粗细，缺省为五号字

〈线型〉　F|S|D|Q|=|CW|XW|H〈花边编号〉

〈颜色〉　@〔%〕(〈C〉,〈M〉,〈Y〉,〈K〉)指定栏线的颜色；省略为黑色

〔K〈字距〉〕　表示栏间距离，省略空当前字号 1 个字

解释：

本注解用于排对照形式，对照与分栏相似，不同的是内容按“条”平行对照排列（一组需要互相对照的内容，称为一条，一条可以有多项，每项为一栏），每条中各项内容的起点在同一行上。不同栏之间的内容用间隔符〖〗分隔，各项内容只在本栏内顺序排，排不下则自动换到下一页排，绝不会跨到相邻栏，因此不存在“拉平栏”。在每一条对照内容排完之后，下一条的内容从上一条最低处的下一行开始排版。

本注解可以排不等宽栏，此时分别给出各栏宽度，用**〈栏宽〉**表示，之间用逗号“，”分隔。若各栏宽距离相等，只写分栏数。最大栏数为 8 栏。

其参数的含义与分栏相同。

【例 1】 双栏对照

〔父亲〕 贝蒂，今晚你打算干什么？	[FATHER] What are you going to do this evening, Betty?
〔贝蒂〕 我打算去看几个朋友，爸爸。	[BETTY] I'm going to meet some friends, Dad.
〔父亲〕 你不可以回家很晚。 你必须在十点半回到家里。	[FATHER] You mustn't come home late. You must be home at half past ten.
〔贝蒂〕 这么早我可到不了家，爸爸！ 我可以带前门钥匙吗？	[BETTY] I can't get home so early, Dad! Can I have the key to the front door, please?
〔父亲〕 不行，你不能带。	[FATHER] No, you can't.
〔母亲〕 贝蒂十八岁了，汤姆。 她不是小孩子了。 把钥匙给她吧。 她总是早回来的。	[MOTHER] Betty's eighteen years old, Tom. She's not a baby. Give her the key. She always comes home early.
〔父亲〕 哦，好吧！	[FATHER] Oh, all right!

小样文件：［DZ（2！K1］［HJ＊4］［HTK］〔父［ZK（］亲〕⇙［HTSS］贝蒂，今晚你打算干什么？［ZK）］［］［HTK］〔F［ZK（］ATHER〕⇙［HTSS］What are you going to do this evening，Betty？［ZK）］［］［HTK］〔贝［ZK（］蒂〕［HTSS］⇙我打算去看几个朋友，爸爸。［ZK）］［］［HTK］〔B［ZK（］ETTY〕⇙［HTSS］I'm going to meet some friends，Dad.［ZK）］……［HT］［HJ］［DZ）］

【例2】 英汉对照

The fox and the grapes

One hot summer day，a fox was walking through an orchard. He stopped before a bunch of grapes. They were ripe and juicy.

"I'm just feeling thirsty，" he thought. So he backed up a few paces，got a running start，jumped up，but could not reach the grapes.

He walked back. One，two，three，he jumped up again，but still，he missed the grapes.

The fox tried again and again，but never succeeded. At last，he decided to give it up. He walked away with his nose in the air，and said："I am sure they are sour."

狐狸与葡萄

一个炎热的夏日，狐狸走过一个果园，他停在一大串熟透而多汁的葡萄前。

狐狸想："我正口渴呢。"于是他后退了几步，向前一冲，跳起来，却无法够到葡萄。

狐狸后退又试。一次，两次，三次，但是都没有得到葡萄。

狐狸试了一次又一次，都没有成功。最后，他决定放弃，他昂起头，边走边说："葡萄还没有成熟，我敢肯定它是酸的。"

小样文件：［DZ（2－H074K2］［HS2］［HT4"DBS］［JZ］The fox and the grapes［］［HS2］［JZ］狐狸与葡萄［］［HT5K］＝＝One hot summer day，a fox was walking through an orchard. He stopped before a bunch of grapes. They were ripe and juicy.［］＝＝一个炎热的夏日，狐狸走过一个果园，他停在一大串熟透而多汁的葡萄前。［］＝＝"I'm just feeling thirsty，" he thought. So he backed up a few paces，got a running start，jumped up，but could not reach the grapes.［］＝＝狐狸想："我正口渴呢。"于是他后退了几步，向前一冲，跳起来，却无法够到葡萄。［］＝＝He walked back. One，two，three，he jumped up again，but still，he missed the grapes.［］＝＝狐狸后退又试。一次，两次，三次，但是都没有得到葡萄。［］＝＝The fox tried again and again，but never succeeded. At last，he decided to give it up. He walked away with his nose in the air，and said："I am sure they are sour."［］＝＝狐狸试了一次又一次，都没有成功。最后，他决定放弃，他昂起头，边走边说："葡萄还没有成熟，我敢肯定它是酸的。"［DZ）］

说　明：

①对照中使用注文注解（ZW）时，格式可能不正确。

②分区（FQ）、方框（FK）和段首（DS）注解中不允许使用本注解，必要时可使用无线注解（WX）解决。

③每条对照内容不允许超过两页，即不能两次跨页，否则内容可能不全。

④本注解不能自身嵌套；也不能与分栏注解（FL）嵌套。

上齐注解（SQ）

功能：取消上下居中，内容从指定行排起。

注解定义：　〖SQ〔〈空行参数〉〕〗

注解参数：

〈空行参数〉　指定上空距离。省略参数〖SQ〗上空距离为0

解释：

在方框（FK）注解、段首注解（DS）、行数注解（HS）、标题注解（BT）和表格注解（BG）中，内容均自动上下居中排。如果希望取消上下居中的排法，指定内容从第一行排起，可使用本注解实现。只需要将〖SQ〗注解放在内容任意位置即可，作用范围为表格的一项或方框内。

【例1】　方框上齐实例

子曰："学而时习之，不亦说乎？有朋自远方来，不亦乐乎？人不知而不愠，不亦君子乎？"

正常状态，上下居中

子曰："学而时习之，不亦说乎？有朋自远方来，不亦乐乎？人不知而不愠，不亦君子乎？"

加〖SQ〗注解

【例2】　表格实例

姓名		邮编	
说 明：			

正常状态，上下居中

姓名		邮编	
说 明：			

加〖SQ＊2〗注解

说　明：

①本注解只用于方框注解（FK）、段首注解（DS）、行数注解（HS）、标题注解（BT）和表格注解（BG）中，对其他注解无效。

②本注解的作用范围为表格的一项或当前方框中。

【任务3】新建一个小样文件，完成下面的实例。

把机会留给自己

黄锦萍

有这样一件事，说的是某春风得意之商人，在路边见到一个衣衫褴褛的钢笔推销员，顿生怜悯之情，他把一元钱丢进卖钢笔人的怀中就走开了。但他忽然觉得这样做不妥，连忙返回，从卖钢笔人那里取出几支笔，并抱歉地说自己忘记取笔了，希望不要介意。最后他认真地说："你我都是一样的商人，你有东西要卖，而且上面有标价。"几个月后，在一个社交场合，一位穿着齐整的推销商迎上前去，与手执香槟酒的商人碰杯，并自我介绍说：你可能已经忘记了我，我也不知道你的名字，但我永远忘不了你，你就是那位重新给了我自尊的人，这之前，我一直以为自己是个推销钢笔的乞丐，直到你跑来告诉我，我也是一个商人为止。你不仅给了我一元钱，而且给了我一次认识自己的机会。没想到简简单单的一件小事，竟使得一个处境窘迫的人重新树立了信心，并通过自己的努力终于使自己振作起来，成为一个充满信心的有作为的商人。

机会到来的时候，凡是能冲上去的，不管用的是什么姿势，都是美丽的。歌德说："谁不能主宰自己，永远是一个奴隶。"年轻就是天堂，机会就是眼睛，当你从黎明中醒来，用净水擦亮眼睛，原先混沌的感觉顿时消失，眼前纯净如许，又一个机会在等待着你，这时候你首先应该考虑，是不是把用手心捧着的机会，留给自己?!

【分析】这个实例主要是分区注解的应用，其中小样里"〖FQ（6。7，Y，PZ-WZ!〗"表示此区域以当前字号为单位有6行高，7个字宽，排在当前行的右边，区域的左边串文字，没有边框，区域内的文字竖排且左右居中。区域内的版面效果也可以使用位标（WB）、对位（DW）注解来实现。

【小样】 〖FQ（6。7，Y，PZ-WZ!〗〖HT3XBS〗把机会⇙=〖HT2"〗留给自己⇙〖JY〗〖HT5K〗黄锦萍〖FQ)〗〖HT5" SS〗==有这样一件事，说的是某春风得意之商人……

分区注解（FQ）

功能：在版面上划分出一个独立的排版区域。

注解定义：

〖FQ（〈分区尺寸〉〔〈起点〉〕〔〈排法〉〕〔，DY〕〔〈-边框说明〉〕〔〈底纹说明〉〕〔Z〕〔!〕〗〈分区排版内容〉〖FQ)〗

注解参数：

〈分区尺寸〉　〈空行参数〉〔。〈字距〉〕

〈起点〉　（〔〔-〕〈空行参数〉〕，〔-〕〈字距〉）|，ZS|，ZX|，YS|，YX|，S|，X|，Z|，Y

〈排法〉　，PZ|，PY|，BP

〈边框说明〉　F|S|D|W|K|Q|=|CW|XW|H〈花边编号〉

〈底纹说明〉　B〈底纹编号〉〔D〕〔H〕〔#〕

〔，DY〕　在分栏或对照中，分区内容可跨栏，起点相对整页而定

〔Z〕　表示分区内容横排时上下居中，竖排时左右居中

〔!〕　表示与外层横竖排法相反，即横排时区中的内容竖排；竖排时区域中的内容横排

解释：

本注解用于在版面的任意位置上划出一块区域，对其进行排版，可以在一页上做多个分区。

排分区时注意分区与外部文字的串文关系，在已排有文字的地方再排分区会造成内容重叠。因此分区注解通常排在当前页的开始处，本页先排分区，再排外层文字，处理好先后顺序就不会出现重叠了。如果难以确定当前页的开始位置，可通过试排确定。

分区尺寸、起点是分区注解中最重要的两个参数。

〈分区尺寸〉指定分区的大小，该参数的高用**〈空行参数〉**，宽用**〈字距〉**表示，两者之间用句号（。）连接。省略字距参数时，表示通栏宽。

〈起点〉更便捷的方法是采用方位，分别有 S 上、X 下、Z 左、Y 右、ZS 左上、YS 右上、ZX 左下、YX 右下 8 个方位。

起点可以从版面的任意位置开始，参数可以取负值（用“－”号），表示起点可超出版心。

〈排法〉表示分区与外层文字内容之间的串文关系，有四种选择，PZ 为左边串文；PY 为右边串文；BP 为不串文；省略表示两边都串文。

〔，**DY**〕表示分栏或对照时，分区内容可跨栏，起点相对整个页。省略本参数表示分区起点相对于本栏，并且分区尺寸不能超过当前栏宽。

〈边框说明〉给出了分区边线的要求：除无线（W）不占宽度，其他线型都占 1 个当前线字号的宽度。

〈底纹说明〉参数，与方框注解中含义相同。

【例 1】 分区内标题竖排

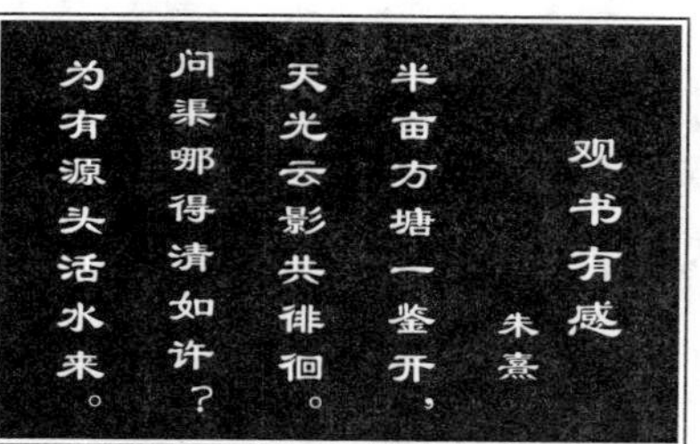

朱熹《观书有感》是一首说理诗。从字面上看好像是一首风景诗，实际上是写读书对一个人的重要性。这首诗包含着隽永的意味和深刻的哲理，富于启发而又历久常新，寄托着对莘莘学子的希望。读书需要追求新知，诗以源头活水比喻学习要不断吸取新知识才能有日新月异的进步。学子在读书时要克服浮躁情绪，才能使自己的心清澈如池水。池水清澈便能映照出天光云影，恰如人经常开卷阅读便能滋润心灵焕发神采。半亩大的池塘像明镜一样，映照着来回闪动的天光云影。要问这池塘怎么这样清澈？原来有活水不断从源头流来啊！诗的寓意很深，以源头活水比喻学习，要不断吸取新知识，才能有日新月异的进步。

同时该诗还形象地表达了一种微妙难言的读书感受。这首诗所表现的读书有悟、有得时的那种灵气流动、思路明畅、精神清新活泼而自得自在的境界，正是作者作为一位大学问家的切身的读书感受。诗中所表达的这种感受虽然仅就读书而言，却寓意深刻，内涵丰富，可以做广泛的理解。特别是“问渠那得清如许？为有源头活水来”两句，借水之清澈，是因为有源头活水不断注入，暗喻人要心灵澄明，就得认真读书，时时补充新知。因此人们常常用来比喻不断学习新知识，才能达到新境界。

人们也用这两句诗来赞美一个人的学问或艺术的成就，自有其深厚的渊源。我们也可以从这首诗中得到启发，只有思想永远活跃，以开明宽阔的胸襟，接受种种不同的思想、鲜活的知识，广泛包容，方能才思不断，新水长流。这两句诗已凝缩为常用成语“源头活水”，用以比喻事物发展的源泉和动力。

小样文件：〖FQ（15∗2。38，BP－D〗〖FL（〗〖FQ（7。15，S，DY－SB8001#Z!〗〖HT4” L〗〖JZ〗〖YY（〗观书有感↙〖HT5”〗〖JY，1〗朱熹〖HT5L〗〖HJ4. 5mm〗↙〖JZ（〗半亩方塘一鉴开，↙天光云影共徘徊。↙问渠哪得清如许？↙

为有源头活水来。〖JZ)〗〖YY)〗〖HT6SS〗〖HJ6：＊2〗〖FQ)〗==朱熹《观书有感》是一首说理诗…… 〖HT〗〖HJ〗〖FL)〗〖HT〗〖FQ)〗

小样分析：本例中使用了两个分区注解，第一个〖FQ（15＊2。38，BP－D〗表示分区尺寸高为15＊2行，宽38个字，分区起点为当前行居中排，左右两侧不串文字（BP），边框线为点线（D）；后一个分区〖FQ（7。15，S，DY－SB8001#Z!〗表示内部分区尺寸为7行高，15字宽，在当前层（当前区域）的上边左右居中排（S），因为该区域在分栏版面中跨栏排，所以要加上“DY”参数，外部框线采用双线（S），加实地黑色底纹（B8001）且底纹与框线之间不留边空（#），区内文字竖排（!）且左右居中（Z）。

【例2】 多个分区连用

杭州

在茶香中品味文化

TEA·CULTURE

两次去杭州，都与茶有缘。两次相隔30年，可杭州茶留给我的感动却丝毫没变。第一次是在物质不太丰富的20世纪70年代初，到省委宣传部组稿时，一杯热气腾腾的龙井茶让我们顿感神清气爽，解除了旅途的劳困，清香淡雅的绿茶也让我感受到了南方人细腻滋润的生活品位。第二次是在今年9月参加“灵动杭州”的活动时，我们来到了虎跑泉喝龙井。早就听说龙井茶和虎跑泉是“杭州双绝”，只是我并不十分在意。等到片片茶叶在透明的玻璃杯里缓缓展开，茶香开始溢出杯缘的时候，我才被这香气引领着，一步步进入到了品茗的境界。

在杭州西南大慈山白鹤峰下的虎跑泉边虽然看不到西湖，但我却仿佛在小小的茶杯中领略到了西湖的神韵，以及湖畔这座有着几千年历史的杭州城雍容自重的风采。人们在赞美杭州时有一句话叫做“上有天堂，下有苏杭”，其实这句话最先是南宋诗人范成大在他所著的地方志《吴郡志》中第一次使用的，他的原话是：“天上天堂，地下苏杭”。坐在虎跑泉边的茶室里，喝着由泉水浸泡出的龙井茶，真正让我体验到了身在天堂的滋味！

但是杭州的好岂止在茶呢！

看杭州应该慢慢地走、细细地品，嘴里吟诵着历代文人的千古诗词，同时找寻诗词中描绘的各处胜迹。你且到杭州城内外去感受“三面云山一面城，一城山色半城湖”的奥妙：城西，清澈的西湖千古悠然；城南，壮丽的钱塘江傍城而过；城北，杭嘉湖平原沃野千里；城中，河水在十多条古河道内灵动流淌……山、湖、江、河与城之间，互相映衬，浑然天成。群山的天际曲线与西湖的波光水色、西湖的柔和秀丽与钱塘江的波澜壮阔、雷峰塔与保俶塔跨湖相对南呼北应、奔腾的钱塘江与巍峨的六和塔……动与静的对立反衬出杭州的和谐与精致。

行走间，你会了悟南宋偏安的皇帝为什么把国都定在了杭州。钱塘江畔、鱼米之乡，除了山水的滋养以外，杭州积累的历代文明也给了宋高宗可以据此养精蓄锐、富甲一方、收复中原的希望和自信……

小样文件：〖FQ（15。38，BP－D〗〖FL(〗〖FQ（9。5（，1），PY－WZ!〗〖HT1CQ〗杭〖WB〗州↙〖DW〗〖HT4”ZQ〗在茶香中品味文化〖HT〗〖FQ)〗〖FQ（10。4，YX，PZ，DY－WZ!〗〖WT0，2”B4〗〖JP15〗TEA〖HT2”〗·〖WT0，2”B4〗CULTURE〖JP〗〖FQ)〗〖HT6SS〗〖HJ6：＊3〗==两次去杭州，都与茶有缘。两次相隔30年，可杭州茶留给我的感动却丝毫没变。第一次是在物质不太丰富的20世纪70年代初，到省委宣传部组稿时，一杯热气腾腾的龙井茶让我们顿感神清气爽，解除了旅途的劳困，清香淡雅的绿茶也让我感受到了南方人细腻滋润的生活品位……〖HT〗〖HJ〗〖FL)〗〖FQ)〗

小样分析：本例中连续用了2个分区。第1个〖FQ（15。38，BP－D〗用于画出外框，框线用点线（D）。第2个分区〖FQ（9。5（，1），PY－WZ!〗用于排标题，起点为当前行第1个字，无边框线（W），分区的右边串文字（PY），分区内文字竖排（!）且左右居中（Z）。

说　明：

①分区注解中的文字内容默认情况下左齐排。

②分区中允许有脚注，但使用时需注意以下几点：

a. 本分区位置在页末或页末已有一块区域被划走时（如已有图片、插入或分区等），脚注在划走区域后剩余的空间中排。

b. 当分区中有分栏，分栏中又有脚注的话，注文一律按对页处理。

③分区边框线占1字空，用无线（W）参数除外，计算分区尺寸时要考虑四周边框所占的空间。

④分区中不能有对照和强迫换页类注解。

⑤本注解如出现在竖排中，各参数都要按竖排转换，此时文字将从右边排起，有〔Z〕参数时左右居中。

分区与方框注解的比较：

从分区与方框的功能看，有许多共同点，在应用上，有时可以相互替代；但又有区别，不能完全相互替代。所以有必要将其异同点进行分析比较，才能准确地运用注解，充分调动软件功能，排出美观的版面来。

● 相同点

①都可以按指定尺寸从版面上划出一个方块区域，在其中进行所要的排版。允许排版的范围也相同，即可排除对照、强迫换页以外的任何内容。

②其〈边框说明〉、〈底纹说明〉的内容及功能完全相同，仅在语法格式及书写次序上稍有差别。

● 不同点

①起点不同：

“FQ”的起点可在当前版面中指定的任何位置，由起点参数来控制。起点参数缺省在当前行居中排。

“FK”的起点在当前排版位置，无起点参数。如果在“FK”前加始点（SD），也可以在始点指定的任意位置排方框。

②出口不同：

“FK”的出口是方框后的下一个字。

“FQ”的出口是分区前的排版位置。所以分区可以串文，与图片（TP）、插入（CR）注解相同，属划走版面类；方框则不能串文，只是在当前排版位置排方框，方框结束后，后面内容在方框后接排。

③“FK”的尺寸可省略，其大小由所包围的内容来决定。“FQ”的尺寸不可缺省。

④内容排法不同

“FK”中的〈内容排法〉有“ZQ、YQ、CM”参数来指定其排法。

“FQ”中的内容排法是自动左齐，无内容排法参数，若要撑满、右齐、居中应另加注解。

⑤“FQ”比“FK”有更多的控制参数，如串文的排法（PZ、PY、BP），分栏中的对页（DY）处理，上下居中的〔Z〕参数，与外层文字垂直方向排版的〔!〕等。方框则没有这些功能。

综上所述，分区包含了方框的功能，通用性好。但“FQ”的语法格式比较复杂，不易记忆，而“FK”的注解格式简单，在不要任意指定起点不串文的地方用方框更简便。

【任务4】 新建一个小样文件，完成下面的实例。

……令狐冲大吃一惊，回过头来，见山洞口站着一个白须青袍老者，神气抑郁，脸如金纸。令狐冲心道：“这老先
生莫非便是那晚的蒙面青袍人？他是从哪里来
的？怎地站在我身后，我竟没半点知觉？”

【分析】 在这个实例中主要用了行宽（HK）和改宽（GK）注解来实现。本例子主要涉及行宽和改宽这两个比较类似的注解。前两行用行宽注解设定行的宽度为 26 个当前字号的字距，后两行用改宽注解设定左缩 3、右缩 2 个当前字号的字距。

【小样】 〖HK25〗……令狐冲大吃一惊，回过头来，见山洞口站着一个白须青袍老者，神气抑郁，脸如金纸。令狐冲心道：“这老先生〖GK3！2〗莫非便是那晚的蒙面青袍人？他是从哪里来的？怎地站在我身后，我竟没半点知觉？”

行宽注解（HK）

功能：指定当前行的宽度。

注解定义：

〖HK〔〈字距〉〔，〈位置调整〉〕〕〗

注解参数：〔〈字距〉〕　行的宽度，单位为字距

〔，〈位置调整〉〕　〔！〕〈边空〉

〔！〕　表示边空在左边

〈边空〉　〈字距〉

解释：

（1）位置调整中的边空用字距表示，省略此参数当前行排在版心中间位置；添加“！”表示边空无论单双页均在左边，省略“！”表示在内边，即单页在左，双页在右。

（2）添加无参数的〖HJ〗注解，表示恢复版心行宽。

（3）行宽的字距受当前字号的变化而变化。

【例】 行宽调整行距效果

关 于 经 济 调 查 范 围 的 规 定

按：根据我国有关法律法规条文，此次工作范围应缩减到县以下各政府部门及组织，严禁扩大范围，引起社会公众的广泛关注，否则造成的后果由执行单位领导全面负责。

在我国经济建设事业中，严禁出现扩大范围禁止经济发展的错误发展法律法规的出现，出现问题应及时更正，为社会主义经济发展提供强有力的保障。

小样文件：〖HT2H〗〖JZ（＊2〗关于经济调查范围的规定〖JZ）〗〖HTH〗〖HK23〗↙按：〖HTK〗根据我国有关法律法规条文，……领导全面负责。〖HK〗↙在我国经济建设事业中，……提供强有力的保障。

说　明：

①本注解中如〖HK23〗是指当前字号的23个字宽。

②本注解若出现在行首，就从本行开始起作用，否则从下行起作用。

③本注解可用于竖排，竖排时各项参数要转换成竖排的意义。

改宽注解（GK）

功能：改变行的宽度。

注解定义：

〖GK〈改宽参数〉〗

注解参数：〈改宽参数〉　〔－〕〈字距〉〔!〕｜〔〔－〕〈字距〉〕!〔－〕〈字距〉

〔－〕　表示扩大行宽

〈字距〉　缩进或扩充的字数

〔!〕　左右边分界线

解释：

〈改宽参数〉给出了左边或右边所要调整的宽度。〔－〕表示扩大行宽，没有〔－〕表示缩小行宽。

〔!〕为左右分界线，“!”左边的字距参数指定左边缩扩的字数，“!”右边的字距参数指定右边缩扩的字数。

【例】 改宽的效果

……令狐冲大吃一惊，回过头来，见山洞口站着一个白须青袍老者，神气抑郁，脸如金纸。令狐冲心道："这老先生莫非便是那晚的蒙面青袍人？他是从哪里来的？怎地
站在我身后，我竟没半点知觉？"心下惊疑不定，只听田伯光颤声道：
"你……你便是风老先生？"那老者叹了口气，说道："难得世上居然还有
人知道风某的名字。"令狐冲心念电转："本派中还有一位前辈，我可从来
没听师父、师娘说过，倘若他是顺着田伯光之言随口冒充，我如
上前参拜，岂不令天下好汉耻笑？再说，事情哪里真有这么巧法？
田伯光提到风清扬，便真有一个风清扬出来。"那老者摇头叹道："令狐冲你这小子，实在也太不成器！我来教你。你先使一招'白虹贯日'，跟着便使'有风来仪'，再使一招'金雁横空'，接下来使'截剑式'……"一口气滔滔不绝的说了三十招招式。……

小样文件：〖HT4〗……令狐冲大吃一惊，回过头来，见山洞口站着一个白须青袍老者，神气抑郁，脸如金纸。令狐冲心道："这老先生莫非便是那晚的〖GK3！2〗蒙面青袍人？……居然还有人知道〖GK2〗风某的名字。……'白虹贯日'，跟着便使〖HK〗'有风来仪'，再使一招'金雁横空'，接下来使'截剑式'……"一口气滔滔不绝的说了三十招招式。……

说　明：

①本注解同行宽注解类似，出现在行首时从本行起作用，否则从下行起作用。

②本注解作用范围直到下一个〖HK〗或〖GK〗。

③改宽后要注意扩充后的行宽不得超过当前总行宽，否则系统报错。

④本注解和行宽注解功能类似，都是对行的宽度进行调整，区别在于改宽注解是根据当前行宽来调整左右两边实现对行宽的改变，而行宽注解则是首先确定行的宽度，然后由此宽度算出两边的距离。

自控注解（ZK）

功能：换行文字内容左边自动缩进一段距离排。

注解定义：

〖ZK〔〈字距〉〕〔#〕〗〈自控内容〉〖ZK）〗

注解参数：〔〈字距〉〕表示字符内容之间的空距

〔#〕　表示只有在自动换行时缩进排，而强迫换行即用⇙、↙换行时自控注解不起作用

解释：

添加〔#〕参数时只有在内容填满本行后自动换行时缩进距离排，省略此参数无论自动换行还是使用⇙、↙换行自控注解均起作用。

本注解出现在行首时，从本行起作用；出现在行中时，从下行起作用。

本注解如果嵌套则下一层是从上层自控基础上缩进距离排。

【例】 自控实例

参数种类	自控效果	小样文件
行首 自控2字	❶满目山河空念远，落花风雨更伤春，不如怜取眼前人。晏殊 ❷独坐幽篁里，弹琴复长啸；深林人不知，明月来相照。王维 ❸想眼中能有多少泪珠儿，怎禁得秋流到冬，春流到夏！曹雪芹	[ZK（2］❶满目山河空念远，落花风雨更伤春，不如怜取眼前人。晏殊↙……王维↙……，春流到夏！曹雪芹［ZK）］
用# 自动对齐	❶满目山河空念远，落花风雨更伤春，不如怜取眼前人。晏殊 ❷独坐幽篁里，弹琴复长啸；深林人不知，明月来相照。王维 ❸想眼中能有多少泪珠儿，怎禁得秋流到冬，春流到夏！曹雪芹	[ZK（#］❶满目山河空念远，落花风雨更伤春，不如怜取眼前人。晏殊↙……王维↙……，春流到夏！曹雪芹［ZK）］
自控嵌套 对齐	❶满目山河空念远，落花风雨更伤春，不如怜取眼前人。晏殊 ❷独坐幽篁里，弹琴复长啸；深林人不知，明月来相照。王维 ❸想眼中能有多少泪珠儿，怎禁得秋流到冬，春流到夏！曹雪芹	❶［ZK（］满目山河空念远，……晏殊↙［ZK（2］❷独坐幽篁里，弹琴复长啸；……王维↙［ZK（2］❸想眼中能有多少泪珠儿，……曹雪芹［ZK）］［ZK）］［ZK）］

【任务5】新建一个小样文件，完成下面的实例。

幽人归独卧，滞虑洗孤清。
持此谢高鸟，因之传远情。

【分析】在这个实例中主要使用了长度和画线注解。本例中第一行文字左右两边使用了5个字距长的上细下粗文武线，第二行文字左右两边使用了5个字距长的双线，并且加粗了线号；第三行使用了画线注解，设置在当前页第5行第10个字开始画22个字距长的双线。

【小样】 〖CDXW5〗幽人归独卧，滞虑洗孤清。〖CDXW5〗↙〖CDS5〗〖XH3〗持此谢高鸟，因之传远情。〖XH〗〖CDS5〗↙〖HX（5，10）=22〗

长度注解（CD）

功能：随行在当前位置画线。

注解定义：

〖CD〔#〕〔〈长度符号〉〕〔-〕〈长度〉〗

注解参数：〔〈长度符号〉〕表示所画线的类型 〔|｛|〖|〗|｝|〕|F|S|D|Q|CW|XW|=|H〈花边编号〉〔!〕

〈花边编号〉 000～117共118种

〔!〕　表示线型画竖线，各种括弧画成横向效果

〔#〕　表示线画在本行字符的下边沿，省略在行的中线位置上画线

〔-〕　向正文的反方向画线，普通正文横排时，线从右向左画；正文竖排时，线从下往上画

〈长度〉　所画线的长度，正文横排时用字距表示，正文竖排时用空行参数表示

解释：

本注解专门在当前行的位置画线，行或者注解位置发生变化，线的位置也随之改变。

〔〈长度符号〉〕为所画括弧或线的类型，分别有“〔”开斜方括弧、“{”开花括弧、“[”开正方括弧、“]”闭正方括弧、“}”闭花括弧、“〕”闭斜方括弧。另外线型有F反线、S双线、D点线、Q曲线、CW上粗下细文武线、XW上细下粗文武线、=双曲线和H花边线，省略为正线。各种括弧和线型效果如表3-5所示。

表3-5　括弧和线型效果

线型 括弧	长度符号	横排无！	横排有！
正　线	省　略	————	│
反　线	F	————	│
双　线	S	════	‖
点　线	D	------	┆
曲　线	Q	〰〰	≀
上粗下细文武线	CW	▬▬	▌│
上细下粗文武线	XW	▬▬	│▌
双曲线	=	≈≈≈	≀≀

续表

线型 括弧	长度符号	横排无！	横排有！
花　边 （089）	H089		
开斜方括弧	〔		
开花括弧	｛		
开正方括弧	［		
闭正方括弧	］		
闭花括弧	｝		
闭斜方括弧	〕		

【例】 长度注解实例

参数使用	长度效果	小样文件
省略#参数	组员———组长———班长———校长 学校构成	组员［CD3］组长［CD3］班长［CD3］校长↙［CDS17］↙［KG＊3。4］学校构成
使用#参数	诗词填空 1. 明月出天山，＿＿＿＿＿。作者：＿＿＿＿ 2. 青山遮不住，＿＿＿＿＿。作者：＿＿＿＿	［KG＊2。4］诗词填空↙1. 明月出天山，［CD#5］。作者：［CD#4］↙2. 青山遮不住，［CD#5］。作者：［CD#4］
使用〔－〕参数	诗词填空 1. 明月出天山，。作者： 2. 青山遮不住，。作者：	［KG＊2。4］诗词填空↙1. 明月出天山，［CD#－5］。作者：［CD#－2］↙2. 青山遮不住，［CD#－5］。作者：［CD#－2］

画线注解（HX）

功能：在当前版面的任意位置画线。

注解定义：

〖HX（〈位置〉）〔〈长度符号〉〕〔－〕〈长度〉〗

注解参数：〈位置〉　〈空行参数〉，〈字距〉

〈空行参数〉，〈字距〉的数值是相对于本页面的左上角。

〔〈长度符号〉〕　〔｜｛｜〖｜〗｜｝｜〕｜F｜S｜D｜Q｜CW｜XW｜=｜H〈花边编号〉〔!〕

〈花边编号〉　000～117 共 118 种

〔!〕　表示线型画竖线，各种括弧画成横向效果

〔#〕　表示线画在本行字符的下边沿，省略在行的中线位置上画线

〔－〕　反方向画线，普通正文横排时，线从右向左画；正文竖排时，线从下往上画

〈长度〉　画线的长度，正文横排时用〈字距〉表示，正文竖排时用〈空行参数〉表示

解释：

本注解因为有起点位置参数，所以可在版面的任意位置画线，画线不影响正文的排版。

〔〈长度符号〉〕为所画括弧或线的类型，分别有“〔”开斜方括弧、“｛”开花括弧、“〖”开正方括弧、“〗”闭正方括弧、“｝”闭花括弧、“〕”闭斜方括弧。另外线型有 F 反线、S 双线、D 点线、Q 曲线、CW 上粗下细文武线、XW 上细下粗文武线、= 双曲线和 H 花边线，省略为正线。

说　明：

①本注解与长度注解相同之处是能在版面上画各种线，区别为长度注解只能在当前字符后画线，线的位置随正文的变化而变化，画线注解可以在版面任意位置处画线，位置不随正文字符的变化而变化。

②两者的出口不同，长度注解的出口在画线后位置，而画线注解画线后恢复原位。

③两者画线的位置不同，本注解画的线在当前行文字的上边沿，而长度注解则画在当前行文字的中线或基线上。

④本注解可用于竖排，竖排时各参数应转换成竖排的意义。

线号注解（XH）

功能：调整线和花边的宽度。

注解定义：

〖XH〔〈字号〉〕〗

注解参数：〔〈字号〉〕　指定线的粗细要求，以字号为单位

解释：

本注解的作用范围是长度注解、画线注解和斜线注解画的全部线型，方框注解、分区注解和段首注解里设置的线型。

本注解不能影响到表格的栏、行线、分栏线、脚注线和书眉线的粗细。

本注解一直对所画线型的粗细起作用，直到遇到下一个线号注解为止。

【例】 线号注解例

线型线号	画线效果	小样文件
6号反线		〔XH6〕〔CDF12〕
2号反线		〔XH2〕〔CDF12〕
6号曲线		〔XH6〕〔CDQ12〕
1号曲线		〔XH1〕〔CDQ12〕
6号花边线（编号020）		〔XH6〕〔CDH02012〕
2号花边线（编号020）		〔XH2〕〔CDH02012〕
4号花边线（编号066）		〔XH4〕〔CDH06612〕
特号花边线（编号066）		〔XH10〕〔CDH06612〕

【任务6】 新建一个小样文件，完成下面的实例。

花间一壶酒，独酌无相亲。举杯邀明月，对影成三人。
月既不解饮，影徒随我身。暂伴月将影，行乐须及春。
我歌月徘徊，我舞影零乱。醒时同交欢，醉后各分散。

【分析】 在这个实例中主要使用了着重、紧排和自控注解。本例中第一行使用了着重点，第二行使用了双线，第三行使用了曲线做着重线；第二行使用了自控注解（ZK）。

【小样】 〖ZZ(D〗花间一壶酒，独酌无相亲。〖ZZ)〗〖ZZ（Z〗举杯邀明月，对影成三人。〖ZZ)〗↙〖JZ〗〖ZK（2〗〖ZZ（S〗月既不解饮，影徒随我身。暂伴月将影，行乐须及春。〖ZZ)〗↙〖JZ〗〖ZZ（Q〗〖JP3〗我歌月徘徊，我舞影零乱。醒时同交欢，醉后各分散。〖JP〗〖ZZ)〗〖ZK)〗

着重注解（ZZ）

功能：给文字着重线效果。

注解定义：

〖ZZ〈字数〉〔〈着重符〉〕〔#〕〔，〈附加距离〉〕〗
〖KX（〈字数〉〔〈着重符〉〕〔#〕〔，〈附加距离〉〕〗〈着重字内容〉〖ZZ）〗

注解参数：〈字数〉　注解后加着重符的字数

〔〈着重符〉〕　Z|F|D|S|Q|=|。〔!〕|〔!〕

〔，〈附加距离〉〕　〔－〕〈行距〉

〔－〕　拉近正文和着重符的距离，省略为拉开两者距离

解释：

本注解第一种形式是按字数表示加着重文字的个数，标点符号也算个数，第二种是将着重内容括于其中，标点符号不加点。

着重符中Z为正线，F为反线，D为点线，S为双线，Q为曲线，＝为双曲线，“。”表示加圈；〔!〕表示在外文和数字下加着重符。省略则外文和数字下不加着重符。

〔#〕表示横排时着重符加在一行的上面，竖排时着重符加在一行的右边，缺省此参数时与上述相反。

加各类着重线时，着重内容为任意字符。

【例】　添加着重符效果

参数设置	着重效果	小样文件
默认参数	100方正书版简介Founder。	〖ZZ（〗100方正书版简介Founder。〖ZZ）〗
添加“!”参数	100方正书版简介Founder。	〖ZZ（!〗100方正书版简介Founder。〖ZZ）〗
添加“。”参数	100方正书版简介Founder。	〖ZZ（。〗100方正书版简介Founder。〖ZZ）〗
添加“。”和“!”参数	100方正书版简介Founder。	〖ZZ（。!〗100方正书版简介Founder。〖ZZ）〗
添加“Z”参数	100方正书版简介Founder。	〖ZZ（Z〗100方正书版简介Founder。〖ZZ）〗
添加附加距离	100方正书版简介Founder。	〖ZZ（Z，＊2〗100方正书版简介Founder。〖ZZ）〗
添加“Q”参数	100方正书版简介Founder。	〖ZZ（Q〗100方正书版简介Founder。〖ZZ）〗
添加“Q”和“#”参数	100方正书版简介Founder。	〖ZZ（Q#〗100方正书版简介Founder。〖ZZ）〗

段首缩进注解（SJ）

功能：根据给定的注解参数对段首的起始位置进行调整，只有在该注解之后遇到换段符的时候该注解才会起作用。

注解定义：　〖SJ〔<缩进值>〕〗

注解参数：

〈缩进值〉　〈缩进距离〉|J〈字距〉

〈缩进距离〉　〈字号〉〔。〈字数〉〕

〈字数〉　1~10 缺省为 2

解释：

汉字正文排版的规则是每个自然段开始缩进两个字，通常使用换段符↙来实现，但在不同字号下会造成缩进距离不等，本注解可以指定每个自然段开始缩进的距离，无论字号大小均保持一致。

〈缩进距离〉　换段时缩进〈字数〉个〈字号〉的宽度。

J〈字距〉　换段时缩进距离为〈字距〉给出的值。

参数缺省时，段首缩进距离同换段符（↙）。

【例 1】

[SJ2"。2]　段首缩进小二号字的 2 个字。

[SJ4。3]　段首缩进四号字的 3 个字。

[SJJ1]　段首缩进当前号字的 1 个字。

【例 2】

种庄稼我们不是行家里手，只想做一个诚实的耕耘者，播下希望的种子；培育人我们不敢说能为人师表，只是和真挚的朋友们一起学爱这个世界，爱一切被爱的人和事。

小样文件：

[SJ4。4]［HT2L］种庄稼［HT］我们不是行家里手，只想做一个诚实的耕耘者，播下希望的种子；培育人我们不敢说能为人师表，只是和真挚的朋友们一起学爱这个世界，爱一切被爱的人和事。[SJ]

> 说　明：
>
> ①SJ 注解参数对注解之后的所有段落都起作用。
>
> ②如果 SJ 注解要对本段起作用，则应该放在本段的开始，否则只会从本段以后（不包括本段）的段落开始起作用。

综合练习

要不断进取

黎兵，从出色的中锋、足球先生变为替补。其实不是他水平下降，而是别人能力提高。逆水行舟，不进则退，看来要立足于足坛，非得不断进取不可①。同样是运动员，上海申花队的申思原是替补队员，后来在亚洲比赛时被誉为最抢眼的人，因为他努力，吴承瑛被称为最稳定的人，因为他肯拼搏。

不要敲破子孙的饭碗

森林资源贫乏的出口一次性木筷，森林资源丰富的却进口一次性木筷。这一进一出，一差一错，正好说明可持续发展的重要性。常言道，毁树容易种树难。把我们本来就不多的木材资源做成筷子，用一次就“断子命”，长此以往，森林消失，资源枯竭，我们子孙的饭碗有可能被敲破。正像鲁迅先生在《拿来主义》中所说的，他们只能吃“残羹冷炙”。

怎样看待自己

其实，学会接受挫折，实质上是学会怎样看待自己的问题，还是被挫折吓倒呢？班哈特的事迹最能说明问题：要战胜挫折，先要战胜自己，亦即战胜自己内心的悲观消沉意识，代之以自强不息的精神。现实生活中碰到挫折不要怕，抬起头，挺起胸。

祁宏被称为最争气的人，因为他踢球有新意。总之，人们不吃老本，不甘平庸。其实，各行各业也是如此，形势发展日新月异，只有我们去适应形势，不可能让形势来适应我们，要适应，就要进取。唐代刘禹锡说：“沉舟侧畔千帆过，病树前头万木春。”进取者，即是“千帆”与“万木”；不进者，则为“沉舟”与“病树”。何谓进取？创新是也。

学会接受挫折

班哈特从正常人到残疾人，尔后又奋发一跃在舞台上表演，她很平静地接受了厄运的挑战，也学会了接受挫折。

月有阴晴圆……缺

人有悲欢离合。人的一生不可能全是一帆风顺，总会遇上一点不顺畅的事、麻烦的事，甚至挫折。

勇者，用意志、凭精神，战而胜之。

懦夫，转过身子，用背脊对着挫折。

第三节　书眉、页码、注文排版

【任务1】掌握书眉、页码排版的基础知识和格式。

【分析】书眉、页码和注文都可以在PRO文件中设置，书眉和页码需要用什么字体号，排版有什么规则也需要了解。

一、书眉、页码、注文排版的基础知识和格式

1. 书眉

排在版心上部的页码、篇章名、检索词头等，称为书眉。竖排本中这些内容排在版心切口一边时，称为中缝。

书眉的排版格式主要包括：

书眉的字体字号、内容、书眉线的种类及各项内容的位置等。图书书眉的格式，全书必须前后一致。

（1）书眉的字体、字号

书眉一般用与正文相同的字体。字号通常比正文要小。目前许多电子出版物的书眉字体不但新颖，而且还加了底纹及装饰符号，很有特色。

（2）书眉线的种类

书眉线一般为通栏线。现代文艺类图书，根据版面风格，设计的书眉线有可能长短不一。书眉线有正线、反线、点线、曲线、文武线或花边线以及字下加线和无线等几种形式。

（3）书眉内容的位置

书眉的内容包括页码、文字和书眉线。文字内容有：书（集、部、篇、章、节）标题名，辞书及各种工具书，在书眉上还排有部首、字头、词条等，是重要的阅读检索工具。横排书有书眉的，页码一般排在靠切口。书眉上排标题名时，双页码排大标题（如篇名或章名），单页码排次一级小标题（章名或节名）。辞书类的页码排在居中或订口一边。因为这类书主要靠笔画或检字索引，因此靠切口处排笔画或词头。工具书一般双页码书眉上排起始词头，单页码排终止词头。书眉各项内容位置常有居中式、齐版口、集中式、码居中、短线式等形式。如下例：

	双页码	单页码
居中式	2　　×××××	×××××　　3
齐版口	2　　　　×××××	×××××3
集中式	（2）××××	××××（3）
码居中	×××　　2	×××　　3
短线式	2（×××）	（×××）3

书眉上的标题应与正文中章节的标题相同，同一页上如有两个或两个以上的标题时，书眉上应排最前一个标题。另面另页的序言、目录、附录及篇、章等，均不排书眉，但分别从第二面起，排相应的书眉。超版口的图表，亦不排书眉。书眉不占版心，一般约一个行高。因为书眉上文字都比正文小，书眉线与正文间的行距应等于或略大于正文间的行距。书眉线与其上方文字、符号间的行距等于正文间的行距。如果标题过长，在书眉中排不下，可请出版者将标题缩短或用省略号代替。只有在取得出版者同意后，才可将标题在书眉中重迭排两行。

竖排书中缝上，双码版排书名或篇名、单码版排章名或节名。其排版格式多数为靠上排，上空同样的字数。页码排在同一行下部，下空同样多的字数，不排书眉线。

2. 页码

表示书刊版面顺序的数码称为页码。页码的主要作用是便利读者检索、阅读，在印刷装订时避免混乱和发生错误。

页码的排版格式有以下几种。

（1）页码的编排顺序。页码的编排顺序一般有两种方法：一种是从扉页起全书顺序编码；另一种是前言、目录、正文和附录，各自独立编码。分册装订或多卷的书，单本计算页码或连续计算页码均可。

（2）页码的字体字号。横排书页码一般都用阿拉伯数字，但正文前各自编排页码的部分，也有用罗马数字的，如“Ⅰ”、“Ⅱ”等。竖排书页码排在中缝下部，都用汉字数字。古籍书用全数，即一、二、……十一、十二、……二十一、二十二……者居多，近代改排的则都用简数，即一、二、……二一、二二、……二〇……。但在竖排书目录中，因全身汉文数字占位置太大，所以一般采用扁体汉文数字，习称扁码。页码所用数字的字号一般都小于正文，以白正体为主，少数也有排斜体、细黑体的。

（3）页码的位置。页码不占版心，一般排在版心下靠切口一侧的较多，双码在左，单码在右，离版口一字宽。横排本的页码也有排在版心下居中的。竖排本的页码排在中缝下面。页码一般距版心一个行距或一字高，设计人员也可根据版面特点作适当调整。

页码的形式有以下两种。

（1）页码两旁无符号。规格要求离版口一个字，则不论是个位、十位、百位，也不论是单码或双码，其靠切口一侧的数字，离版口都应为一个字距。

（2）页码两旁加线或加点。如：“—3—”、“·3·”等，靠切口的线或点一般距版口一个字，全书页码两点或两线间的距离应一致。

3. 注文

在书刊排版中，注文排版往往占有重要的地位，注文排版的好坏，直接影响着版面的美观。注文的形式有段下注、篇后注、书后注、版边注、眉批、脚注等几种。

段下注是指注文排在本段正文的下面，注文和正文间不加线。

篇后注是指注文集中在一篇文章的末尾，序号以篇为单元编号。

书后注是指注文排在一本书正文的后面，排版时可接正文后排，也可另面起排。

版边注是指注文排在版边，排版时压缩正文的版心宽，留出一定的空位排注文。

眉批是指竖排古籍书中排在版心之上的注释性的批语或说明性文字。

脚注是把在正文夹排中不宜过长的注文移到版心的“地脚”处而得名，又称版下注、页末注。注文集中排在每版的下部，注文与正文间一般用注线隔开，它的序号以一版面为单元编号。因其与所需注正文内容处于一个版面，故检阅相对也较方便。

脚注的排版格式有以下几种。

（1）字号、字体。脚注文字的字号比正文小，一般用小五号或六号，字体与正文相同即书宋。

（2）注线。在正文与注文之间，一般要排一根线，起分界的作用，这根线，习称注线。注线以用正线居多，少数有用反线或曲线。注线的长度，一般以正文行长的1/4为宜，也有用通栏的。注线通常顶格排，也有不顶格排，与注文对齐。

（3）注线与正文、注文间的空距。注线一般是不占行的，注线与正文、注线与注文间的空距应等于或大于正文间的行距，或等于一个五号字的距离。由于版面上要用两种字号，注文行距多少适当调整。

（4）脚注的格式。注文用小号文字，行距小于正文行距，并根据注文所占版面的大小作适当调整，使版心尺寸全书一致。注文转行有“齐肩”和“顶格”两种。第一行顶格或缩进两个字，第二行与第一行注文的第一个字排齐，这种排法，习称转行齐肩。也有第一行缩进两个字而第二行顶格排的，这种排法，习称转行顶格，也可称为齐头排。这两种排法注码排列清晰、齐整。如下例：

齐肩的排法	顶格的排法
①　×××××××××× 　　××××× ②　×××××××××× 　　××××× ③　×××××××××× 　　×××××	①×××××××××× ××××× ②×××××××××× ××××× ③×××××××××× ×××××

电脑排版工艺（上）

二、书眉、页码、注文排版所用注解

眉说注解（MS）

功能：对书眉排版的各种要求，例如字号、字体、颜色、位置等格式设置。

注解定义：

〖MS〔X〕〔C〈格式〉〕〈字号〉〈字体〉〔，L〕〔，W〕〔，〈书眉线〉〕〔〈字颜色〉〕〔〈线颜色〉〕〔。〈行距〉〕〔，〈行距〉〕〔〈书眉线调整〉〕〗

注解参数：〔X〕　添加此参数表示书眉在下，省略书眉在上面

〔C〈格式〉〕　SM | S〈间隔符〉M | S | DM，SM | DS，SM | M

〈字号〉　表示书眉的字号

〈字体〉　表示书眉的字体

〔，L〕　书眉排在里口

〔，W〕　书眉排在外口

〔,〈书眉线〉〕 S | F | CW | XW | B

〔〈字颜色〉〕书眉字的颜色

〔〈线颜色〉〕 书眉线的颜色

〔。〈行距〉〕 设定书眉与书眉线的距离

〔,〈行距〉〕 设定正文与书眉线的距离

〔〈书眉线调整〉〕 包括眉线的左扩、右扩或内扩和外扩，还有书眉线的宽度

解释：

(1) 本注解只能在版心文件中，直接创建或打开 PRO 文件，双击“书眉说明[MS]”进行设置即可。它设置书眉的各项格式，书眉内容在小样中的 DM、SM 和 MM 中。

(2)〔C〈格式〉〕用来排词条，SM 为左首右末排词条；S〈间隔符〉M 为左首右末；中间加间隔符；S 为只排首词条；DM，SS 为单页排末词条，双页排首词条；DS，SM 为单页排首词条，双页排末词条；M 为只排末词条。

(3)〔,〈书眉线〉〕中的 S 为双线、F 为反线、CW 为上粗下细文武线、XW 为上细下粗文武线、B 为不画线，省略为正线。

(4) 书眉线调整包括书眉线内扩、外扩或左、右扩。内扩表示眉线向订口处加长；外扩表示眉线向切口处加长。加“!”时内扩、外扩分别改为左、右扩，即书眉线向左或向右加长。

本注解必须在版心文件中进行设置，进入排版参数文件后，双击点开书眉说明编辑窗口，右边显示的就是需要设置的各项书眉格式选项，用鼠标分别点击各项参数属性，逐项进行调整即可（见图 3–5）。

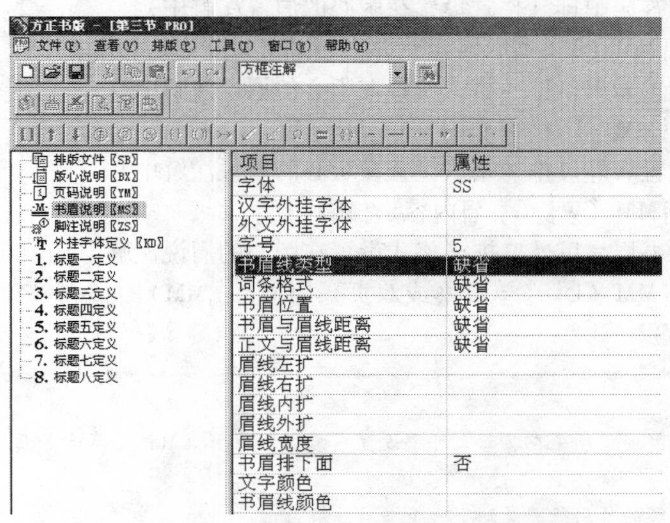

图 3–5 PRO 文件中的“书眉说明”对话框

单眉（DM）、双眉（SM）、眉眉（MM）注解

功能：三注解均用于指定书眉内容，与 PRO 文件中的眉说注解配合使用。

注解定义：

【MM（〔L|M〕】〈书眉内容〉【MM）】

【DM（〔L|M〕】〈书眉内容〉【DM）】

【SM（〔L|M〕】〈书眉内容〉【SM）】

注解参数：〔L〕　书眉排在里口

〔M〕　书眉排在外口

解释：

此三注解功能类似，都用于排书眉的内容，此内容如与版心中书眉说明矛盾，应以此注解设置为准。书籍通常都是左面为双页，右面为单页。

书籍单页和双页的书眉如果内容相同，就用双眉注解，否则单眉注解指定单页码面的书眉内容，双眉注解指定双页码面的书眉内容。

L 表示书眉靠近“里口”即书的订口处；M 表示书眉靠近“外口”即书的切口处。

排书眉的基本步骤是：

（1）在版心文件中，双击书眉说明【MS】，设置书眉的各项格式。

（2）小样文件中用单眉注解（DM）、双眉注解（SM）或眉眉注解（MM）定义排在单页、双页或单双页相同的书眉内容。

（3）每当书眉内容需要变化时，直接修改相应的 DM、SM 或 MM 即可。

（4）或者指定本页书眉的话用空眉注解（KM）。

【例】 书眉位置格式设置

（1）书眉位置居中排（格式设置在版心的眉说注解中）。

小样文件：【MM（】〈书眉内容〉【MM）】

（2）书眉位置靠里口排（格式设置在版心的眉说注解中）。

小样文件：【MM（L】〈书眉内容〉【MM）】

（3）书眉位置靠外口排（格式设置在版心的眉说注解中）。

小样文件：【MM（W】〈书眉内容〉【MM）】

（4）单双页书眉靠里外口排（格式设置在版心的眉说注解中）。

小样文件：【MM（L】〈单页（或双页）书眉〉【MM）】【MM（W】〈双页（或单页）书眉〉【MM）】

说　明：

①此三注解使用须先在版心文件中设置书眉说明注解（MS），两者矛盾时以此三注解为准。

②此三注解的作用范围是到下一个书眉注解为止。

③（书眉内容）中不能有强迫换行类注解。若书眉内容需要有两行，可以用上下（SX）注解来完成。

空眉注解（KM）

功能：指定本页不排书眉。

注解定义：

```
〖MM〔〈书眉线〉〕〗
```

注解参数：〔〈书眉线〉〕　S|F|CW|XW|B

解释：

本注解取消本页的书眉内容，可以保留或取消书眉线。

〔〈书眉线〉〕中的S为双线、F为反线、CW为上粗下细文武线、XW为上细下粗文武线、B为不画线，省略为正线。

取消书眉内容或书眉线并不表明取消页码，如果要取消页码需用〖WM〗。

【例1】　取消本页书眉内容，书眉线为反线

小样文件：〖KMF〗

【例2】　取消本页书眉内容和书眉线

小样文件：〖KMB〗

页码注解（YM）

功能：对页码的各种要求，例如字号、字体、颜色、位置及格式等。

注解定义：

```
〖YM〈页码参数〉〗
〖YM（〈页码参数〉〗〈页码内容〉〖YM）〗
```

注解参数：〈页码参数〉　〔L|R〕〈字号〉〈字体〉〔〈颜色〉〕〔。|-〕〔！|#〔-〕〈字距〉〕〔%〈字距〉〕〔=〈起始页号〉〕〔，S〕

〔L|R〕　L表示页码用大写罗马数字；R表示页码用小写罗马数字

〈字号〉　页码字号

〈字体〉　页码的字体

〔〈颜色〉〕　〔〈颜色〉〕　@〔%〕（〈C〉，〈M〉，〈Y〉，〈K〉）

〔%〕　表示颜色数值按百分比计算

〈C〉、〈M〉、〈Y〉、〈K〉　青、品红、黄、黑四种颜色的数值在0~255或1~100（按%计算）

〔。|-〕　表示页码两端加装饰符实心、圆点或短线

！　表示页码排页的中间

#〔-〕〈字距〉　指定页码与切口的距离

〔%〈字距〉〕　指定页码与正文间的距离

〔=〈起始页号〉〕　{〈数字〉}（1~5）

〔，S〕　表示页码排在版心的上面

〈页码内容〉　〔页码前字符串〕〈页码〉〔页码后字符串〕

解释：

页码注解增加了反向页码与切口的距离，表示页码排在版心之外。

〔L|R〕表示页码用罗马数字，但数字要小于或等于15，默认此参数用阿拉伯数字或中文数字。

页码装饰符“。”为句号，表示页码两边加一实心圆点，“－”为减号表示页码两边加一条短线，默认为不加装饰符。

“！”表示页码放在居中位置，省略“！”页码单页在右；双页在左。

〔%〈字距〉〕用于调整页码与正文之间的距离；〔，S〕表示页码排在版心上方，省略时页码在版心下面。

〔＝〈起始页号〉〕表示首页的页码数，默认为1。

页码参数通常采用窗口填表的形式建立和修改。如图3–6所示。

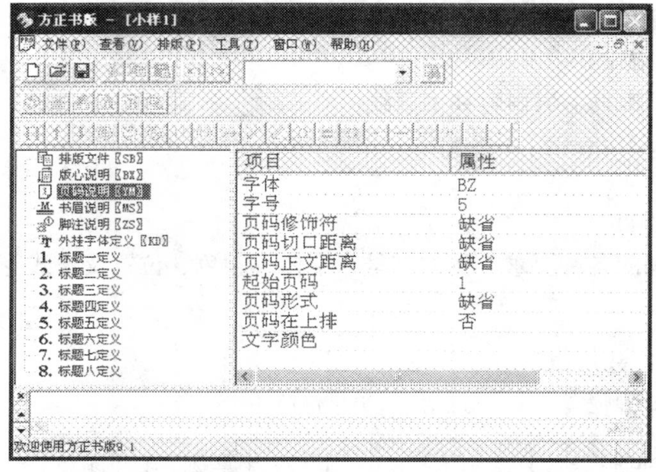

图3–6　PRO文件中的页码对话框

【例1】　页码为五号黑正，排在版心上方，从第40页排起，装饰符为短线

版心文件：〖YM5HZ－＝40〗

【例2】　页码为四号楷体，两边加字，样式为“第一页”

首先要在版心页码参数中设置，然后小样文件：

〖YM（4K〗第㊣页〖YM）〗

【例3】　页码为四号楷体大写罗马数字，两边加字，样式为“第1页”

首先要在版心页码参数中设置，然后小样文件：

〖YM（L4K〗第㊣页〖YM）〗

说　明：

①本注解既可以出现在版心文件中，又可以出现在小样文件中，两者矛盾时以小样文件为准。

②要想设置页码，版心文件的页码参数是必须的。

排页码所用的注解（AM、WM、DY、SY）

暗码注解（AM）

功能：指定本页不排页码且计数。

注解定义：

〖AM〗

解释：

本注解指定本页不排页码，但计入到总页数中。本注解要放在本页内容中才起作用。

无码注解（WM）

功能：指定本页不排页码且不计数。

注解定义：

〖WM〗

解释：

本注解指定本页不排页码而且也不计入到总页数中，本注解要放在本页内容中才起作用。

单页码注解（DY）

功能：立即换页，换到下一个单页中继续排版。

注解定义：

〖DY〗

解释：

本注解后的内容被要求立刻换到下一个单页码页面中，如果当前正在排双页则换到下页；如果当前排的是单页则空出一空白页，从下一个单页开始排（此时空白页只有页码没有正文）。

双页码注解（SY）

功能：立即换页，换到下一个双页中继续排版。

注解定义：

〖SY〗

解释：

本注解后的内容被要求立刻换到下一个双页码页面中，如果当前正在排单页则换到下页；如果当前排的是双页则空出一空白页，从下一个双页开始排（此时空白页只有页码没有正文）。

另面注解（LM）

功能：立即换到下一页继续排版。

注解定义：

〖LM〗

解释：

本注解后的内容被要求立刻换到下一个页面中。通常在书籍需要开始新章节时，会使用本注解。

【任务2】 新建一个小样文件，在版心四周12个预设位置上放置12种不同类型的页码，其效果如图3-7所示。

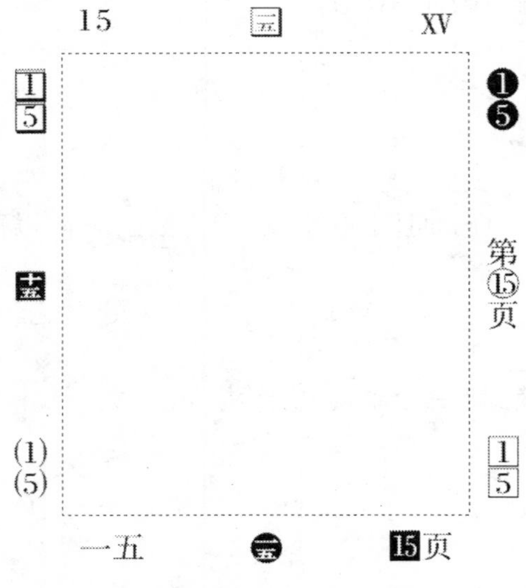

图3-7　版心四周页码预设

【分析】 这个实例主要是页号注解（PN）的用法，12个页号分别表示页号的12个预设位置。

【小样】 〖PN《1》-^=@1P15〗　〖PN《2》-FLZ^=@2P15〗　〖PN《3》-R=@3P15〗　〖PN《4》-H=@4V！P15〗　〖PN(《5》-B^=@5V！P15〗第&页〖PN)〗　〖PN《6》-F=@6V！P15〗　〖PN(《7》-FH^=@7P15〗&页〖PN)〗　〖PN《8》-HZ^=@8P15〗　〖PN《9》-Z=@9P15〗　〖PN《10》-(=@10V！P15〗　〖PN《11》-FHZ#^=@11V！P15〗　〖PN《12》-FL=@12V！P15〗

页号注解（PN）

本注解是9.01新增的排页码注解，只用于小样文件中，与页码注解（YM）比较有如下改进：

（1）丰富了页码排版的形式。

（2）可以任意调整页号在版面上的位置。

（3）可以改变页号的对齐方式，调整页号和两边的修饰符的距离。

（4）页号递增的幅度可以人为设定。

（5）页号的内容可用小样注解组合而成。

本注解排页码的功能得到增强，也带来了使用上的烦琐。

功能：指定页码的位置。

注解定义：［PN〔《标识符》〕〈页号参数〉］
［PN（〔《标识符》〕〈页号参数〉］〈页号内容〉［PN）］

注解参数：

〈页号参数〉　〔－〈页号类型〉〕〔Y〈页号出现方式〉〕〔〈页号位置〉〕〔V〈排版方向〉〕〔P〈当前页号〉〕〔＋〈页号间隔〉〕

〈页号类型〉　{L｜R｜B｜H｜（｜（S｜F｜FH｜FL｜S｜.｜〔Z〔#〕〕}〔^〕

〈页号出现方式〉　{0｜1｜2｜3｜－n}

〈页号位置〉　〈！｜＝〉{〈预设位置〉｜〈自定义位置〉}

〈预设位置〉　@〈数字〉

〈数字〉　从1（或者01）到12

〈自定义位置〉　{〔－〕〈空行参数〉｜！}。{〔－〕〈字距〉｜！}

〈排版方向〉　{！｜＝}

〈当前页号〉、〈页号间隔〉　〈数字〉

解释：

〔《标识符》〕　是一个编号，表示第几个页号注解（有时不止一个），也就是说同一页上可以使用多个页号注解，同一页上不同的页号要采用不同的标识符以示区别，如果在同一页上使用相同的页号标识，后者将取代前者。

〈页号类型〉　{L｜R｜B｜H｜（｜（S｜F｜FH｜FL｜S｜.｜〔Z〔#〕〕}〔^〕共13种形式。其中大写罗马数字用L；小写罗马数字用R；阳圈码B；阴圈码H；括号码（；竖括号码（S；方框码F；阴方框码FH；立体方框码FL；单字多位数码S；点码.。页号为汉字形式时用Z，汉字页号小于40时，采用Z#可以实现数字“十廿卅”方式（如廿一、卅五）；省略为外文页号。如表3-6所示。

表3-6　页号类型及示例

序号	符号	说　明	形　式	序号	符号	说　明	形　式
1	省略	数字码	1 2 3 4 5……	9	FH	阴方框码	1 2 3 4 5
2	L	大写罗马数字	Ⅰ Ⅱ Ⅲ Ⅳ Ⅴ……	10	FL	立体方框码	1 2 3 4 5
3	R	小写罗马数字	ⅰ ⅱ ⅲ ⅳ ⅴ……	11	S	单字多位数码	128 256 512 999
4	B	阳圈码	① ② ③ ④ ⑤……	12	.	点　码	12. 18. 37. 59. 98.
5	H	阴圈码	❶ ❷ ❸ ❹ ❺……	13	Z	中文数字页号	一 三 十五 二四
6	（	括号码	(1) (2) (3) (4) (5) ……	14	Z#	中文“十廿卅”	廿八 四二 廿七
7	（S	竖括号	二 廿三 卅六 四二 九九 ……	15		单字页号	356 二六 廿 廿 四二
8	F	方框码	1 2 3 4 5……				

如果要求页码的宽度保持一个字（一字宽），可以使用“^”参数，实现单字页号，可以将页号做成“99或44”等形式。省略为多字页号。

〈页号出现方式〉　0 为不出现；1 为只在单页出现；2 为只在双页出现；3 为在每页都出现；－n 为指定出现的次数（n 大于 0）。例如，－1 表示只在当前页出现一次。省略状态下每页均排页码，相当于 3。

〈页号位置〉　〈！ | ＝〉{〈预设位置〉 | 〈自定义位置〉}　“！”表示双页的页号的水平位置和单页页号的水平位置是镜像对称的；“＝”表示双页上的页号的水平位置和单页页号的水平位置是一致的。

〈预设位置〉　@〈数字〉　表示沿页面四周预设的 12 个页码位置，每个位置都有编码，用数字 1～12 表示。如图 3–8 所示。

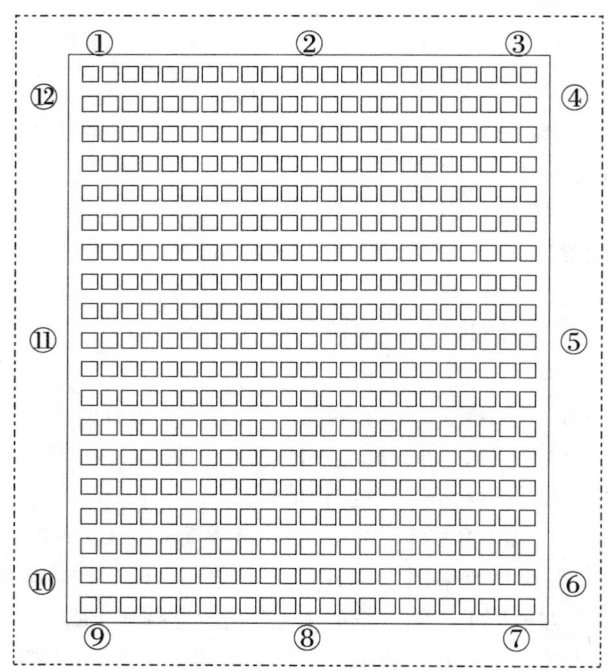

图 3–8　页边 12 个页码预设位置示意图

〈自定义位置〉　{〔－〕〈空行参数〉 | ！}。{〔－〕〈字距〉 | ！}　“！”表示居中；省略为右下角。自定义位置时版心左上角为原点（0，0），距离可以取负值。

〈排版方向〉　{！ | ＝}　“！”表示与版心排版方向相反，即正文横排时页码竖排，或正文竖排时页码横排；“＝”表示与版心排版方向相同。

〈当前页号〉　指定当前的页号。

〈页号间隔〉　用于指定页号增长的步长，省略为 1。此参数会影响到页码注解（YM）的效果。

【例 1】　页号注解（PN）实例

小样文件：〖PN（《1》－^＝@1P6〗〖HT6”〗㊣〖PN）〗

小样分析：《1》是标识符，“^”表示单字页号（只占一字宽）；“＝”表示单、双页位置一致；@1 表示页码排在预设位置 1 处。P6 表示页码从第 6 页起始；〖HT6”〗表示页码的字号；&表示自动填写页码的位置。页码的形式为 6。

小样文件：〖PN（《2》－FLZ^=@2〗〖HT6”〗&〖PN）〗

小样分析：《2》是标识符，FL 表示立体方框码；Z 表示使用中文数字页码；^表示单字页号（只占一字宽）；=表示单、双页位置一致；@2 表示页码排在预设位置 2 处；其余同上。页码形式为㈢ ㈤。

小样文件：〖PN（《3》－R=@3〗〖HT6”〗&〖PN）〗

小样分析：R 表示小写罗马数字页码；双单页位置一致，排在 3 号位置。如第 8 页的页码形式为“ⅷ”。

小样文件：〖PN（《4》－（^！@6〗〖HT6”〗&〖PN）〗

小样分析：“（”表示括号码，“^”表示一字宽，单双页位置对称，排在 6 号位置，其余同上。如第 54 页的页码形式为“(54)”。

小样文件：〖PN（《5》－FHZ#^=@12〗〖HT6”〗&〖PN）〗

小样分析：FH 表示阴方框码；Z#表示采用中文页号十、廿、卅的形式；@12 表示页码排在预设位置 12 处。如第 26 页的页码形式为廿六。

在这段小样里，之所以选择页号注解（PN）的开闭弧形式，是为了调整页码字号的大小，如果页码采用默认字号，只需用页号注解（PN）的第一种形式，即非开闭弧形式即可。如“〖PN（《1》－^=@1P6〗〖HT6”〗&〖PN）〗”写为“〖PN《1》－^=@1P6〗”即可。

【例 2】 竖排中文页码

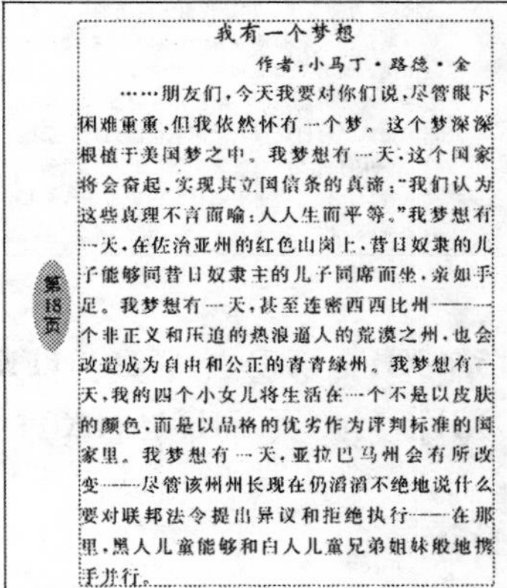

小样文件：

〖PN（《1》－^Y2！8。20V！P18〗〖XCdw. tif;%50%50〗〖SD1+3mm，4mm〗〖HTXH〗第&页〖HT〗〖PN）〗

〖PN（《2》－^Y1！8。20V！〗〖XCdw. tif;%50%50〗〖SD1+3mm，4mm〗〖HTXH〗第&页〖HT〗〖PN）〗

〖HT4”K〗〖JZ〗我有一个梦想〖HT〗↙

〖HTK〗〖JY，1〗作者：小马丁·路德·金〖HT〗↙……朋友们，今天我要对你们说小样分析：

①《1》是页号的标识符，“-^”表示用普通阿拉伯数字，页码只占一字宽；Y2表示该页号只在双页出现；“!”表示双页上页号的水平位置和单页的页号位置是水平镜像对称的；“8。20”是自定义页号的位置，在距版心左上角第8行第20个字的位置上（因为此页面为双页，要求与单页上的页码水平位置镜像对称，所以此处定义的是单页上该页码的位置）。“V!”表示页码与版心排版方向相反（竖排）；“P18”表示起始页为第18页。《1》的内容包括图片、饰点、汉体等注解，用来修饰页码。其中饰点参数转换成竖排中的意义。

②《2》是页号标识符，“-^”表示用普通阿拉伯数字，页码只占一字宽；Y1表示该页号只在单页出现；“!”表示双页上页号的水平位置和单页的页号位置是水平镜像对称的；“8。20”是自定义页号的位置，在距版心左上角第8行第20个字的位置上。“V!”表示页码与版心的排版方向相反（竖排）；因为起始页码为双页，该页码承接着前面定义的页码，因此当前页号可以取缺省值。

【例3】 横排中文页码

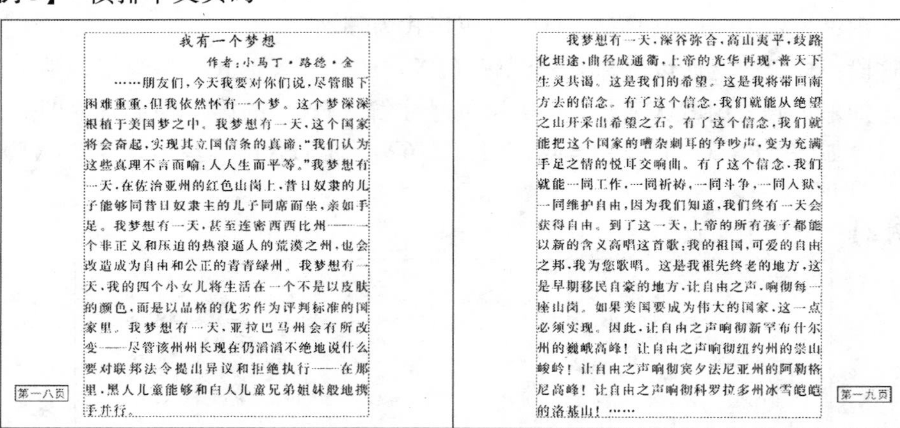

我有一个梦想

作者：小马丁·路德·金

……朋友们，今天我要对你们说，尽管眼下困难重重，但我依然怀有一个梦。这个梦深深根植于美国梦之中。我梦想有一天，这个国家将会奋起，实现其立国信条的真谛："我们认为这些真理不言而喻：人人生而平等。"我梦想有一天，在佐治亚州的红色山岗上，昔日奴隶的儿子能够同昔日奴隶主的儿子同席而坐，亲如手足。我梦想有一天，甚至连密西西比州——一个非正义和压迫的热浪逼人的荒漠之州，也会改造成为自由和公正的青青绿州。我梦想有一天，我的四个小女儿将生活在一个不是以皮肤的颜色，而是以品格的优劣作为评判标准的国家里。我梦想有一天，亚拉巴马州会有所改变——尽管该州州长现在仍滔滔不绝地说什么要对联邦法令提出异议和拒绝执行——在那里，黑人儿童能够和白人儿童兄弟姐妹般地携手并行。

第一八页

我梦想有一天，深谷弥合，高山夷平，歧路化坦途，曲径成通衢，上帝的光华再现，普天下生灵共谒。这是我们的希望。这是我将带回南方去的信念。有了这个信念，我们就能从绝望之山开采出希望之石。有了这个信念，我们就能把这个国家的嘈杂刺耳的争吵声，变为充满手足之情的悦耳交响曲。有了这个信念，我们就能一同工作，一同祈祷，一同斗争，一同入狱，一同维护自由，因为我们知道，我们终有一天会获得自由。到了这一天，上帝的所有孩子都能以新的含义高唱这首歌：我的祖国，可爱的自由之邦，我为您歌唱。这是我祖先终老的地方，这是早期移民自豪的地方，让自由之声，响彻每一座山岗。如果美国要成为伟大的国家，这一点必须实现。因此，让自由之声响彻新罕布什尔州的巍峨高峰！让自由之声响彻纽约州的崇山峻岭！让自由之声响彻宾夕法尼亚州的阿勒格尼高峰！让自由之声响彻科罗拉多州冰雪皑皑的洛基山！……

第一九页

小样文件：

〖PN（《1》-ZY2！@6P18〗〖FK（〗〖HT5”XH〗第&页〖HT〗〖FK）〗〖PN）〗

〖PN（《2》-ZY1！@6〗〖FK（〗〖HT5”XH〗第&页〖HT〗〖FK）〗〖PN）〗

〖HT4”K〗〖JZ〗我有一个梦想〖HT〗↙

〖HTK〗〖JY，1〗作者：小马丁·路德·金〖HT〗↙

……朋友们，今天我要对你们说

小样分析：

①《1》是页号标识符，“-Z”表示采用中文页号；“Y2”表示该页号只在双页出现；“!”表示双页上的页号的水平位置和单页的页号水平位置镜像对称；“@6”表示页码排在预设位置6处（注意：此位置是相对于单页的页码位置而言的；此处定义的虽然是双页，但因为有“!”水平镜像参数，所以要以页码的单页位置为准）；“P18”表示起始页码为第18页。“〖FK（〗〖HT5”XH〗”是用来修饰页码的；“&”表示自动填写页码的位置。

②《2》是页号标识，“-Z”表示采用中文页号；“Y1”表示该页号只在单页出

现；“！”表示双页上的页号位置与单页页号位置水平镜像对称；“@6”表示页码排在预设位置6处；起始页码缺省，表示承接着前面的定义，以“1”为步长递增。

说　明：

①本注解只能使用在小样文件中，不能出现在PRO参数文件中，与页码注解不同。

②本注解参数较多，注意各参数的正确使用，可先通过试排无误后再加到正文小样文件中。

【任务3】 新建一个小样文件，完成下面的实例。

送友人

李白 ①　　→①为注序号（脚注符）

青山横北郭②，白水绕东城。
此地一为别，孤蓬③万里征。
浮云游子意，落日故人情。
挥手自兹④去，萧萧班⑤马鸣。

——————————　→为注文线

①李白：（701—762年），汉族，字太白，号青莲居士
②郭：城墙外的墙，指城外。
③蓬：草名，枯后随风飘荡，这里喻友人。
④兹：现在。
⑤班：分别。
→为注文

【分析】 在这个实例中主要使用了注文类注解。注文类注解包括注说（ZS）和注文（ZW）注解。注文是书籍中对内容所作的补充和解释，是为了方便读者阅读又不影响正文的排版。注文种类很多，古代书籍均采用“割注”，而现代书籍多采用“脚注”。脚注包括注序号、注文线和注文三部分。注序号在正文中，也叫脚注符，注文用注文线隔开正文，排在最下方。每条注文前有相对应的注序号。

注说注解（ZS）

功能：对注文的字号、字体、长度等格式进行设置。

注解定义：

〖ZS〈字体号〉〔，〈脚注符形式〉〔〈字号〉〕|，〈字号〉〕〔，X〈注线长〉〕〔，S〈注线始点〉〕〔，L〈注线类型〉〕〔，〈注文行宽〉〕〔，〈注文行距〉〕〔，〈格式说明〉〕〔#〕〔%〕〗

注解参数：〈字体号〉　〈字号〉〈字体〉〔〈字颜色〉〕〔〈线颜色〉〕

〔，〈脚注符形式〉〔〈字号〉〕|，〈字号〉〕　脚注符格式

，〈脚注符形式〉　F| O| Y| K| *

〈字号〉　脚注符的字号

〔，X〈注线长〉〕　1| 〈分数〉

〔，S〈注线始点〉〕　字距

〔，L〈注线类型〉〕 F | S | D | W | K | Q | = | CW | XW | H〈花边编号〉

〔，〈注文行宽〉〕 字距

〔，〈注文行距〉〕 空行参数

〔，〈格式说明〉〕 DG（是）或否（默认为前空 2 字）

〔#〕 竖排时单双页都排注文

〔%〕 注文采用连排效果，不换行

解释：

〈字体号〉中的字号、字体、字颜色都是对注文的设置，〔〈字颜色〉〕和〔〈线颜色〉〕的形式都是@〔%〕(〈C〉，〈M〉，〈Y〉，〈K〉)。

〔%〕 表示颜色数值按百分比计算。

〈C〉、〈M〉、〈Y〉、〈K〉 青、品红、黄、黑四种颜色的数值在 0～255 或 1～100（按%计算）。

〔，〈脚注符形式〉〕 F | O | Y | K | ＊，其中 F 为方括号、O 为阳圈码、Y 为阴圈码、K 为圆括号、＊为“＊”号。

〔，S〈注线始点〉〕 表示将注文线固定的样式改为可在行内指定的某个起点排。

〔，L〈注线类型〉〕 F | S | D | W | K | Q | = | CW | XW | H〈花边编号〉，其中 F 为反线、S 为双线、D 为点线、W 为不要线并不占线的位置、K 为不要线但占一字宽的位置、Q 为曲线、= 为双线、CW 为上粗下细文武线、XW 为上细下粗文武线、H 花边线，以上线型占当前字号的 1/4 宽，花边占一字宽。

〔，〈格式说明〉〕 表示注文左边是选择顶格排还是按默认效果，默认效果是前空 2 个字。〔，〈注文行宽〉〕和〔，〈注文行距〉〕是指定注文的宽度和行距，如果省略表示与版心的设置相同，而以当前注文字号的倍数为标准进行设置。

本注解必须在版心文件中进行设置，进入排版参数文件后，双击点开脚注说明编辑窗口，右边显示的就是需要设置的各项注文格式选项，用鼠标分别点击各项参数属性，逐项进行调整即可（见图 3–9）。

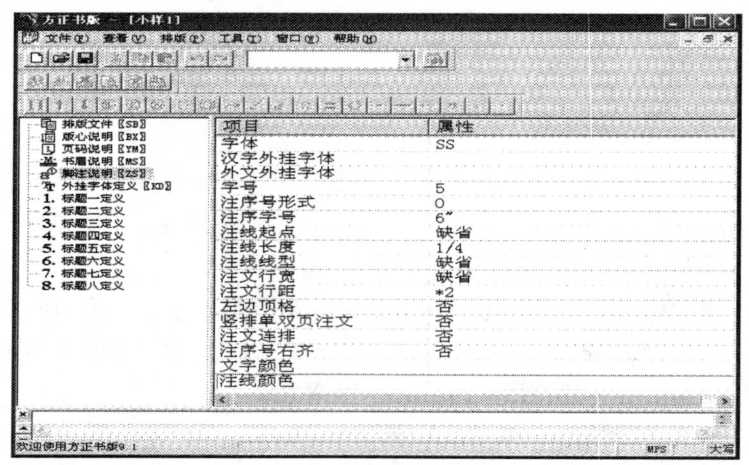

图 3–9 PRO 文件中的“脚注说明”对话框

> **说　明：**
> ①本注解只能出现在PRO文件中，全文竖排时，脚注符变为扁体字，横纵字号比例为系统默认。
> ②分栏排版时，由注文注解指定是将脚注排在页末还是排在栏末。

注文注解（ZW）

功能：用来排脚注内容。

注解定义：

〖ZW（〔DY〕〔〈脚注符形式〉〕〔〈序号〉〕〔B〕〔P|L〔#〕〕〔〈字距〉〕〔Z〕〔,〈字号〉〕〔〈序号换页方式〉〕〗〈注文内容〉〖ZW）〗

注解参数：〔DY〕　表示分栏排版时注文通栏排在页末

〔〈脚注符形式〉〕　F|O|Y|K|＊

〔〈序号〉〕　数字，最多两位数字

〔B〕　脚注符与注文间不留空

〔P|L〔#〕〕　其中P表示注文另起一行排；L表示注文接上条注文尾排

〔〈字距〉〕　表示接上条注文末尾排时所空的距离

〔Z〕　表示脚注符与注文中线对齐，默认与注文基线对齐

〔,〈字号〉〕　表示正文中注序号的字号

〔〈序号换页方式〉〕　〔；X|；C〕

〔；X〕　递增方式，接上页注文顺序编码

〔；C〕　重置方式，换页后从1开始重排

解释：

本注解用来排脚注内容，其用法是在需要脚注的地方，用此注解将注文内容括起来。系统将自动完成注文排版，安排注文位置，排注序号并保证每条注文与带相应注序号的正文总是在同一页上。

〔〈脚注符形式〉〕中的F|O|Y|K|＊分别是“F”为方括弧、“O”为阳圈码、“Y”为阴圈码、“K”为圆括弧、“＊”为＊号。此处脚注符形式与版心中注说注解不同时，以此处设置为准。

注文是否换行或连排由注说注解（ZS）指定。如果需要改变，可用P参数指定换行起排，或用L参数指定接上一条注文排，不换行。

〔〈序号换页方式〉〕给出换页时注序号的两种计算方式：重置方式和递增方式。重置方式是指换页后第一条注文的序号从1开始；递增方式是指换页后第一条注文的序号在上页的基础上递增。省略此参数为重置方式。

【例1】　注文换行排

行路难

李 白[①]

金樽清酒斗十千，玉盘珍馐[②]直万钱。
停杯投箸不能食，拔剑四顾心茫然。
欲渡黄河冰塞川，将登太行雪暗天。
闲来垂钓坐溪上[③]，忽复乘舟梦日边[④]。
行路难 ，行路难，多歧路，今安在。
长风破浪会有时，直挂云帆济沧海。

---

①李白 ：(701—762 年)，汉族，字太白，号青莲居士。
②珍馐：名贵的菜肴。
③垂钓坐溪上：传说吕尚未遇周文王时，曾在今陕西宝鸡市东南垂钓。
④乘舟梦日边：传说伊尹见汤以前，梦乘舟过日月之边。合用这两句典故，是比喻人生遇合无常，多出于偶然。

小样文件：行路难⇙〖JZ〗李白〖ZW(〗李白 :(701—762 年),汉族,字太白,号青莲居士。〖ZW)〗〖JZ(〗金樽清酒斗十千,玉盘珍馐〖ZW(〗珍馐:名贵的菜肴。〖ZW)〗直万钱。⇙停杯投箸不能食,拔剑四顾心茫然。⇙欲渡黄河冰塞川,将登太行雪暗天。⇙闲来垂钓坐溪上〖ZW(〗垂钓坐溪上:传说吕尚未遇周文王时,曾在今陕西宝鸡市东南垂钓。〖ZW)〗,忽复乘舟梦日边。〖ZW(〗乘舟梦日边:传说伊尹见汤以前,梦乘舟过日月之边。合用这两句典故,是比喻人生遇合无常,多出于偶然。〖ZW)〗⇙行路难,行路难,多歧路,今安在。⇙长风破浪会有时,直挂云帆济沧海。〖JZ)〗

PRO **中注说注解**〖ZS〗：此时应在版心文件中设置注文说明（ZS）或文本式 PRO 文件：〖ZS5”K，06，＊2，HJ＊2〗

【例 2】 注文连续排，中间不换行

行路难

李 白[①]

金樽清酒斗十千，玉盘珍馐[②]直万钱。
停杯投箸不能食，拔剑四顾心茫然。
欲渡黄河冰塞川，将登太行雪暗天。
闲来垂钓坐溪上[③]，忽复乘舟梦日边[④]。
行路难 ，行路难，多歧路，今安在。
长风破浪会有时，直挂云帆济沧海。

---

①李白 ：(701—762 年)，汉族，字太白，号青莲居士。②珍馐：名贵的菜肴。③垂钓坐溪上：传说吕尚未遇周文王时，曾在今陕西宝鸡市东南垂钓。④乘舟梦日边：传说伊尹见汤以前，梦乘舟过日月之边。合用这两句典故，是比喻人生遇合无常，多出于偶然。

小样文件同例题一相同，只是应在版心文件中设置注文说明（ZS）或文本式 PRO 文件添加“%”如［ZS5”K，O6，＊2，HJ＊2%］

第四节　插图版面排版

【任务 1】 掌握插图的排版方法和排放规则。

【分析】 图书里的图文混排的情况很多，了解排插图的时候文件名的表示，文件的类型等一些规则，对能否成功排好插图非常重要。

一、插图版面排版的基础知识和格式

书刊版面中的图，称为插图。它是正文叙述内容的形象说明，可弥补文字的不足，是书刊版面的重要组成部分。在安排插图时，必须根据图跟文走，先见文、后见图，图文紧排在一起的原则。

1. 图片文件的格式

书版中提供的排插图注解有 4 个，分别是图片注解（TP）、新插注解（XC）、插入 EPS 注解（PS）和插入注解（CR），可以插入多种格式的图片文件，排出“文图合一”的版面。书版 9.11 的插图处理有以下特点：

（1）支持以下扩展名的图片文件：JPG、GIF、EPS、TIF、BMP、GRH、PIC。

（2）可以对图片按比例放大或缩小。

（3）能够指定图片四周的边空。

（4）在版面上根据图片的尺寸大小和边空自动排放，用户也可以自己指定留空区域。并可以实现字和图重叠的效果。

（5）能够在大样预览时观察到插入的图片，并可改变图片的显示精度。只是 GRH 和 PIC 文件不支持预览显示。

（6）带有图片的文件可以在方正 PSP3.1、方正 PSPNT 发排系统和文杰激光打印机上输出。TIF 格式的图片可以在 LZW 压缩格式下发排输出。只是 JPG 格式的图片在 PSP3.1 系统上不能输出。

2. 图片文件名的表示方法

图片文件既可以是传统的 DOS 文件名，也支持 Windows 长文件名。调用图片文件名应注意以下三点：

一是文件名后面必须加上扩展名，否则系统找不到图片文件。

二是在西文状态下输入键盘上的尖括号“<”和“>”将文件名括起来，以减少因文件名书写不规范而引起的错误。

例如：文件名为“图片（1）. tif”，在注解中需要写成：［TP < 图片（1）. tif >］，如果写成［TP 图片（1）. tif］，就会因符号“（”引起报错。

三是使用路径名，前面使用两个 \ 符号，以免与注解转义符号相混，这是书版 9.01 的特殊要求。

例如：［TP < \ 图书 \ 图片（19）. tif >］。但需要注意的是：如果将“工具/设置/

将转义字符‘[’、‘]’和‘\’处理为普通字符”勾选，则不能用两个\符号，否则找不到文件。

图片注解中的文件名不宜带路径，以免改变目录时找不到文件。建议使用“工具/设置/发排设置”中的“缺省图片路径”，这样更为方便。

3. 插图排放方法

图书中的插图排放有“文图合一”法和“留空”法。

“文图合一”法就是使用TP、CR、XC实现图片排版，大样预览时也能看到显示在版面上的图片实际排放效果。

留空法是在版面上留出图片的空白位置，照排输出胶片后再手工将另行输出的图片贴上。这种方法虽然麻烦一些，但灵活方便，仍在广泛使用。

版面留空时，通栏图片可使用空行注解（KH），也可以使用TP，只是注解中的文件名处要统一给出一个不存在的文件名，以便能按要求留出图片的位置。

要求较准确的图片尺寸时，建议图片的〈尺寸〉参数用毫米表示，例如尺寸标注为“+86mm。120mm”、“+50.5mm。80.5mm”。这种表示方法更为准确直观，使用中不要忘记参数前面的加号“+”和数字后面的毫米“mm”。

4. 插图排放规则

为了方便阅读，图书中插图的排法有如下一些基本规则：

（1）先见文，后见图。与图相关的文字出现在前，图片出现在后，而不是相反。

（2）图随文走，图文紧排。即图片与相关的正文文字要紧密相连，前后呼应，排在同一页上。不要出现图文背离的现象。

（3）图不可跨章节排。插图只能出现在本章、本节之内，不能跨章节。

（4）顺序排图。图片一定要按顺序排，不能颠倒顺序。

（5）段后排图。图片要排在一个自然段结束之后。

排插图时如果图片的大小不合适，应根据实际需要缩小或放大。缩放图片时要注意保持原图的长、宽比例，不要出现变形。

5. 图题和图注的排法

图题一般用比正文小的字排。如果正文为五宋，图题可用小五宋，图注用六宋，或图题用小五黑，图注用小五宋。图题和插图之间，以及图题和图注之间的空距，以力求美观为主。一般插图（包括图题、图注）与上下正文之间的空距应大于正文的行距，等于或小于行高；图题和插图、图题和图注之间空距约等于正文行距。如图题或图注过长，必须转行时，图题的行距为图题字高的1/2，图注的行距为图注字高的1/2。

如果图题只有图序而没有图名，在“图”字与序号之间加一个字空。有图名时，“图”字与序号之间加四分空，序号与图名之间加一个字空。

图题和图注的长度，一般应不超过图的宽度。如图3-10所示图题如果较长，必须转行者，应从文字意义的停顿处转行，第二行可采用题文对齐排或居中排。上下两行的字数长短要分匀，不宜相差过多，最好是第二行短于第一行。图注转行在两行以上，第二行起可齐头排，最后一行有齐头排和居中排两种形式。

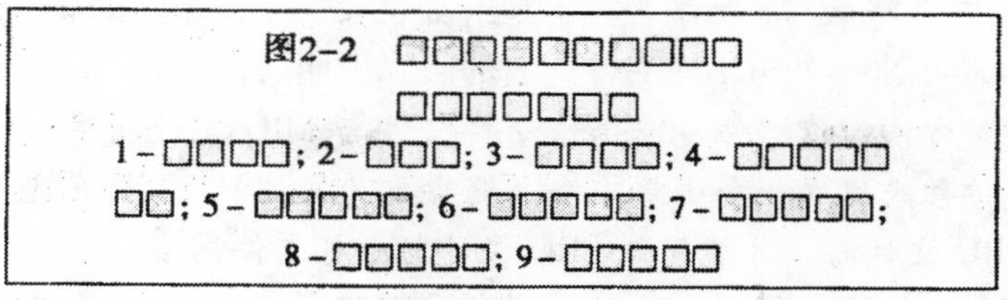

图2-2 □□□□□□□□□□□□
□□□□□□□□
1－□□□□；2－□□□；3－□□□□；4－□□□□□
□□；5－□□□□□；6－□□□□□；7－□□□□□；
8－□□□□□；9－□□□□□

图 3–10 图题、图注转行的排法

在分栏式的版面中，小插图排在每栏的左边或右边都可以。如图幅超过栏宽时，可排成通栏。若图幅超过一栏时，可以跨栏排。当栏与栏之间用栏线时，在图表伸延处，栏线应该中断，如图 3－11 所示。

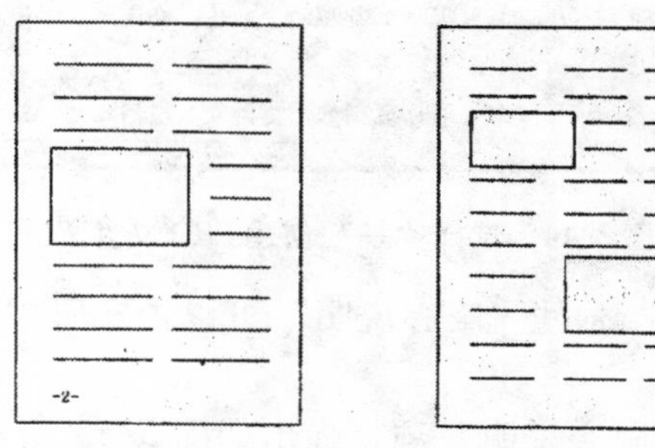

图 3–11 分栏版面插图

二、插图版面排版所用的注解

【任务 2】新建一小样文件，完成下面的实例（见图 3－12）

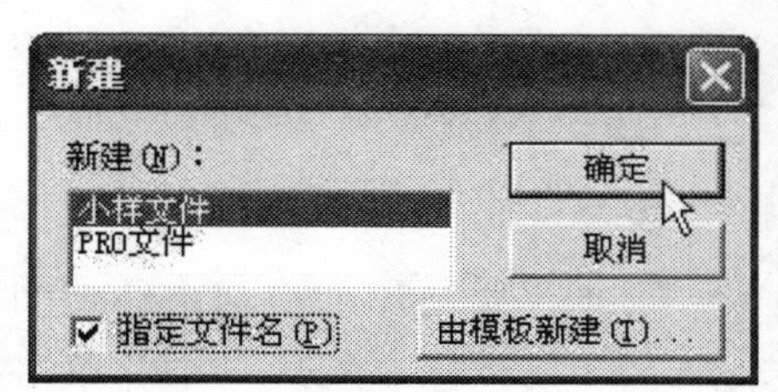

图 3–12 “新建”对话框

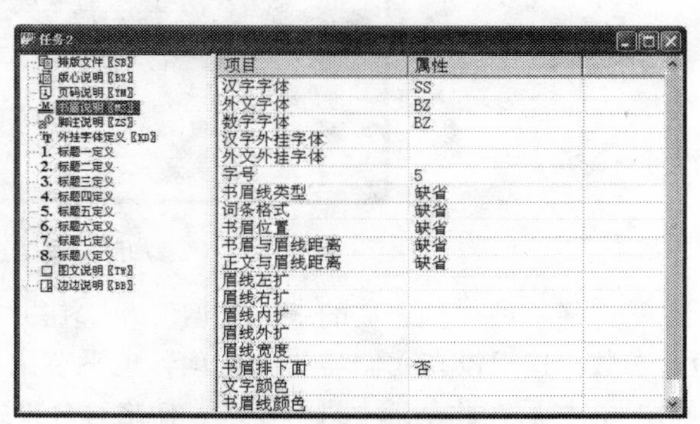

图 3–13 设置文件存放的位置

【分析】本例是一个图文并茂，综合运用了分区、图片、新插等注解来实现的综合版面。大家可按照以下步骤，并参考小样分析和相应的注解进行学习。

步骤一：单击“文件/新建”，在“新建”对话框中选择“小样文件”，并勾选“指定文件名”选项，单击“确定”按钮。

步骤二：在弹出的“新建文件－选择文件名”对话框中，设置文件存放的位置，并输入文件的文件名“任务 2”（见图 3–13）。

步骤三：单击“排版/排版参数”，弹出如图 3 – 14 所示的询问对话框，单击“是”，这时会自动新建一个与小样文件同名的版式说明文件。

注意： 用这种方法新建文件可以保证小样文件与 PRO 文件同名。当然，我们也可以通过单击新建按钮来建立一个小样文件（这样更为快捷），但要在先保存该小样文件之后，再设置 PRO 文件时，才能保证 PRO 文件与小样文件同名。否则，PRO 文件只能采用默认的 PRO1，PRO2……来命名，与小样文件不同名，因此其中设置的一些参数（如版心、页码等）也就无法发挥作用，这就是有些同学明明设置了 PRO 文件，却不发挥作用的原因。

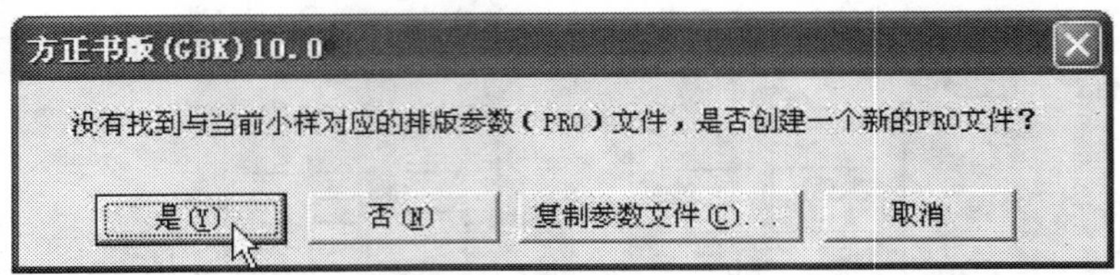

图 3–14　选择“是”创建 PRO 文件

步骤四：设置版心参数。通过“版心说明”可以指定所排版面的大小、字体、字号、每行字数、每页行数等。

①双击注解子窗口的“版心说明”项，弹出如图 3–15 所示的“添加版心说明注解”对话框。

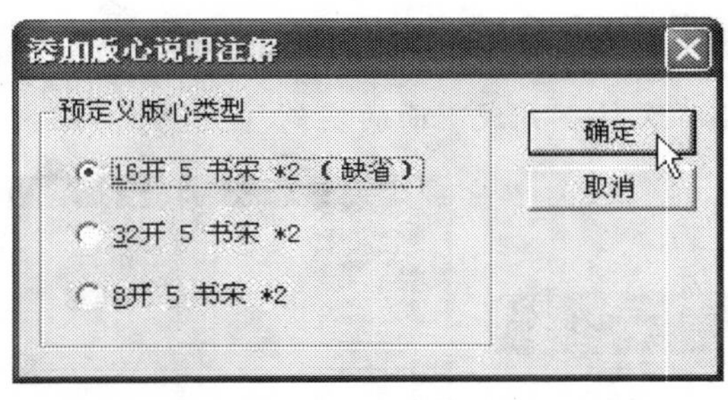

图 3–15　“添加版心说明注解”对话框

②选择一种“预定义的版心类型”单选钮并确定，属性子窗口中即会列出缺省的版心参数。这里没有我们需要的选项，也没有比较接近的，所以随意选取一个并单击“确定”，然后在此基础上进行修改，使之符合排版要求。

③单击“版心高”，并单击“版心高”所对应的属性栏（或双击“版心高”所对应的属性栏），此时，该栏变成可编辑状态，在编辑状态下将数值改为 26，按 Enter 键表示确认。然后用同样的方法将“版心宽”设置为 60，并按 Enter 键确认修改。

注意： 在编辑 PRO 文件时要注意参数编辑完毕后一定要按下 Enter 键，使新输入或修改的参数生效。

④其他参数值。因为其他各项参数值均与我们需要的参数相同，无须修改，所以版心参数设置完成。如图 3–16 所示。

任务2

- 排版文件【SB】
- 版心说明【BX】
- 页码说明【YM】
- 书眉说明【MS】
- 脚注说明【ZS】
- 外挂字体定义【KD】
- 1. 标题一定义
- 2. 标题二定义
- 3. 标题三定义
- 4. 标题四定义
- 5. 标题五定义
- 6. 标题六定义
- 7. 标题七定义
- 8. 标题八定义
- 图文说明【TW】
- 边边说明【BB】

项目	属性
汉字字体	SS
外文字体	BZ
数字字体	BZ
汉字外挂字体	
外文外挂字体	
纵向字号	5
横向字号	5
版心高	26
版心宽	60
行间距	*2
全书竖排	缺省
行距不动	否
文字颜色	
页码和书眉相互独立	否

图 3–16　设置“版心说明”的对话框

步骤五：设置“书眉说明”参数。

书眉说明注解（眉说），是对整本书的书眉格式作整体说明，也就是全书书眉的总体要求。通过指定书眉说明参数，可以指定全书的书眉格式、位置、字体、眉线类型等。具体步骤如下：

①用鼠标在注解子窗口里双击“书眉说明”项，属性子窗口显示出缺省的书眉参数，在此基础上设置需要的书眉参数。

②在此例中就取默认的缺省值。设置完成后的“书眉说明”各参数如图 3–17 所示。

任务2

- 排版文件【SB】
- 版心说明【BX】
- 页码说明【YM】
- 书眉说明【MS】
- 脚注说明【ZS】
- 外挂字体定义【KD】
- 1. 标题一定义
- 2. 标题二定义
- 3. 标题三定义
- 4. 标题四定义
- 5. 标题五定义
- 6. 标题六定义
- 7. 标题七定义
- 8. 标题八定义
- 图文说明【TW】
- 边边说明【BB】

项目	属性
汉字字体	SS
外文字体	BZ
数字字体	BZ
汉字外挂字体	
外文外挂字体	
字号	5
书眉线类型	缺省
词条格式	缺省
书眉位置	缺省
书眉与眉线距离	缺省
正文与眉线距离	缺省
眉线左扩	
眉线右扩	
眉线内扩	
眉线外扩	
眉线宽度	
书眉排下面	否
文字颜色	
书眉线颜色	

图 3–17　设置完成后的“书眉说明”参数

说明：如果是对一本书或多页内容统一设置书眉格式，就需要在书眉说明中对书眉的字体、字号按需要来进行设置，这样可以提高工作效率。但此例中仅对一页书眉进行设置，所以，其字体、字号也可以在眉眉（MM）注解中给出。

步骤六：完成 PRO 文件的定制以后，需要将其保存下来。PRO 参数文件的保存方法与前面介绍的保存小样文件方法相同。其步骤如下：

①单击“文件/保存”，或单击“标准工具栏”中的“保存”按钮，或按快捷键Ctrl＋S，即可将前面建立的排版参数文件保存下来。

②对已经保存过的排版参数文件，如果想改变名称或位置保存，则需要选择“文件/另存为”，弹出“另存为”对话框，然后选择新的位置或输入新的文件名保存即可。

如果要删除某个排版参数文件，则可以像在Windows下删除其他文件一样在“资源管理器”或“我的电脑”中删除。

如果要在书版中删除当前打开的小样文件所对应的排版参数文件，则可以单击“排版/删除排版参数文件”，删除该排版参数文件（见图3-18）。

图3-18　“删除排版参数文件”命令

步骤七：在小样文件中录入下列内容：

［MM（］［XC福娃合影．TIF;%20%20］＝＝［HT1ZHY］北京欢迎你［MM）］

［TPytyb．TIF;%150%90%］［WT＋］［ST＋］

［FQ（8。6，Z，PY－WZ!］［KG1＊2］［HT3H］同［WB］一个世界↙［DW］ONE WORLD［HT］［FQ）］

［FQ（8。6，Y，PZ－WZ!］［KG1＊2］［HT3H］同［WB］一个梦想↙［DW］ONE DREAM［HT］［FQ）］

［JZ］［HT2”H］2008年北京第29届奥林匹克运动会主题歌［HT］↙

［FQ（8。48，BP－W］［FL（21，26］［HT4”XH1］［HJ4”：＊2/3］我和你，心连心，同住地球村，↙为梦想，↙千里行，相会在北京。↙

来吧！朋友，↙伸出你的手，↙我和你，心连心，永远一家人。↙

［WTYT1］You and Me，From one world ，We are family，↙Travel dream，↙A thousand miles，Meeting in Beijing↙

Come together！↙Put your hand in mine，↙You and Me，From one world，We are family.

［HT］［HJ］［WT－］［ST－］［FL）］［FQ）］

［FL（3］［TPgjtychd．tif;%30%30；X＊2，BP］

［HTH］场馆名称：［HTXH］国家体育场［WTXT］（National Stadium）↙

［HTH］俗称：［HTXH］鸟巢（Bird's Nest）↙

国家体育场位于北京奥林匹克公园中心区南部，为2008年第29届奥林匹克运动会的主体育场。工程总占地面积21公顷，建筑面积258000平方米。场内观众坐席约为91000个，其中临时坐席约11000个。将举行奥运会、残奥会开闭幕式、田径比赛及足球比赛决赛。奥运会后将成为北京市民广泛参与体育活动及享受体育娱乐的大型专业场所，并成为具有地标性的体育建筑和奥运遗产。［LL］

［TPslfhd．tif;%30%30；X＊2，BP］

［HTH］场馆名称：［HTXH］［ZK（］国家游泳中心（National Aquatics Centre）［ZK）］↙

［HTH］俗称：［HTXH］水立方（Water Cube）↙

“水立方”位于奥林匹克公园B区西侧，和国家体育场“鸟巢”隔马路遥相呼应，建设规模约8万平方米，最引人注意的就是外围形似水泡的ETFE膜（乙烯—四氟乙烯共聚物）。ETFE膜是一种透明膜，能为场馆内带来更多的自然光，它的内部是一个多层楼建筑，对称排列的大看台视野开阔，馆内乳白色的建筑与碧蓝的水池相映成趣。〖LL〗〖TPgjtyghd. tif;%30%30；X＊2，BP〗

〖HTH〗场馆名称：〖HTXH〗〖ZK（〗国家体育馆（National Indoor Stadium）〖ZK）〗⇙

〖HTH〗俗称：〖HTXH〗折扇（Folding Fan）↙

国家体育馆位于北京奥林匹克中心的东南部，总占地面积 6.87 公顷，总建筑面积 8.1 万平方米，馆内体积 51 万立方米，最多可容纳观众约 2 万人，是中国最大的室内综合体育馆。作为北京奥运会三大主要比赛场馆之一，它的外形酷似一把展开的折扇，与“鸟巢”（国家体育场）、“水立方”（国家游泳馆）比邻而居。〖FL）〗Ω

【小样分析】

（1）书眉的排版基本上是按照以下步骤来进行的：

①先在 PRO 文件中设置书眉说明。

②在小样文件中用单眉（DM）、双眉（SM）或眉眉（MM）注解定义排在单页、双页或单双页相同的书眉内容。

③每当书眉的内容需要改变时，用相应的注解（DM、SM、MM）给出新的内容，以后的书眉就以新内容为准。

④当某一页上不希望有书眉时，可用空眉（KM）注解指定不排书眉。

本例就一页内容，所以书眉内容就可以用眉眉（MM）注解给出。书眉内容中既有文字又有行间（随文）图片，用随文图注解（XC）来实现。

（2）正文区的版面分析：

正文区的上半部分分为 3 个块，左右两侧的标题和中间的正文。左右两侧的标题区是独立的排版区域，我们可以借助分区注解（FQ）把它们从整版中划分出来，并且区内的文字采用与外层文字相反的排法（竖排）。中间的正文区是一种对照的版面，并且与整个版面下半部分的文字无关，因此，我们也可以把这块区域用分区（FQ）注解独立出来，在此区域内单独来排这部分内容。

因为在分区（FQ）注解中不允许使用对照（DZ）注解（两个注解不能够相互嵌套）。因此，这种版面我们可以借助无线表格来实现。又因为对照的内容比较简短，也很容易调节，因为我们也可以借助分栏（FL）注解来实现，这样可以简化操作。

正文区下半部分的版式相对比较简单，采用了分栏（FL）方式，且每栏都有一个栏内居中的图片，图片可以用图片（TP）注解来实现。

（3）背景部分：

在整个版面的下面，衬有一幅底图（背景图片），可以用背景（BJ）注解来实现，也可以使用图片（TP）注解加“%”参数，使文字浮于图片的上方来实现。

（4）注意：左右两侧标题“ONE WORLD”、“ONE DREAM”，如果是用 10.0 以上版本排，按上面小样中给出的直接排就可以，因为在 10.0 版本中，竖排版面中英文和数字默认是按顺时针旋转 90 度的方式来排，而 9.0 版本中此种版面默认是按单个直立的方式来排，因此，如果使用 9.0 版本来排这个版面，需要加旋转注解。“〖XZ（〗ONE WORLD〖XZ）〗”“〖XZ（〗ONE DREAM〖XZ）〗”。

图片注解（TP）

功能：将图片排到版面上指定的位置。

注解定义：

〖TP〈文件名〉〔，@〕〔，〈图片占位尺寸〉〕〔；〈图片实体尺寸〉〕〔〈上边空〉〕〔〈下边空〉〕〔〈左边空〉〕〔〈右边空〉〕〔〈起点〉〕〔〈排法〉〕〔，〈DY〉〕〔#〕〔%〕〔H〕〔，TX〔〈填入底纹号〉〕〕〔，HD〕〗

注解参数：

〔，@〕　嵌入图片参数

〈图片占位尺寸〉　〈尺寸〉

〈图片实体尺寸〉　〈放缩比例〉| E〈尺寸〉

〈放缩比例〉　%〈X方向比例〉%〈Y方向比例〉　图片原大小为100%

〈X方向比例〉　〈比例〉

〈Y方向比例〉　〈比例〉

〈比例〉　可以带小数

〈尺寸〉　〈空行参数〉〔。〈字距〉〕

〈上边空〉　；S〔〔－〕〈空行参数〉〕

〈下边空〉　；X〔〔－〕〈空行参数〉〕

〈左边空〉　；Z〔〔－〕〈字距〉〕

〈右边空〉　；Y〔〔－〕〈字距〉〕

〈起点〉　（〔〔－〕〈空行参数〉〕，〔－〕〈字距〉）|，ZS|，ZX|，YS|，YX|，S|，X|，Z|，Y

〈排法〉　，PZ|，PY|，BP　参数含义与FQ相同

〔，〈DY〉〕　分栏、对照时图片可跨栏排

〔#〕　当前页排不下时，图片可以后移排到下页

〔%〕　表示不挖空，图片与文字叠加在一起

〔H〕　图片为阴图

〔，TX〔〈填入底纹号〉〕〕　向量图形中封闭部分填入底纹

〔，HD〕　指定为灰度图片

10.5版本改进：新增加了图片大样调整功能，在打样预览窗口中，可以对图片直接进行如下操作：

①调整图片大小。

②直接拖曳调整图片位置。

实现了交互式操作，避免了烦琐的设置图片参数过程，提高了排版的效率。

解释：

本注解用于排放图片。能将图片尺寸缩小或放大后排在指定的位置，并自动处理图片与周围文字的关系（串文）。

本注解主要有两项尺寸参数，一是〈图片占位尺寸〉；二是〈图片实体尺寸〉。前者表示在版面上给图片留出多大的空，也叫“图片挖空区域”；后者表示图片实际要排

多大，也叫“图片大小”，两者密切相关，但又不是一回事，请注意区别。

〈图片占位尺寸〉前面加逗号“，”，省略该参数则自动设为图片实体尺寸加边空。

〈图片实体尺寸〉前面加分号“；”，指定图片实际尺寸的大小。该参数有指定图片比例和指定图片尺寸大小两种形式。

图片原大小为100%，可以按X、Y方向分别缩小或放大，如宽、高各缩小原大的80%，表达为（;%80%80）；宽缩小到60%，高缩小到75%，表示为（;%60%75）。

图片按给定的尺寸大小缩放时，前面加字母E，注意此时X、Y尺寸设定不当可能会破坏图片的宽、高比例，产生变形。

〈起点〉参数指图片左上角所在的位置，有绝对位置（坐标值）和相对位置（方位）两种表示方法，省略起点参数表示在当前行居中排，左右两边串文。表示起点的坐标用（**空行参数，字距**），参数中间用逗号间隔，如（8，12）表示以第8行第12个字为起点；方位表示有上S、下X、左Z、右Y，左上ZS、右上YS、左下ZX、右下YX 8个方位。

〈排法〉参数指定“串文”方式，即图片两边排文字的方法。左边串文表示为排左PZ；右边串文表示为排右PY；两边不串文表示为BP；省略为两边都串文。图片靠左排时右边串文；靠右排时左边串文。

〔，〈DY〉〕参数表示在分栏或对照排时，图片可以跨栏排，起点相对本页的左上角；省略本参数则只在本栏内排。

〔#〕参数表示本页排不下时，图片可以后移排到下页。此时图片后面的文字自动上移，将本页的空间填满。省略本参数，当出现本页排不下时，会出现图片被挤出页面以及和文字重叠的现象，并报“不可后移错”。用“#”参数可能会出现图片没有排在一个自然段结束之后的情况。

〔，@〕参数表示将图片文件的数据信息嵌入到大样文件中，打印输出时不再需要原图片文件。这一功能方便了文件的传输与加密，但会加大大样文件的长度（实际上是将图片文件与大样文件合为一体）。省略“@”表示不嵌入图片。但要注意该功能不支持PIC格式文件的嵌入。

〔%〕参数表示图片不挖空，即不拆开文字，图片与文字叠加在一起。省略表示图片挖空，图片拆开文字排。

〔H〕参数表示图片为阴图；省略为阳图。

〔，TX〔〈填入底纹号〉〕表示对向量图形的封闭部分填入底纹。此处的底纹共有64种，其编号用3位数字表示，首位为表示深浅，取值范围0～8，逐级加深；后两位为底纹编号，取值范围为00～63。省略表示不填底纹。注意该参数只对向量图形起作用。

〔，HD〕参数指定图片为灰度图，发排输出时图片只出现在K（黑色）版上；省略表示可以是彩色图片，将输出四色（CMYK）版。

图片排放时可对四周的边空进行调整。图片四周的边空分别用**〈上边空〉**、**〈下边空〉**、**〈左边空〉**、**〈右边空〉**表示，省略表示边空为0。使用**〈图片占位尺寸〉**时，边空参数只有**S〈上边空〉**和**Z〈左边空〉**有效，此时下边空和右边空参数不起作用。

图片的边空可以取负值，在字距参数前加负号“－”，可以使图片与文字局部重叠。

〈上边空〉的参数可以决定其他三个边空，如（；S2；X；Z；Y）时，表示其他三个边均空出与上边空相同的距离。又如边空参数为（；S1；X；Z；Y）指上下左右边空相同，均为1行高。参数为（；S2；X；Z1；Y）时指上下边空相同，为2行高，左右边空相同，为1字宽。

图片有以下三个尺寸概念：

（1）图片原始尺寸　图片本身的大小。

（2）图片占位尺寸　图片在版面上挖空大小。

（3）图片实体尺寸　图片实际大小。

这三个尺寸与图片四周的边空的关系如图3–19和表3－7所示。

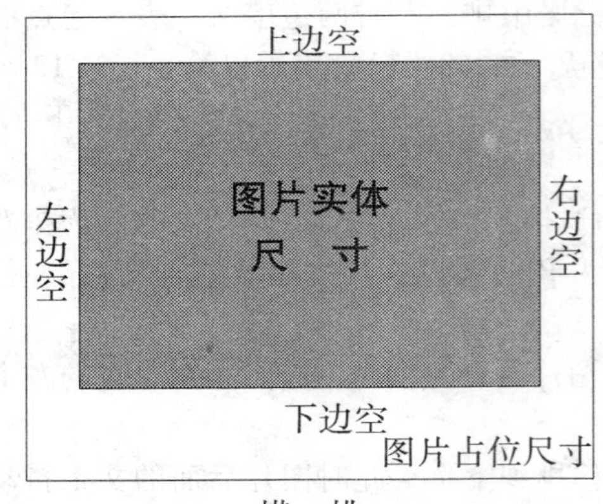

图3–19　图片位置示意图

竖排时图片的〈上边空〉、〈下边空〉、〈左边空〉、〈右边空〉与横排的意义不同，位置为横排顺时针旋转90°。

表3–7　图片尺寸与边空的关系

	参数			说明	
	图片占位尺寸	图片实体尺寸	边　空	版面中图片大小	图片挖空区域
有实际尺寸的图片（图片文件存在且已知图片的尺寸）	省略	省略	省略	图片的原始大小（无缩放）	图片的原始大小（无缩放）
	省略	省略	—	图片的原始大小（无缩放）	图片的原始大小（无缩放）＋边空
	省略	—	省略	图片的实体尺寸（比例缩放）	图片的实体尺寸（比例缩放）
	省略	—	—	图片的实体尺寸（比例缩放）	图片的实体尺寸（比例缩放）＋边空
	—	省略	×	图片的原始大小（无缩放）	图片占位尺寸
	—	—	×	图片的实体尺寸（比例缩放）	图片占位尺寸

注：①省略，在注解中不填写该项参数。

② —，在注解中填写该项参数。

③ ×，该参数是否填写对图片大小和图片挖空区域没有影响。

【例 1】 指定图片位置

图片图 图片图
片图片 片图片
图片图 图片图
片图片 片图片
图片图片图片图片图片图片图片
图片图片图片图片图片图片图片
图片图片图片图片图片图片图片
图片图片图片图片图片图片图片
图片图片图片图片图片图片图片
图片图片图片图片图片图片图片
图片图片图片

[TP 兄弟. TIF] 省略图片尺寸，按省略位置参数排

图片图片图片图片图片图片图片
图片图片图片图片图片图片图片
图片图片图 图
片图片图片 片
图片图片图 图
片图片图片 片
图片图片图片图片图片图片图片
图片图片图片图片图片图片图片
图片图片图片图片图片图片图片
图片图片图片图片图片图片图片
图片图片图片

[TP 兄弟. TIF（3，6）] 指定图片排放的起点（3，6）

图片图片图片图片图片图片图片
图片图片图片图片图片图片图片
图片图片图片图片图片图片图片
图片图片图片图片图片图片图片
图片图片图片图片图片图片图片
图片图片图片图片图片图片图片
图片图片图片图片图片图片图片
图片图片图片
图片图片图片
图片图片

[TP 兄弟. TIF，YX] 图片排放在右下角的位置

【例 2】 图片加空实例

图片图 片图片
片图片 图片图
图片图 片图片
片图片 图片图
图片图 片图片
图片图片图片图片图片图片图片
图片图片图片图片图片图片图片
图片图片图片图片图片图片图片
图片图片图片图片图片图片图片
图片图片图片图片图片图片图片
图片图片

[TP 兄弟. TIF；S1；Z＊2] 上空 1 行，左空 1/2 字

图片图片图片图片图片图片图片
图片图片图片图片图片图片图片
图片图片图
片图片图片
图片图片图
片图片图片
图片图片图片图片图片图片图片
图片图片图片图片图片图片图片
图片图片图片图片图片图片图片
图片图片图片图片图片图片图片
图片图片图片图片

[TP 兄弟. TIF；Z1 ＊2；Y（3，6）] 左右各空出 1＊2 个字

图片图片图片图片图片图片图片
图片图片图片图片图片图片图片
图片图片图片图片图片图片图片
图片图片图片图片图片图片图片
图片图片图片图片图片图片图片
图片图片图片图片图片图片图片
图片图片图
片图片图片
图片图片图
片图片图片
图片

[TP 兄弟. TIF；S1；Y1，YX] 上空 1 行高，右空 1 字宽

【例 3】 图片放大、缩小、设置占位尺寸

图 片 图 片
图 片 图 片
图 片 图 片
图 片 图 片
图 片 图 片
图片图片图片图片图片图片图片
图片图片图片图片图片图片图片
图片图片图片图片图片图片图片
图片图片图片图片图片图片图片
图片图片图片图片图片图片图片
图片图片图片图片图片图片图片
图片图片图片图片图片图片图片
图片图片图片图片图片图片图片

[TP 兄弟. TIF；%120%120] 将图片放大为原图的 120%

图片图片图片图片图片图片图片
图片图片图片图片图片图片图片
图片 图片图
图片 片图片
图片 图片图
图片 片图片
图片 图片图
图片 片图片
图片图片图片图片图片图片图片
图片图片图片图片图片图片图片
图片图片图片图片图片图片图片
图片图片图片图片图片图片图片
图片图片图片图片图片图片图片

[TP 兄弟. TIF，6。8；%80%80；S1；Z1（3，6mm）] 图片的占位尺寸为 6 行高，8 字宽；图片缩为原大的 80%，且上空 1 行，左空 1 字，占位区域的起点在第 3 行，距左版口 6mm 处

图片图片
图片图片
图片图片
图片图片
图片图片
图片图片
图片图片
图片图片
图片图片
图片图片图片图片图片图片图片
图片图片图片图片图片图片图片
图片图片图片图片图片图片图片
图片图片图片图片图片图片

[TP 兄弟. TIF，9。10，ZS] 图片的占位尺寸为 9 行高，10 字宽，在版面的左上角

【例4】 用图片注解作出图文混排的版面

简说清明

清明是我国的二十四节气之一。由于二十四节气比较客观地反映了一年四季气温、降雨、物候等方面的变化，所以古代劳动人民用它安排农事活动。《淮南子·天文训》云："春分后十五日，斗指乙，则清明风至。"按《岁时百问》的说法："万物生长此时，皆清洁而明净。故谓之清明。"清明一到，气温升高，雨量增多，正是春耕春种的大好时节。故有"清明前后，点瓜种豆"、"植树造林，莫过清明"的农谚。可见这个节气与农业生产有着密切的关系。

但是，清明作为节日，与纯粹的节气又有所不同。节气是我国物候变化、时令顺序的标志，而节日则包含着一定的风俗活动和某种纪念意义。

清明节是我国传统节日，也是最重要的祭祀节日，是祭祖和扫墓的日子。扫墓俗称上坟，祭祀死者的一种活动。汉族和一些少数民族大多都是在清明节扫墓。

按照旧的习俗，扫墓时，人们要携带酒食果品、纸钱等物品到墓地，将食物供祭在亲人墓前，再将纸钱焚化，为坟墓培上新土，折几枝嫩绿的新枝插在坟上，然后叩头行礼祭拜，最后吃掉酒食回家。唐代诗人杜牧的诗《清明》："清明时节雨纷纷，路上行人欲断魂。借问酒家何处有？牧童遥指杏花村。"写出了清明节的特殊气氛。

清明节，又叫踏青节，按阳历来说，它是在每年的4月4日至6日之间，正是春光明媚草木吐绿的时节，也正是人们春游（古代叫踏青）的好时候，所以古人有清明踏青，并开展一系列体育活动的习俗。

直到今天，清明节祭拜祖先，悼念已逝的亲人的习俗仍很盛行。

小样文件：［FQ（20。40，BP－D］［FL（］［FQ（10。5，YS，PZ，DY－KB0001#Z!］［HT0L］［JZ］简说清明［HT］［FQ）］［HT6SS］［HJ6：＊2/3］［TP清明2.gif;%35%35;Y＊2,Z］［TP清明1.jpg;E11。24,YX,BP,DY］==清明是我国的二十四节气之一。由于二十四节气比较客观地……［HT］［HJ］［FL）］［FQ）］

说 明：

①图片文件应带扩展名，否则可能找不到图片。

②建议图片文件不带路径，在"工具"菜单"设置"命令下的"设置"对话框中，统一设置"省略图片文件路径"。

③分别给出〈图片占位尺寸〉和〈图片实体尺寸〉后，再给出图片的边空尺寸已不起作用。

图说注解（TS）

功能：排图片的文字说明（如图序、图题及附加说明等）。

注解定义： ［TS（〔〈高度〉〕〔Z｜Y〕〔!〕］〈图片说明〉［TS）］

解释：

〔〈高度〉〕图片说明的高度。省略表示图片文字说明的实际高度上下各加二分空。横排时图片说明位于左边和右边时，不能省略高度参数；竖排时图片说明位于下边时也不能省略高度参数。

〔Z｜Y〕参数用于选择图片说明排放的位置，其中 Z 表示图片说明排在图片左侧；Y 表示排在右侧；省略表示排在图片下方。

〔!〕图片说明内容竖排；省略为横排。

高度参数在不同的情况下含义会有所不同，如表 3–8 所示。图片说明（TS）排法示例如图 3–20 所示。

表 3－8　图片说明（TS）排法表

图说排法	图说位置	高的含义	省略数值	排版结果
横　排	下	图说所占高度	上下各空＊2	图说例一
	左或右	图说每行宽度	不能省略	图说例二
竖　排	下	图说每行高度	不能省略	图说例三
	左或右	图说所占高度	左右各空＊2	图说例四

图说例一　（图　片）图说横排在下　高

图说例二　（图　片）图说竖排在下　高

图说例三　（图　片）图说横排在左　高

图说例四　（图　片）图说竖排在左　高

图 3–20　图片说明（TS）排法示例

【例 1】　图片说明小样文件实例

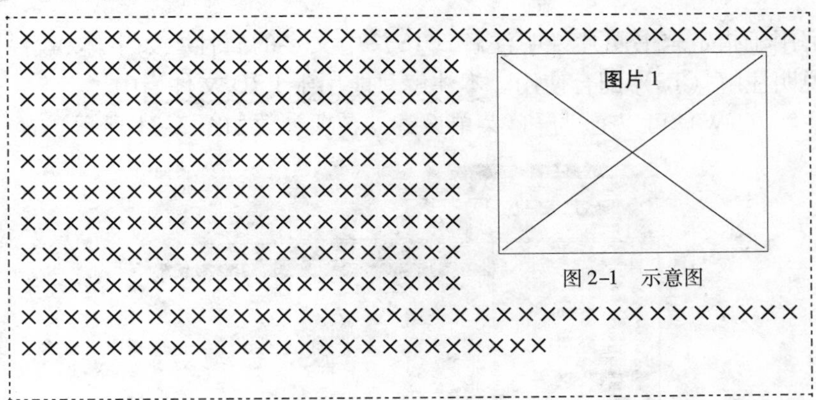

小样文件：……××××××××××× 〔TP 图片 1．tif，＋50mm。80mm；%80%80；Z1，Y，PZ〕〔TS（〕〔JZ〕〔HT5”SS〕图 2–1〓示意图〔HT〕〔TS）〕×××××……

> **说　明：**
> ①本注解只能排在图片注解（TP）之后，中间不能插有其他注解。
> ②图说闭弧〖TS)〗具有自动换行功能。
> ③图片注解中的图片尺寸参数并不包括图片说明的内容。
> ④本注解的排法与位置与当前正文横排或竖排的排法无关。

图文注解（TW）

功能：指定图片文字说明的属性。

注解定义：

〖TW〈字号〉〈汉字字体〉〔&外文字体〕〔&数字字体〕〔《H〈汉字外挂字体名〉》〕〔《W〈外文外挂字体名〉》〕〔〈颜色〉〕〈，图说位置〉〈，图说高度〉〔！〕〗

注解参数：

〈字号〉　〈双向字号〉

　〈双向字号〉　〈纵向字号〉〔，〈横向字号〉〕

〈颜色〉　@〔%〕(〈C值〉,〈M值〉,〈Y值〉,〈K值〉)

〈图说位置〉　B | L | R　缺省为B

　B　表示图片说明在图片的下边

　L　表示图片说明在图片的左边

　R　表示图片说明在图片的右边

〈图说高度〉　图片说明所占的高度

〔！〕　图片说明文字竖排

解释：

本注解用于指定全书图片说明注解（TS）中文字的属性，如字体、字号等。本注解与图片说明注解（TS）配合使用。本注解只能用于PRO文件当中。

图文注解（TW）可以通过屏幕菜单设置，各项参数如图3–21所示。

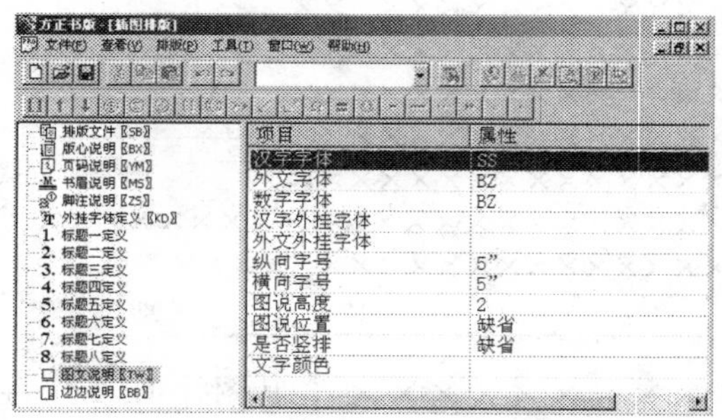

图3–21　设置图文参数示意图

新插（随文图）注解（XC）

功能：在字行中插入随正文一起移动的图片。

注解定义：

〖XC〈文件名〉〔,@〕〔,〈图片占位尺寸〉〕〔;〈图片实体尺寸〉〕〔〈上边空〉〕〔〈下边空〉〕〔〈左边空〉〕〔〈右边空〉〕〔〈基线位置〉〕｛〔〔H〕〔,TX〈填入底纹号〉〕〕｜〔;C〔W〕〕｜〔;P〔〈旋转度〉〕〕｝〔,HD〕〗

注解参数：

〈文件名〉　图片文件名

〔，@〕　嵌入图片参数

〈图片占位尺寸〉　〈空行参数〉〔。〈字距〉〕

〈图片实体尺寸〉　〈放缩比例〉｜E〈图片尺寸〉

　〈放缩比例〉　%〈X 方向比例〉%〈Y 方向比例〉

　　〈X 方向比例〉　｛〈数字〉｝〔.｛数字｝〕

　　〈Y 方向比例〉　｛〈数字〉｝〔.｛数字｝〕

　〈图片尺寸〉　〈空行参数〉〔。〈字距〉〕

〈上边空〉　；S〔〔－〕〈空行参数〉〕

〈下边空〉　；X〔〔－〕〈空行参数〉〕

〈左边空〉　；Z〔〔－〕〈字距〉〕

〈右边空〉　；Y〔〔－〕〈字距〉〕

〈基线位置〉　，SQ｜，XQ｜，JZ

〔；C〕　插入扩展名为 CR 的文件

〔W〕　指定插入的 CR 文件是由方正维思 Wits2.1 版制作

〔；P〔〈旋转度〉〕〕　插入扩展名为 EPS 文件

〔，HD〕　指定图片为灰度图，省略则为彩色图

解释：

本注解用于排随正文移动的图片，通常为一些小图片，如、一类屏幕上的图标。本注解形式与图片注解（TP）相似，用在一行文字内插入扩展名为 JPG、GIF、TIF、BMP、GRH、PIC、EPS 之类图片文件和 CR 文件。区别是排放图片的位置将随着文字一同移动，“图随文走”，而不像图片注解（TP）所排图片的位置是固定不变的。使用本注解插入的内容构成了一个盒子，它随着行内的其他文字一起移动。

当插入的是 CR 文件时，参数〈图片实体尺寸〉不起作用，只能按插入文件的实际尺寸排放，不能对其缩放，CR 的版心尺寸就是图片的实体尺寸。

〈基线位置〉指定图片位置与当前行基线的关系。其中：SQ 为上齐；XQ 为下齐；JZ 为居中。省略〈基线位置〉为下齐，如果当前在独立数学态中（ⓈⓈ）则居中排。

〔，@〕参数表示将调用的图片文件的数据信息嵌入到大样文件中，打印输出时不再需要原图片文件。省略表示不嵌入图片。

本注解能实现文件插入，其中参数〔；C〕表示插入扩展名为 CR 的文件；〔；P〕表示插入扩展名为 EPS 的文件；省略表示插入图片文件。

本注解可以实现“图随文走”。使用注解［JZ］［XClogo1. tif］↙，或者［JZ］［XClogo1. cr; C］↙，可排通栏图且后面的文字不会向前移。

【例1】 随文图实例

1. 书版软件的标记是。

小样文件：［HT5XQ］1. 书版软件的标记是［XC书版图标. JPG;%50%50，JZ］。

2. 在书版10.0中，单击“排版工具栏”的“一扫查错”按钮可以对排版内容进行一扫查错；单击“正文发排”按钮可以对正文进行发排。

小样文件：［HT5XQ］2. 在书版10.0中，单击“排版工具栏”的“一扫查错”按钮［XC一扫查错. jpg;%60%60］可以对排版内容进行一扫查错；单击“正文发排”按钮［XC正文发排. jpg;%60%60］可以对正文进行发排。

【例2】 用新插注解排图文混排的版面

清明是我国的二十四节气之一。由于二十四节气比较客观地反映了一年四季气温、降雨、物候等方面的变化，

所以古代劳动人民用它安排农事活动。《淮南子·天文训》云：“春分后十五日，斗指乙，则清明风至。”按《岁时百问》的说法：“万物生长此时，皆清洁而明净。故谓之清明。”清明一到，气温升高，雨量增多，正是春耕春种的大好时节。故有“清明前后，点瓜种豆”、“植树造林，莫过清明”的农谚。可见这个节气与农业生产有着密切的关系。

但是，清明作为节日，与纯粹的节气又有所不同。节气是我国物候变化、时令顺序的标志，而节日则包含着一定的风俗活动和某种纪念意义。

清明节是我国传统节日，也是最重要的祭祀节日，是祭祖和扫墓的日子。扫墓俗称上坟，祭祀死者的一种活动。汉族和一些少数民族大多都是在清明节扫墓。

按照旧的习俗，扫墓时，人们要携带酒食果品、纸钱等物品到墓地，将食物供祭在亲人墓前，再将纸钱焚化，为坟墓培上新土，折几枝嫩绿的新枝插在坟上，然后叩头行礼祭拜，最后吃掉酒食回家。唐代诗人杜牧的诗《清明》：“清明时节雨纷纷，路上行人欲断魂。借问酒家何处有？牧童遥指杏花村。”写出了清明节的特殊气氛。

清明节，又叫踏青节，按阳历来说，它是在每年的4月4日至6日之间，正是春光明媚草木吐绿的时节，也正是人们春游（古代叫踏青）的好时候，所以古人有清明踏青，并开展一系列体育活动的习俗。

直到今天，清明节祭拜祖先，悼念已逝的亲人的习俗仍很盛行。

小样文件：［FQ（19。40，BP－D］［FL（］［HT5”SS］［HJ5”：＊3］［FQ（5。22，DY－W］［BG（!］［BHDWG6＊3，WK5＊2ZQ0，WK4，WK12ZQ0W］［SQ2＊4］

[XXZX－YX]［HT1ZY］简［HT2”］说［］［XXZX－YS］［］［XXZS－YS］［HT54.］［QX（Y15］清明［QX)］［HT5”SS］［BG)W］［FQ)］［FQ（9。27，X，DYZ］［JZ(］［KG＊2］［HT4，5L］［HZ(］清明时节雨纷纷，↙路上行人欲断魂。↙借问酒家何处有？↙牧童遥指杏花村。［HT］［HZ)］［KG1］［XC清明1．jpg；E6＊4/5。12＊2，JZ］［JZ)］［HT5”SS］［FQ)］＝＝清明是我国的二十四节气之一。由于二十四节气比较客观地反映了一年四季气温、降雨、物候等方面的变化［HT］［HJ］［FL)］［FQ)］

说　明：①本注解可用在书眉、边文、背景中。
②本注解之后不能使用图片说明（TS）注解，否则版面可能会出现混乱。

另区注解（LQ）

功能：本注解用于调整正文与插图之间的位置。

注解定义：［LQ］

本注解用于解决正文排版中的图、文分离问题。当使用（TP、CR）等排图片等内容时，如果选择了注解中图片的可后移参数#，当本页版面不够排时，图片会自动排到下一页，后面的正文内容会提到本页来。此时会出现图片与相关说明文字不在同一页上的现象，这对于严格要求“图随文走”的场合是不允许的。

为此，可在相关图片说明文字处加上本注解，当版面位置不够时，本注解之后的正文将随图片同时移到下一页，保证“图随文走”。

本注解的另一个作用是调整图片两边的串文。当图片两边串文排时，左边串文中遇到本注解会立刻换到右边，右边串文排时遇到本注解会立刻换到图片下边。

在其他情况下，本注解起到立即换页的作用。

【例】 另区注解效果实例

由本例可看到另区注解［LQ］调整正文与插图之间位置的作用：第1个另区［LQ］注解令正文排列到①处；第2个另区［LQ］注解令正文排到②处；第3个另区［LQ］注解令正文排到③处。

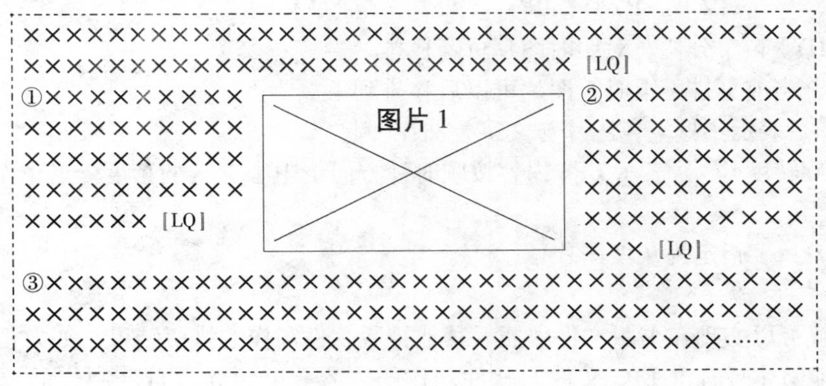

方正系统中不同软件的排版结果可以互相插入连接。如方正飞腾、方正维思及其他能够生成标准EPS文件的软件制作的内容均可以插入到书版版面中，书版软件制作的大样文件也可以互相插接排版结果。

任何软件都不是万能的，总有其长处和短处，利用插接功能可以扬长避短，发挥不同软件各自的优势，为用户提供更大的方便。

插入EPS文件（PS）

功能：将其他软件生成的EPS格式文件插入到当前版面中。

注解定义：

〖PS〈文件名〉〔，@〕〔，〈图片占位尺寸〉〕〔；〈图片实体尺寸〉〕〔〈上边空〉〕〔〈下边空〉〕〔〈左边空〉〕〔〈右边空〉〕〔〈起点〉〕〔〈排法〉〕〔，DY〕〔#〕〔%〕〔；〈旋转度〉〕〔，HD〕〗

注解参数：

〈文件名〉　EPS文件的名称，应带扩展名 . eps

〔，@〕　嵌入图片

〈图片占位尺寸〉　〈空行参数〉〔。〈字距〉〕

〈图片实体尺寸〉　〈缩放比例〉｜E〈图片尺寸〉

〈缩放比例〉　%〈X方向比例〉%〈Y方向比例〉

〈X方向比例〉　｛〈数字〉｝〔.｛〈数字〉｝〕

〈Y方向比例〉　｛〈数字〉｝〔.｛〈数字〉｝〕

〈图片尺寸〉　〈空行参数〉〔。〈字距〉〕

〈上边空〉　；S〔〔－〕〈空行参数〉〕

〈下边空〉　；X〔〔－〕〈空行参数〉〕

〈左边空〉　；Z〔〔－〕〈字距〉〕

〈右边空〉　；Y〔〔－〕〈字距〉〕

〈起点〉　（〔〔－〕〈空行参数〉〕，〔－〕〈字距〉）｜，ZS｜，ZX｜，YS｜，YX｜，S｜，X｜，Z｜，Y

〈排法〉　，PZ｜，PY｜，BP　参数含义与FQ相同

〔，〈DY〉〕　分栏、对照时图片可跨栏排

〔#〕　当前页排不下时，图片可以后移排到下页

〔%〕　表示不挖空，图片与文字叠加在一起

〔；〈旋转度〉〕　表示EPS内容按顺时针方向绕中心旋转的角度。取值范围为0～360°

〔，HD〕　指定为灰度图片

解释：

本注解可以实现在书版文件中插入其他排版软件制作的排版结果，如方正飞腾、维思和其他能够生成标准EPS文件的软件制作的内容。书版软件自己制作的内容也可以

互相插接。

例如：一个小样文件主体部分按 S92（S10）的格式排版并输出，其中部分内容按 MPS（NPS）格式排版并输出成 EPS 文件（注意定好版心），然后使用 PS 注解插入到要生成 S92 的小样文件中，并对该小样按 S92 格式排版并输出，即可得到 S92、MPS 两种大样文件的混合结果。

插入的文件可以超版心排放，起点可用“－”值。

〔；〈**旋转度**〉〕参数可以让插入的文件内容旋转一定的角度排放。

【例】 插入不同大样风格下制作的书版文件，以观察两种大样风格下所排版面的区别

！·＃＄￥％……—＊()——＋
1234567890－＝
ABCDEFGHIJKLMNOPQRSTUVWXYZ
abcdefghijklmnopqrstuvwxyz

! ·#$ ¥%……—*()——+
1234567890 - =
ABCDEFGHIJKLMNOPQRSTUVWXYZ
abcdefghijklmnopqrstuvwxyz

小样文件：〖PSs101. eps，BP〗〖PSnps1. eps，BP〗

小样分析：书版排出的文件在最后打印输出时可以生成 PS 文件或 EPS 文件。生成 PS 文件应执行“排版”菜单中的“正文发排结果输出”命令，或单击排版工具栏的按钮。在对话框中设置好各项参数后单击“确定”就可以生成 PS 文件，在相关的设备上打印输出；生成 EPS 文件的操作与生成 PS 文件的操作相同，只是把文件扩展名 . ps 改为 . eps，这样系统就会把该大样文件的每一页生成一个文件，使其作为 EPS 图片可插入到其他排版软件中。

插入注解（CR）

功能：将已排成的大样文件插入到正文中。

注解定义：〖CR〈文件名〉〔〈起点〉〕〔〈排法〉〕〔，DY〕〔#〕〔；W〕〗

本注解用于将方正系统中其他排版软件制作的大样文件插入到版面，如飞腾、维思软件制作的内容。也可以将书版软件自己制作的大样文件互相插入。

本注解是方正书版早期的插入注解，与后来增加的插入 EPS 注解相比，功能较弱，特点是使用简单，用户可根据情况选择插入文件的方法。

插入文件应保留其真实的扩展名，例如〖CR〈插入文件 3. S72〉〗、〖CR〈test. ps2〉〗，使系统能够正确区分大样文件的类型，确保插入文件能够正确地输出。不要将插入文件的扩展名改为 cr，否则可能出现符号输出不正确的情况，这一点与早期版本的

书版使用上不同。

方正书版存在 S92、MPS（S10、NPS）两种不同文件格式的输出选择，具有不同的特性，因此不要将 S92（S10）文件插入到将要生成 MPS（NPS）的小样中，也不要将 MPS（NPS）文件插入到将要生成 S92（S10）的小样中。如果确实需要这样做时，应使用插入 EPS（PS）。

方正维思 Wits2.1 生成的 PS2 文件插入时必须加上 W 参数才能保证输出结果正确。

说　明：

①由于书版 9.0 的大样预览的前端字体全部采用 MPS 格式，因此对于插入的 S2、S72、PS2 可能有部分符号在大样预览发生位置偏差或字符错误。这只是预览显示上的差异，不必担心，不会影响到后端输出结果的正确性。

②不推荐使用本注解，需要插入内容时应使用功能更强的插入 EPS（PS）注解。

图片（TP）、新插（XC）、插入 EPS 文件（PS）插图排版注解的比较

TP、XC、PS 这 3 个可以排插图的注解有许多相似之处，有时在功能上甚至可以交叉，但在具体使用上又有许多不同，下面，我们通过表 3–9 来对这 3 个注解进行一下比较。

表 3–9　TP、XC、PS 注解的比较

注解 / 功能	TP	PS	XC
能否插入 EPS	不能	能	能
能否旋转	不能	能	能
能否随意控制大小	能	能	能
能否随意控制起点 S、X、Z、Y、ZS、ZX、YS、YX	能	能	不能
是否具有排法 PZ、PY、BP	是	是	否
是否具有文字排版属性	否	否	是

综合练习

“中国印·舞动的北京”
——北京奥运会会徽寓意

在中国的文化词典和社会生活里，有中国字、中国画、中国结、中国根、中国人、中国心……而今，又一个称谓将在世界广为流传并永久载入奥林匹克历史，这就是：中国印！

中国印——这是2008年将在北京举办的第29届奥林匹克运动会会徽。她似印非印，似“京”非“京”，潇洒飘逸，充满张力，寓意是舞动的北京；她是有中国精神、中国气派、中国神韵的中国汉文化的符号，象征着开放的、充满活力的、具有美好前景的中国形象；她体现了新北京、新奥运的理念和绿色奥运、科技奥运、人文奥运的内涵，再现了奥林匹克友谊和平进步、更快更高更强的精神。

中国印——这是13亿中国人民向全世界的承诺。盖下这印记，就意味着用我们中国最庄重、最神圣的礼仪，再次向全世界庄严地承诺，把北京2008年奥运会办成历史上最出色的一届奥运会，这是中国人民的诚信和尊严。从这一刻起，舞动的北京张开双臂，呈现开放姿态；从这一刻起，舞动的北京张开双臂，迎接四方友人；从这一刻起，舞动的北京张开双臂，与世界共同起舞。

贝贝

2008年奥运会吉祥物——北京欢迎你
贝晶欢迎妮

晶晶

经过一年零三个月的漫长角逐，万众瞩目的北京奥运会吉祥物正式与世人见面。吉祥物发布活动以“北京欢迎你”为主题，通过隆重、新颖、亲和的发布形式，正式推出第29届奥运会吉祥物——福娃贝贝、福娃晶晶、福娃欢欢、福娃迎迎、福娃妮妮。

福娃是北京2008年第29届奥运会吉祥物，其色彩与灵感来源于奥林匹克五环、来源于中国辽阔的山川大地、江河湖海和人们喜爱的动物形象。福娃向世界各地的孩子们传递友谊、和平、积极进取的精神和人与自然和谐相处的美好愿望。

福娃是五个可爱的亲密小伙伴，他们的造型融入了鱼、大熊猫、奥林匹克圣火、藏羚羊以及燕子的形象。

每个娃娃都有一个朗朗上口的名字：“贝贝”、“晶晶”、“欢欢”、“迎迎”和“妮妮”，在中国，叠音名字是对孩子表达喜爱的一种传统方式。当把五个娃娃的名字连在一起，你会读出北京对世界的盛情邀请“北京欢迎您”。

迎迎

福娃代表了梦想以及中国人民的渴望。他们的原型和头饰蕴涵着其与海洋、森林、火、大地和天空的联系，其形象设计应用了中国传统艺术的表现方式，展现了中国的灿烂文化。

贝贝传递的祝福是繁荣。在中国传统文化艺术中，“鱼”和“水”的图案是繁荣与收获的象征，人们用“鲤鱼跳龙门”寓意事业有成和梦想的实现，“鱼”还有吉庆有余、年年有余的蕴涵。

贝贝的头部纹饰使用了中国新石器时代的鱼纹图案。贝贝温柔纯洁，是水上运动的高手，和奥林匹克五环中的蓝环相互辉映。

欢欢

晶晶是一只憨态可掬的大熊猫，无论走到哪里都会带给人们欢乐。作为中国国宝，大熊猫深得世界人民的喜爱。

晶晶来自广袤的森林，象征着人与自然的和谐共存。他的头部纹饰源自宋瓷上的莲花瓣造型。晶晶憨厚乐观，充满力量，代表奥林匹克五环中黑色的一环。

欢欢是福娃中的大哥哥。他是一个火娃娃，象征奥林匹克圣火。

欢欢是运动激情的化身，他将激情散播世界，传递更快、更高、更强的奥林匹克精神。欢欢所到之处，洋溢着北京2008对世界的热情。

欢欢的头部纹饰源自敦煌壁画中火焰的纹样。他性格外向奔放，熟稔各项球类运动，代表奥林匹克五环中红色的一环。

妮妮

迎迎是一只机敏灵活、驰骋如飞的藏羚羊，他来自中国辽阔的西部大地，将健康的美好祝福传向世界。

第五节　目录、索引及边文排版

【任务1】掌握目录排版的基础知识和格式。

【分析】目录用的字号一般比正文同级标题要小，目录自成一类，其页码应单独排序，因而目录与正文的页码字体最好有所区别。

一、目录排版的基础知识和格式

1. 目录的基本要求

目录又叫目次。图书目录的作用是反映全书内容结构，列出各章、各节或各篇文章标题及所在页码，引导读者阅读。通常图书目录中每一条标题后面都注有页码。目录的排法有下面几点要求：

（1）图书目录排放在正文的前面，按书中内容顺序排列。

（2）目录按图书的篇、章、节等标题排列，标题与页码之间用“三连点”（…）连接起来。

（3）当标题较长时，页码前面的“三连点”不得少于2个，否则应回行排，目录回行后左边要比上一行缩进1~2个字。目录标题中的作者署名用楷体或仿宋体字，一般放在页码之前，与页码之间空一个字。

（4）图书有分册或上下册时，通常在第一册或上册中列出全书（包括分册）的所有目录，排下册或后面各分册目录时只列出本册的目录；上、下分册也可只列出各自的目录。

（5）在字号的使用上一般章名大一些，节名小一些。也可以全部用同一字号排出。

（6）图书的目录一般通栏排，一些工具书的条目分得很细，内容较多，多采用分栏排。

2. 目录的排法

传统的排目录的方法是在全书定版付印时，由编辑或校对人员查对全书，将各篇、章、节标题所在的页数，逐条用笔填写在目录清样中；以此为根据排出全书的目录。这种人工编排方法容易出错，一旦内容修改，出现“推行倒版”，需要重新核对修改。

书版9.11具有自动排目录的功能，无论正文如何个性化，都能自动跟踪标题和页码的变化，从正文中抽取出正确的标题内容与页码，保证目录的正确。

书版9.11使用目录定义注解（MD）和目录自动登记注解（MZ）。首先在小样文件中用（MD）注解分别定义各级标题在目录中的排版格式（如字体、字号、右边空格等）；第二步将小样文件中的标题用（MZ）注解分别括起来，这些被括起来的内容将自动顺序排到目录小样文件中；第三步启动目录发排功能，自动生成目录文件并输出。

二、目录排版的注解

【任务2】自动生成目录文件。

目录 Contents

排版基础篇

第1章 方正书版系统

第2章 软件功能浏览

步骤一：新建一小样文件，并以“任务2”为名，存放在自己的文件夹中。

步骤二：建立一个以“任务2”为名的PRO文件，设置其版心参数为〖BX5，5SS&BZ&BZ，39。38，＊2〗，并与以“任务2”为名的小样文件存放于同一文件夹中。（详细的操作步骤请参见“任务2”）

步骤三：此书共4级标题，定义如下。

第一级　标题占28行，上下居中，字体号是特大号隶书，居中排；

第二级　标题占5行，上空1行，字体号是1号粗体，居右排；

第三级　标题占4行，上空1行，字体号是3号小标宋，居中排；

第四级　标题占2行，上下居中，字体号是4号圆二，顶格排。

对应的注解是：

〖BD1，11，11L&BZ&BZ，28〗

〖BD2，1，1CQ&BZ&BZ，5S1Q0〗

[BD3，3，3XBS&BZ&BZ，4S1]

[BD4，4，4Y2&BZ&BZ，2Q0]

以上参数设置好后，存盘退出。

步骤四：在小样文件中，录入以下文字内容。

[MD（1][HS5][JZ][HT0”L]@[HT][MD)]
[MD（2][HS2][HT3Y3]@[HT][MD)]
[MD（3]=@[JY。]@[MD)]
[MD（4]==@[JY。]@[MD)]
[MZ（][HS8][BG（]
[BHDWG4，F96. @%（0，0，0，60）K11，WK31ZQW]
[HT10”Y3]目录[][JD1001][SQ*3][WT1F4][YY（]Contents[YY)][WT]
[HT]
[BG)W][MZ)]
[BT1][AM][MZ（1H]排版基础篇[MZ)][HT][LM]
[BT2][JY][MZ（2H]第1章=方正书版系统[MZ)][HT]↙
[BT3][MZ（3+H]1.1=方正书版简介[MZ)]↙……
[BT4][MZ（4H]1.1.1=主要用途[MZ)]↙……
[BT4][MZ（4H]1.1.2=方正书版主要特点[MZ)]↙……
[BT4][MZ（4H]1.1.3=书版9.01的改进[MZ)]↙……
[BT4][MZ（4H]1.1.4=系统工作流程[MZ)]↙……
[BT3][MZ（3H]1.2=方正书版的文件系统[MZ)]↙……
[BT4][MZ（4H]1.2.1=文件种类[MZ)]↙……
[BT4][MZ（4H]1.2.2=图片文件[MZ)]↙……
[BT4][MZ（4H]1.2.3=字库[MZ)]↙……
[BT3][MZ（3H]1.3=软件安装与卸载[MZ)]↙……
[BT4][MZ（4H]1.3.1=运行环境[MZ)]↙……
[BT4][MZ（4H]1.3.2=安装书版9.01[MZ)]↙……
[BT4][MZ（4H]1.3.3=安装后端字库[MZ)]↙……
[BT4][MZ（4H]1.3.4=卸载与重新安装[MZ)]↙……
[BT2][JY][MZ（2+H]第2章=软件功能浏览[MZ)][HT]↙……
[BT3][MZ（3+H]2.1=启动与退出[MZ)]↙……
[BT4][MZ（4H]2.1.1=启动书版软件[MZ)]↙……
[BT4][MZ（4H]2.1.2=退出[MZ)]……

注意：在练习时，把小样中带“……”的部分替换成大量文字（内容任意），目的是使页码产生变化，来观察它自动提取目录项标题和页码的功能。

步骤五：目录发排。对已加入MD和MZ注解的小样文件，可以按下面的步骤自动发排目录。

①单击“排版/目录排版/目录发排”（见图3-22）。

图 3–22　“目录发排”菜单项及子菜单

②系统将弹出一个“设置目录发排参数”对话框，如图 3–23 所示，提示用户指定目录区排版中使用的 PRO 文件。

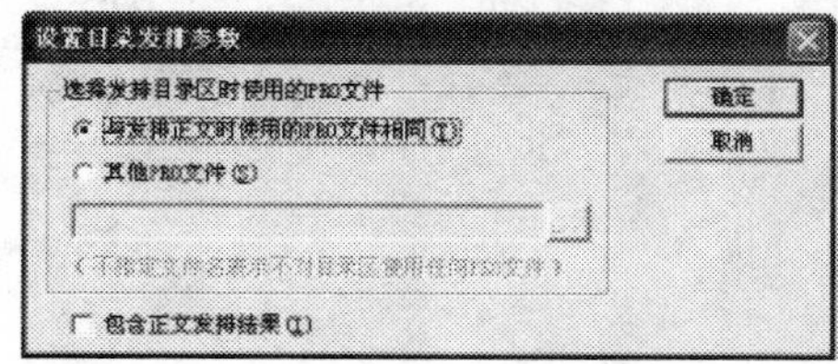

图 3–23　“设置目录发排参数”对话框

“与发排正文时使用的 PRO 文件相同”选项：指定目录区的发排使用正文的 PRO 文件，即与正文使用相同的版心尺寸、字体、字号、书眉格式和页码格式等参数。

“其他 PRO 文件”选项：为目录区的发排单独指定 PRO 文件。可以在编辑框中直接输入相应的 PRO 文件名，也可以单击编辑框右边的浏览按钮…，从弹出的“打开”对话框中选择 PRO 文件名。但如果不输入任何字符，则目录区的发排不使用任何 PRO 文件。

“包含正文发排结果”选项：如果勾选此选项，则生成目录文件的同时还生成全书正文的大样文件，并将目录大样文件排在最后。

注意：发排目录区时使用的 PRO 文件中若有书版注解（SB），则书版注解（SB）不起作用，但 PRO 文件中别的注解仍然起作用。

③单击“确定”，系统开始进行目录发排。在目录发排中，将首先对指定的排版文件进行“一扫查错”和“正文发排”，登记目录内容和页码，然后对目录区内容进行发排，生成目录大样文件。目录大样文件名为正文的大样文件名加入“ML”，例如：正文大样文件名为“任务 4．S10”，对应的目录大样名为“任务 4ML．S10”。

注意：如果小样文件又重新进行了增删或修改，必须重新进行“目录发排”操作，才能得到正确的目录发排结果。

步骤六：目录发排结果显示。

①单击“排版/目录排版/目录发排结果显示”。

②系统打开“大样预览窗口”，显示目录大样文件的内容。如“任务 4”中样张文件所示。

注意：显示目录发排结果时，不能进行大小样对照。

步骤七：目录发排结果输入。如果大样预览没有问题，则可以：

①单击“排版/目录排版/目录发排结果输出”。

②系统将大样文件的内容输入到 PS 文件或 EPS 文件中去。

【分析】本例中除去目录标题，目录项（正文中出现的标题）共分为 4 级。其在目录区中的格式（版式）由〖MD（1〗、〖MD（2〗、〖MD（3〗〖MD（4〗来定义。目录标题用无参数的〖MZ（〗〈目录文字〉〖MZ）〗注解，括弧对中的〈目录文字〉只被提取到目录中，该部分文字不在正文中出现（不会影响正文区域的排版）。

［MD（1］和［MD（2］中只有一个㊣符号，表示这两级的标题只排标题文字，不排页号；［MZ（1H］、［MZ（2H］表示其后续文字要套用［MD（1］、［MD（2］中定义的格式且换行；［MZ（3+H］表示要套用［MD（3］中定义的格式，页码用括号括起来，且换行；后面又出现［MZ（2+H］，表示该目录项要套用2级目录标题的格式，页码不加括号，且换行。

在“［BT1］［AM］［MZ（1H］排版基础篇［MZ）］［HT］［LM］”中［BT1］、［AM］、［HT］、［LM］等注解只影响正文区的排版，对目录区的版式无影响。同样，在“［BT2］［JY］［MZ（2H］第1章=方正书版系统［MZ）］［HT］↙”中，［BT2］、［JY］、［HT］、↙等符号也只是影响正文区的版式，对目录区无影响。后续内容与此类同，不再赘述。

电脑排版工艺（上）

目录定义注解（MD）

功能：定义目录格式，即指定目录的排法。通常出现在小样文件的开始。

注解定义：［MD（〈级号〉］〈目录内容〉［MD）］

注解参数：

〈级号〉　目录标题的级号为1~8，共8级

〈目录内容〉　是一段排版注解，用于指定目录中标题文字的排版格式

解释：

本注解用于定义目录的格式，即指定目录的排法。通常出现在小样文件的开始。

本注解必须和目录自动登记注解（MZ）配合使用，缺一不可。使用【目录排版】中的【目录发排】命令生成全书的目录文件。

〈目录内容〉是一段排版注解，用于指定目录中标题文字的排版格式，通常有汉体注解（HT）、居中注解（JZ）、居右注解（JY）。本注解使用两个㊣符号，前一个㊣表示将被抽出的标题，后一个㊣表示被抽出的页码。排目录时自动将目录文字和页码填入指定的位置。

> **说　明：**
> ①本注解位置通常放在小样文件的开始、目录自动登记注解（MZ）的前面。
> ②本注解必须与目录自动登记注解（MZ）配合使用。

目录自动登记注解（MZ）

功能：用于自动生成全书的目录。本注解有两大功能，一是将全书的标题文字内容提取出来，生成目录小样文件；二是将标题所在页的页码自动排列到标题后面。

注解定义：
［MZ］
［MZ（〔〈级号〉〔+〕〔H〕〕］〈目录文字〉［MZ）］

注解参数：

〈级号〉　目录标题的级号为1~8级，共8级

〔+〕　用于指定页码是否用括号“（）”括起来

〔H〕　表示目录换行，相当于↙符号

〈目录文字〉　指定要提取到目录中的标题文字

解释：

本注解有两种形式，第一种无参数，只将注解所在页的页码提取到目录小样中；第二种注解括弧对形式，其中的标题内容及所在页数被自动提取到目录文件中。

使用无参数的〖MZ〗注解，只将页码提取到目录小样文件中，不提取目录内容。

使用无参数的开闭弧注解〖MZ（〗……〖MZ）〗时，括弧对中的〈目录文字〉只被提取到目录小样文件中，该部分内容不在正文小样文件中出现。利用这个功能可以指定只在目录区中出现的注解和文字。

正常情况下使用注解参数级号，括弧对中的〈目录文字〉内容既被抽到目录区中，又在正文区中出现。

〔+〕用于指定页码是否用括号“（）”括起来。省略时表示不加括号，重复出现时取反，即前一个+为增加括号，后一个+表示取消括号。

〔H〕表示目录换行，相当于↙符号。省略表示在同一行内继续接排。

目录生成的方法：

本注解需要使用【排版】菜单中【目录排版】下的【目录发排】命令发排，如图3–24所示，该功能生成一个独立的目录大样文件，该文件名同小样文件，并在后面加上ML两个字母。用正文发排得不到结果，这一点需要注解。

本注解生成的目录大样文件还需要使用【排版】菜单中【目录排版】下的【目录发排结果显示】、【目录发排结果输出】命令进行预览和发排结果输出文件。

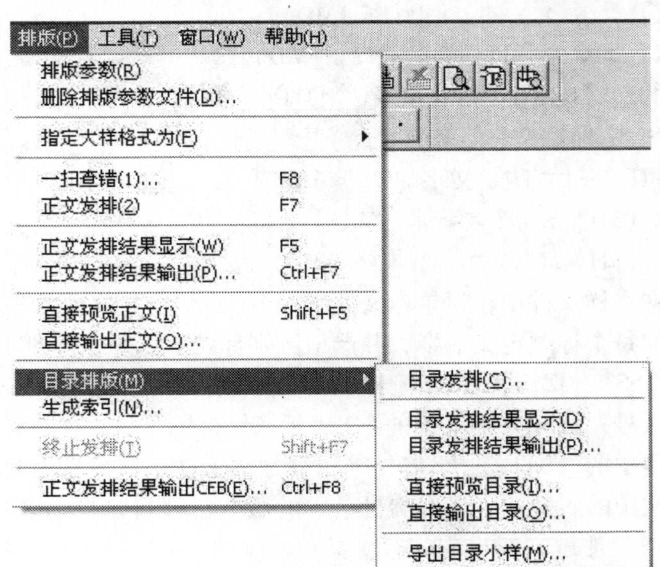

图3–24　目录排版菜单命令

【目录发排】执行了如下两个步骤：一是对全文进行排版，每遇到一个MZ注解，则将该注解括弧对中的文字和页号放到MD注解指定的位置中，依次生成一个目录小样文件；二是发排该目录小样，生成目录大样和目录结果文件。

发排目录文件时，可以指定其与正文不同的 PRO 文件，使目录文件的版心与正文不同。

如果用户对使用自动目录注解功能排出的结果不满意，可以选【排版】菜单下【目录排版】的【导出目录小样】命令，生成一个独立的目录小样文件，并对其直接进行编辑修改，而后单独发排。

目录发排对话框中，有一个［包含正文发排结果］选项，选中后生成目录文件的同时还生成全书正文的大样文件，并将目录大样文件排在最后。

【例 1】 用目录定义（MD）和目录登记（MZ）注解排目录，逐条回行

5. 印刷文字

5.1　印刷文字的特点 ……………………………………………… (10)

　　5.1.1　字体 ……………………………………………… (15)

　　5.1.2　字型规格 ……………………………………………… (18)

　　　5.1.2.1　字号制 ……………………………………………… (19)

　　　5.1.2.2　点数制 ……………………………………………… (21)

　　……………

小样文件：

〖MD（1〗〖HT4”SS〗〖JZ〗◎〖HT〗〖MD）〗
〖MD（2〗〖HT5SS〗◎〖JY。〗◎〖HT〗〖MD）〗
〖MD（3〗〖HT5K〗=◎〖JY。〗◎〖HT〗〖MD）〗
〖MD（4〗〖HT5K〗==◎〖JY。〗◎〖HT〗〖MD）〗
〖MZ（〗〖HS3〗〖JZ〗〖HT3H〗目==录↙〖HT〗〖MZ）〗
〖BT1〗〖MZ（1H〗5. 印刷文字〖MZ）〗↙
〖BT2〗〖MZ（2+H〗5.1=印刷文字的特点〖MZ）〗↙
……〖BT3〗〖MZ（3H〗5.1.1=字体〖MZ）〗↙
……〖BT3〗〖MZ（3H〗5.1.2=字型规格〖MZ）〗↙

小样分析：在小样文件中，目录定义注解（MD）集中排在小样文件的开始处；目录登记注解则需要每个标题定义一个，并严格区别标题的级别，不要重复或遗漏。其中〖MD（1〗〖HT4”SS〗〖JZ〗◎〖HT〗〖MD）〗中只有一个◎符号，表示此标题在目录中居中排，不排页号；〖MZ（3H〗中的3H表示三级标题，目录换行，其余类同。本例为四级标题，小样中的〖BT1〗、〖BT2〗等注解是用于在正文中排标题的，与排目录无关，它只影响正文中的版式，不会影响目录中的版式。即目录自动登记注解（MZ）并不是必须要跟〖BT〗注解同时出现才行。其他正文内容用“……”号省略了，阅读时请注意。

【例 2】 目录中部分标题不换行

小样文件：

〖MD（1〗〖HT4H〗⊗〖WT5BZ〗〖JY。〗⊗〖MD）〗
〖MD（2〗〖HT5SS〗＝＝⊗〖HT5BZ〗〖JY。〗⊗〖MD）〗
〖MD（3〗＝＝＝＝〖HT6SS〗⊗〖WT6BZ〗⊗〖MD）〗……
〖BT1〗〖MZ（1H〗§1. 图书出版过程简介〖MZ）〗↙……
〖BT2〗〖MZ（2H〗1.1＝编辑工作〖MZ）〗↙……
〖BT3〗〖MZ（3+〗1.1.1 选题〖MZ）〗↙……
〖BT3〗〖MZ（3〗1.1.2 组稿〖MZ）〗↙……
〖BT3〗〖MZ（3〗1.1.3 审稿（16）〖MZ）〗↙……
〖BT3〗〖MZ（3〗1.1.4 编辑加工〖MZ）〗↙……
〖BT3〗〖MZ（3〗1.1.5 定稿发稿〖MZ）〗↙……
〖BT2〗〖MZ（2+H〗1.2＝装帧设计〖MZ）〗↙……⇙……
〖BT3〗〖MZ（3+〗1.2.1 装帧设计的意义和作用〖MZ）〗↙……
〖BT3〗〖MZ（3〗1.2.2 装帧设计的基本原则〖MZ）〗↙……

小样分析：本例为三级标题目录。其中，〖MZ（3+〗中的3表示三级标题；无H参数表示目录不换行；+号表示目录页码用括号括起来，下一个+号表示取消括号，其余类同。例中正文内容用“……”号略去。

尽管书版9.11（9.0以上就可以）可自动抽取目录并对目录内容进行基本排版，但格式相对比较单一。要排出好看的目录，最好利用“导出目录小样”功能，对导出的目录小样格式再进行必要的编辑修改，以达到满意的效果。

“导出目录小样”功能就是将全书的目录内容自动提出，生成一个独立的小样文件供用户编辑修改，而后按一般（普通）的书版文件排版输出。其操作步骤如下：

①单击“排版/目录排版/导出目录小样”命令，弹出“另存为”对话框，提示用户输入要导出的目录小样的文件名。

②在“文件名”文本框中输入目录小样的名称，通常与当前小样文件同名，后面加ML，表示是该小样文件的目录，单击“保存”按钮。系统开始对当前的排版文件进行正文发排操作，并将小样中的目录自动登记注解（MZ）的内容抽取到指定的目录小样中。

③单击“打开”按钮，打开该文件编辑修改，而后发排、预览，直到满意。最

后生成目录 PS 文件打印输出。

> **说　明：**
> ①本注解必须和目录定义注解（MD）配合使用。
> ②本注解中指定的级号必须被前面的目录定义注解（MD）定义过。
> ③使用本注解后，应当使用【排版】菜单中【目录排版】下的【目录发排】命令发排，生成一个独立的目录大样文件，该文件名同小样文件，并在后面加上 ML 两个字母。
> ④目录文件的预览、发排结果输出文件均应使用【排版】菜单中【目录排版】下的【目录发排显示】和【目录发排结果输出】功能。

三、索引排版的基础知识和格式

索引图书，特别是科技图书、工具图书的一项内容，它的作用是让读者方便、快速地查找图书内容。制作索引是书刊（特别是一些大型的工具书刊）排版中的一项重要工作。过去都是采用手工编制索引，书版 9.0 以上就提供了自动抽取索引和排序的功能，提高了书刊制作的效率，方便了用户。

1. 索引的构成

图书索引内容是由索引条目按一定次序和格式排列而成，索引条目由索引项和索引值两部分构成。其中索引项不能为空，索引值可以为空。例如：

中国	10
美国	12

其中，“中国”、“美国”是索引项，页码 10、12 分别是其索引值。

索引可分层次。索引项是分级别的，形成树形结构。例如：

中国	10
上海	11
北京	12
美国	12
纽约	13

其中，“中国”和“美国”属于一级索引项；“中国”是“父索引项”，“北京”、“上海”是二级索引项；同样“美国”是“父索引项”，“纽约”是二级索引项。

2. 索引值及种类

最常见的索引值是页码，也可以无任何内容为“空”。

索引值常见的内容如下：

（1）索引值为“空”，无索引值。

美国	
纽约	13

其中，索引项“美国”的索引值为“空”。

（2）单个页码。如：

中国	10

（3）多个页码。如：

中国	10，12，15
美国	11，13—15，19，21

其中连续的页码用连接符（比如“—”）连接，单页码用分隔符（比如“，”）分开。

（4）参照项。参照项是与索引项相同或相关的内容，如：

中华人民共和国	12
参照	中国
朝鲜民主主义共和国	13
参照	朝鲜，韩国，大韩民国

其中多个参照项之间可以用分隔符（比如“，”）分开。

（5）对照项。多用于中英文对照索引中，如：

大学	collage，university
亚洲	Asia

多个对照项之间可以用分隔符（比如“，”）分开。

索引值中的页码可以抽取出来，其他索引值内容（如中英文对照内容或章、节号等）则需要用户输入。

3. 索引排序方法及排序词

索引要按一定的规则顺序排列，中文索引和英文索引的排序各有特点。

（1）英文排序方法。

英文按照字母的顺序排序，同一字母的大、小写不分先后（序值相同），数字排在字母前面。依次比较英文词的各个字母。

（2）中文排序方法有三种：

- 拼音排序　依次比较排序词的每个字的拼音，不考虑多音字。拼音相同的情况下按照笔画的顺序区别先后。
- 笔画顺序　依次比较排序词的每个字的笔画数，笔画相同的情况下比较笔顺（按照“横竖撇捺折”）区别先后。
- 部首顺序　依次比较排序词的每个字的部首顺序，部首相同的情况下再看笔画、笔顺。

以上排序方法均有相应的序值文件，不过目前只支持国标 GB2312 字符集中的汉字，GBK 字符集中的其他汉字暂无序值。

排序词是参加排序的文字，通常以索引项作为排序词参加排序，也可指定其他字符串作为排序词。比如索引项“ASCⅡ代码”，如果指定其排序词为“代码”，则排序时使用“代码”来计算序值。

（3）按父、子排列，父索引项下各子索引项按序排列，比如：

中国	10
上海	11
北京	12
美国	13
纽约	14

子索引项“北京”、“上海”排在父索引项“中国”之后，下一个一级索引项“美国”之前；按照笔画排序，“上海”又在“北京”之前。一级索引项之间同样按照笔画排序，“美国”排在“中国”及其属下的所有索引项之后。

（4）个别索引项可以不参加排序，指定将其放在同级索引项的最前面或最后面。如：

中国	10
参照	中华人民共和国
上海	11
北京	12

其中二级索引项“参照”不参加排序，指定放在最前面，而“上海”、“北京”则根据笔画顺序排在第2位、第3位。

（5）一般情况下，以索引项本身作为排序词参加排序，有时也可指定其他字符串作为排序词。比如索引项“DNA的性能”，如果指定其排序词为“性能”，则该索引项显示的内容为“DNA的性能”，但排序时使用“性能”来计算序值。

自书版9.0起，提供索引点注解(XP)来定义要抽取的索引内容。由于各用户索引的格式、用法都不尽相同，书版9.0只是将索引的内容提取出来，并按一定的规则排序后生成一个只含有索引内容的文本文件，用户还需要对此文件编辑修改后才能排出索引。

四、索引排版的注解

索引注解（XP）

功能：用于定义索引点。

注解定义：

〖XP（〔Q｜H〕〗〈索引项〉〔〖|〗〔〈索引值〉〕〕〔〖*〗〈排序词〉〕〖XP）〗

注解参数：

〈索引项〉　〈父索引项〉{Ω〈子索引项〉}$_0^n$

　〈父索引项〉　〈字符串〉

　〈子索引项〉　〈字符串〉

〈索引值〉　〈字符串〉

〈排序词〉　〈字符串〉

解释：

本注解用于定义索引点。小样中需要抽取到索引中的内容所在的位置称为索引点

（XP，由英文 indeX Point 而来），在此加上索引点注解 XP 予以标记。索引点注解定义了索引项的内容、层次关系、索引值、排序词以及是否参加排序等信息。

〈索引项〉定义了索引项的内容和层次关系。它由**〈父索引项〉**和**〈子索引项〉**构成，其中**〈子索引项〉**可以有多层，通过**〈子索引项〉**之间的Ω联结符来表示层次关系（Ω是小样文件结束符号）。

〈子索引项〉是一段小样文字，不能包括Ω、〖〗和〖＊〗符号。例如：

①“中国”为索引项，是一级索引项。

②“中国Ω北京”表示“北京”是二级子索引项，其父索引项为“中国”。

③“中国Ω北京Ω海淀区”表示“海淀区”是三级子索引项，其上两级依次为“中国”和“北京”。

〈索引值〉就是排放在索引后面的内容。通常是页码，如果省略，无〔〖〗〔〈索引值〉〕〕参数，表示使用页码索引值，程序将把该索引点所在位置的页码抽到索引中。〈索引值〉也可以是其他字符串，表示使用文字索引值，例如使用图书的“章、节号或中英文对照内容”做索引值，则需要人工输入索引值，即章节的数字或对照的中文或英文。如果用省略〈索引值〉（有〖〗符号），表示一个空索引。

〈排序词〉定义了排序词的内容。如果省略，则使用索引项的内容作为排序词，如果索引项的内容中包括了 BD 语言注解，这些 BD 语言注解将被当做普通字符参加排序；此时可以为索引项指定一个排序词。

〔Q〕参数（读“前”）表示该索引项不参与排序，放在同级索引项的第一个。

〔H〕参数（读“后”）表示该索引项不参与排序，放在同级索引项的最后一个。

省略〔Q〕、〔H〕参数表示该索引项参加排序。

从小样文件中抽取出的索引项集中记录在由排索引命令生成的索引文件中。该文件是一个文本文件。其中每个索引条目占一行，索引项与索引值的内容之间用〖KG2〗分隔。当索引值为空时，索引条目即为索引项。索引值中连续页码使用“—”作为连接符，分隔页码使用“，”，页码使用阿拉伯数字。如果既有页码索引值，又有文字索引值，则将文字索引值放在页码索引值之后，中间用“，”分开。

索引项的层次关系用行缩进来表示：一级索引项顶格排；二级前空 2 个字；三级前空 4 个字，以此类推。

【例】 用索引点注解排索引实例

抽取如下的中文索引条目，并按照笔画顺序排列：

中国	10
参照	中华人民共和国
上海	11
北京	12，首都
美国	
纽约	13，16－17

制作步骤：

（1）标出“索引项”。

在小样文件中将要排的索引内容用索引点注解（XP）标出，成为“索引项”

小样文件：（除索引内容外，正文中的内容全部略去）

〖XP（〗中国〖XP)〗……〖XP（〗中国Ω北京〖XP)〗……

〖XP（〗中国Ω上海〖XP)〗……〖XP（Q〗中国Ω参照〖〗中华人民共和国〖XP)〗……

〖XP（〗美国〖〗〖XP)〗……

〖XP（〗美国Ω纽约〖XP)〗……

〖XP（〗美国Ω纽约〖XP)〗……

〖XP（〗美国Ω纽约〖XP)〗……

〖XP（〗美国Ω纽约〖XP)〗……

其中索引条目“北京”中，既有页码索引值，又有文字索引值，系统只能自动抽取页码，其他索引值（此例中指文字）可以在生成索引文件后再输入；索引项“美国”指定了一个空索引值。

（2）生成索引文件。

①单击【排版】菜单下的【生成索引】命令（见图3–25），出现“生成索引”对话框（见图3–26）。

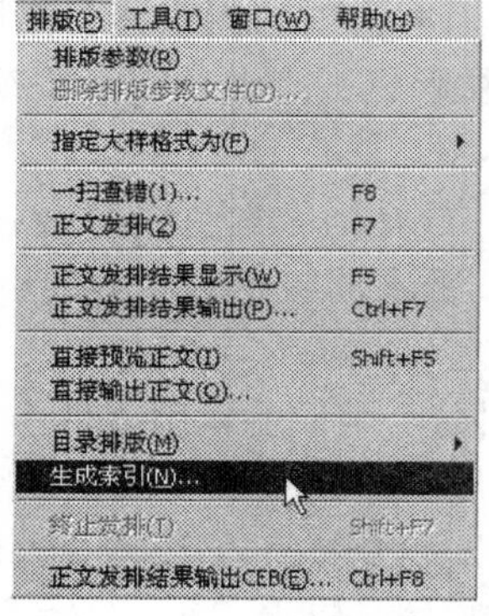

图3–25 “生成索引”命令

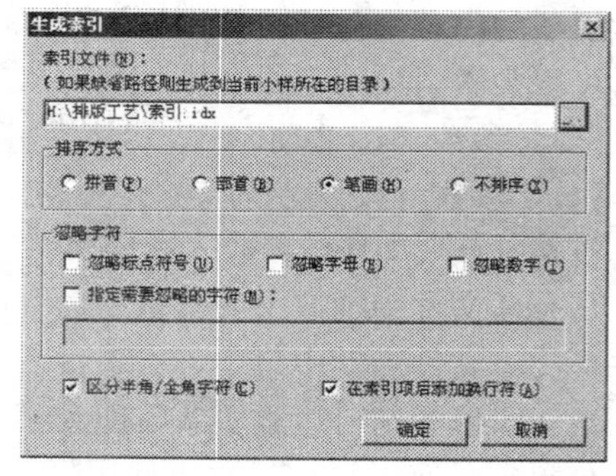

图3–26 “生成索引”对话框

②单击输入框右侧的“浏览”按钮，出现“另存为”对话框，输入索引文件名，可以和当前小样文件同名，扩展名自动定为idx，表示该文件是索引文件；也可以自己给该索引文件重新命名。

③选择排序方法。在［拼音］、［部首］、［笔画］和［不排序］4种排序方法中，选择［笔画］排序。

④单击【确定】按钮，即可生成扩展名为idx的索引文件。

索引文件：（由【生成索引】功能生成）

中国〖KG2〗10

＝＝参照〖KG2〗中华人民共和国

＝＝上海〖KG2〗11

＝＝北京〖KG2〗12

美国

＝＝纽约〖KG2〗13，16—17

其中，索引条目“北京”的索引值中既有页码，又有文字，系统只能自动抽取页码，文字部分则可以在生成索引文件后，再手工输入。

（3）编辑索引文件。

生成的索引文件是一个文本文件，可插入到一个新建的小样文件中，并对其进行编辑修改。可重新加入字体号、分栏等排版注解，对该文件排版、预览及发排，即可完成索引文件的制作。

说　明：

①使用中注意在索引点开闭弧注解内不能插入其他注解。

②本注解只能指定正文中的索引点，边文、书眉、注文中的内容不能排索引。

五、自定义的用途

方正书版中设置有自定义注解功能，该功能相当于其他软件中的“宏”指令，用它可以实现一长串排版注解或文字内容的指令替代，还可以用来替代参数值。

当排版中遇到一些频繁重复、内容相同、反复出现的注解时，将其定义成一个名字，调用时给出该名即可得到一串内容，从而大大简化了输入。

【任务3】排字典并自动抽取词条。

láo　唠崂铹痨牢醪老佬荖姥栳铑潦络　lào

唠（嘮）㊀láo［唠叨］（-dao）没完没了地说，絮叨：人老了就爱～～。㊁lào 见 281 页。

崂（嶗）láo 崂山，山名，在山东省青岛市。也作“劳山”。

铹（鐒）láo 一种人造的放射性元素，符号 Lr。

痨（癆）láo 痨病，中医指结核病，通常多指肺结核。

牢 láo ❶养牲畜的圈（juàn）：亡羊补～（喻事后补救）。㊉古代称做祭品的牲畜：太～（牛）｜少～（羊）。❷监禁犯人的地方（㊀监-）：坐～。❸结实，坚固：～不可破｜～记党的教导。［牢骚］（-sao）烦闷不满的情绪：发～。

醪 láo ❶浊酒。［醪糟］江米酒。❷醇（chún）酒。

老 lǎo ❶年岁大，时间长。1. 跟“少”、“幼”相对：～人。敬辞：吴～｜范～。2. 陈旧的：～房子。3. 经历长，有经验：～手｜～干部。4. 跟“嫩”相对：～笋｜菠菜～了｜～绿。5. 副词，长久：～没见面了. 6. 副词，经常，总是：人家怎么～能提前完成任务呢？7. 原来的：～家｜～脾气｜～地方。❷副词，极，很：～早｜～远。❸排行（háng）在末了的：～儿子｜～妹子。❶词头。1. 加在称呼上：～弟｜～师｜～张。2. 加在兄弟姊妹次序上：～大｜～二。3. 加在某些动植物名词上：～虎｜～鼠｜～玉米。

佬 lǎo 成年男子（含轻视意）：阔～｜乡巴～。

荖 lǎo［荖浓溪］水名，在台湾省。

姥 ㊀lǎo［姥姥］［老老］（-lao）1. 外祖母。2. 旧时接生的女人。㊁mǔ 见 344 页。

栳 lǎo 见 259 页“栲”字条“栲栳”（kǎo-）。

铑 lǎo 一种金属元素，符号 Rh，银白色，质地很坚硬，不受酸的侵蚀，用于制催化剂。铂铑合金可制热电偶。

潦 ㊀lǎo ❶雨水大。❷路上的流水，积水。㊁liáo 见 296 页。

络 lào 同“络㊀❶”，用于一些口语词。［络子］（～zi）1. 用线绳结成的网状袋子。2. 绕线等的器具。㊀luò 见 318 页。

………

制作方法一　未用自定义注解的小样文件

[HT6SS][DS（2。6＊2W][HT3SS][CX2][CT]唠[CX][HT4]（[FJF]唠[FJJ]）[WT6XT][KG＊3][DS）]㊀[CT（]láo[CT）][HT6SS][唠叨]（－dao）没完没了地说，絮叨：人老了就爱～～。↙㊁lào 见 281 页。↙

[HT6SS][DS（2。6＊2W][HT3SS][CX2][CT]崂[CX][HT4]（[FJF]崂[FJJ]）[WT6XT][KG＊3][DS）][CT（]láo[CT）][HT6SS]崂山，山名，在山东省青岛市。也作“劳山”。↙

[HT6SS][DS（2。6＊2W][HT3SS][CX2][CT]铹[CX][HT4]（[FJF]铹[FJJ]）[WT6XT][KG＊3][DS）][CT（]láo[CT）][HT6SS]一种人造的放射性元素，符号 Lr。↙

[HT6SS][DS（2。6＊2W][HT3SS][CX2][CT]痨[CX][HT4]（[FJF]痨[FJJ]）[WT6XT][KG＊3][DS）][CT（]láo[CT）][HT6SS]痨病，中医指结核病，通常多指肺结核。↙

[HT6SS][DS（2。3W][HT3SS][CX2][CT]牢[CX][WT6XT][KG＊3][DS）][CT（]láo[CT）][KG＊3][HT6SS]❶养牲畜的圈（juàn）：亡羊补～（喻事后补救）。㊕古代称做祭品的牲畜：太～（牛）｜少～（羊）。❷监禁犯人的地方（㊖监－）：坐～。❸结实，坚固：～不可破｜～记党的教导。↙[牢骚]（－sao）烦闷不满的情绪：发～。↙

[HT6SS][DS（2。3W][HT3SS][CX2][CT]醪[CX][WT6XT][KG＊3][DS）][CT（]láo[CT）][KG＊3][HT6SS]❶浊酒。[醪糟]江米酒。❷醇(chún)酒。↙

小样分析：小样文件中每一个条目的开头都有一长串注解，[HT6SS][DS（2。3W][HT3SS][CX2][CT]×××[CX][WT6XT][KG＊3][DS）][CT（]×××[CT）][HT6SS]，烦琐重复，可以使用自定义注解（ZD）来简化制作。

制作方法二　用自定义注解（ZD）制作

观察上面的字典内容，有“单词头”和“双词头”两种词头结构，因此使用自定义功能时需要用自定义注解（ZD）定义两段内容。

定义一：　[ZDA1（][HT6SS][DS（2。6＊2W][HT3SS][CX2][CT]＆[CX][HT4]（[FJF]＆[FJJ]）[WT6XT][KG＊3][DS）]＆[CT（]＆[CT）][HT6SS][ZD）]↙

定义二：　[ZDA2（][HT6SS][DS（2。3W][HT3SS][CX2][CT]＆[CX][WT6XT][KG＊3][DS）]＆[CT（]＆[CT）][KG＊3][HT6SS][ZD）]

调用时输入自定义 A1 或 A2 就等于输入了上面这一长串注解内容，使小样文件大大得到简化，如下面的小样文件所示。该例使用自定义注解（ZD），其中[＝A1（]表示调用自定义。

小样文件：

[ZDA1（][HT6SS][DS（2。6＊2W][HT3SS][CX2][CT]＆[CX][HT4]（[FJF]＆[FJJ]）[WT6XT][KG＊3][DS）]＆[CT（]＆[CT）][HT6SS][ZD）]↙

[ZDA2（][HT6SS][DS（2。3W][HT3SS][CX2][CT]＆[CX]

〖WT6XT〗〖KG＊3〗〖DS)〗＠〖CT（〗＠〖CT)〗〖KG＊3〗〖HT6SS〗〖ZD)〗

〖＝A1（〗唠Ω唠 Ω㊀Ωláo〖＝〗［唠 叨］（－dao）没完没了地说，絮叨：人老了就爱～～。↙㊀lào 见 281 页。⇙

〖＝A1（〗崂Ω崂ΩΩláo〖＝〗崂山，山名，在山东省青岛市。也作“劳山”。⇙

〖＝A1（〗铹Ω铹ΩΩláo〖＝〗一种人造的放射性元素，符号 Lr。⇙

〖＝A1（〗痨Ω痨ΩΩláo〖＝〗痨病，中医指结核病，通常多指肺结核。⇙

〖＝A2（〗牢ΩΩláo〖＝〗❶养牲畜的圈（juàn）：亡羊补～（喻事后补救）。〖HTK〗〖(D○转)〗〖HTSS〗古代称做祭品的牲畜：太～（牛）｜少～（羊）。❷监禁犯人的地方（〖HTK〗〖(D○连)〗〖HTSS〗监－）：坐～。❸结实，坚固：～不可破｜～记党的教导。⇙

［牢骚］（－sao）烦闷不满的情绪：发～。⇙……

〖＝A2（〗姥Ω㊀Ωlǎo〖＝〗［姥姥］［老老］（－lao）1. 外祖母。2. 旧时接生的女人。⇙

㊁mǔ 见 344 页。……

比较以上两种制作方法的小样文件，就可以看到自定义注解（ZD）可以大大简化小样文件。对于整本字典的编排制作而言，使用自定义注解（ZD）可以大大简化小样文件排版注解的输入，减少重复和差错，压缩小样文件的篇幅，达到事半功倍的效果。

自定义注解（ZD）

使用自定义注解，应先定义，后调用。

（1）定义注解。

功能：本注解用一个名字来代表一组字符串内容。

注解定义：〖ZD〈定义名〉（〔D〕〗〈定义内容〉〖ZD)〗

注解参数：

〈定义名〉　｛〈字母〉｜〈数字〉｝$_1^6$（最多 6 位）

〈定义内容〉　｛〈字符注解集合〉｜〈参数〉｝

〈参数〉　＠〔〈数字〉〕

〔D〕　采用有序号形式

解释：

本注解用一个名字来代表一组任意的内容。可将内容相同、反复出现的排版注解串或文字定义成一个名字，反复调用。

〈定义名〉给出自定义内容的名字（存放共同部分的文件的名字），要求名称长度不能超过 6 个字母或数字。**〈定义名〉**可以是字母、数字或字母加数字序号。同一文件中不要重名。

〔D〕表示自定义采用有序号的形式，即每个参数＠后面跟一个序号，以指定＠参数的编号。有时自定义的注解中有两个或两个以上实在参数完全相同，我们可以在定义注解中采用〈D〉参数，并对参数＠进行编号，序号相同的＠代表实在参数的内容相同，从而达到简化使用定义注解的目的。参见例 3。

〈定义内容〉可以是文字内容，也可以是排版注解。可以有用&表示的参数，&后面可以写序号，用数字表示。

（2）使用自定义。

功能：调用自定义。

调用形式：自定义有两种调用形式

〖=〈定义名〉〗　　①

〖=〈定义名〉（〗〈实在参数〉{〈参数间隔符〉〈实在参数〉}$_{0}^{j}$〖=〗　　②

注解参数：

〈参数间隔符〉　Ω

〈实在参数〉　〈字符注解集合〉

解释：

形式①适用于定义注解中无参数&的情况，即公共部分的内容是一个整体（见例1）。

形式②为括弧对形式，其中的实在参数与参数&相对应。如果某段格式有共同内容和不同内容相间排列，共同部分即写在定义注解当中，不同部分用&替代。使用定义注解中将不同部分（实在参数）列出（见例2）。

【例1】　使用自定义调用形式一排数学公式（注解中无参数&）

$$V = 2\pi\int_0^r [(R+\sqrt{r^2-x^2})^2 - (R-\sqrt{r^2-x^2})^2]dx$$

$$= 2\pi\int_0^r 4R\sqrt{r^2-x^2}dx$$

$$= 2\pi^2 Rr^2$$

分析：

①将相同内容$\sqrt{r^2-x^2}$定义在名字为K的自定义中。

②调用时在原来算式“$\sqrt{r^2-x^2}$”的位置上填入“〖=K〗”，经过排版即可排出上例。

③由于共同内容是唯一的，所以定义中无参数&，调用时采用上述的形式①中的格式。

自定义注解为：　〖ZDK（〗〖KF（〗r⇑2－x⇑2〖KF）〗〖ZD）〗

使用自定义注解：

V〖WB〗=2π∫⇑r⇓0［（R+〖=K〗）⇑2－（R－〖=K〗）⇑2］dx↙〖DW〗=2π∫⇑r⇓04R〖=K〗r⇑2↙〖DW〗=2π⇑2Rr⇑2

由此例可以看出：自定义注解中，不仅有文字内容，也可含有注解（有格式）。

【例2】　自定义调用形式①实例二

电脑排版工艺（上）

[↑] [↓] 光标的上下移动键，用于上、下移动光标。

[←] [→] 光标的左右移动键，用于左、右移动光标。

分析：

在本例中，按钮是用如下的一串注解“Ⓢ〖HT25.〗▢〖KG－29p〗〖HT20.〗▢〖KG－20p〗〖HT〗↑Ⓢ”制作出来的，如果要排较多的按钮，为避免多次重复输入，可将相同内容用自定义注解来实现。

自定义注解：〖ZDB（〗Ⓢ〖HT25.〗▢〖KG－29p〗〖HT20.〗▢〖KG－20p〗〖HT〗Ⓢ〖ZD）〗

使用自定义注解：〖＝B〗↑**＝**〖＝B〗↓**＝＝**光标的上下移动键，用于上、下移动光标。↙

〖＝B〗←**＝**〖＝B〗→**＝＝**光标的上下移动键，用于上、下移动光标。

【例3】 自定义调用形式②实例

中国东方航空公司1230号航班，机型波音767，由上海飞往北京，同日由北京返回上海

中国西北航空公司2340号航班，机型空客320，由西安飞往广州，同日由广州返回西安

中国西南航空公司3450号航班，机型麦道DC10，由重庆飞往上海，同日由上海返回重庆

中国北方航空公司4500号航班，机型波音757，由哈尔滨飞往北京，同日由北京返回哈尔滨

方法一 不采用有序号的形式

定义注解小样文件：不用D参数

〖ZDA（D〗中国Ⓐ航空公司Ⓐ号航班，机型Ⓐ，由Ⓐ飞往Ⓐ，同日由Ⓐ返回Ⓐ〖ZD）〗

调用自定义的小样文件：

〖＝A（〗东方Ω1230Ω波音767Ω上海Ω北京Ω北京Ω上海〖＝〗

〖＝A（〗西北Ω2340Ω空客320Ω西安Ω广州Ω广州Ω西安〖＝〗

〖＝A（〗西南Ω3450Ω麦道DC10Ω重庆Ω上海Ω上海Ω重庆〖＝〗

〖＝A（〗北方Ω4500Ω波音757Ω哈尔滨Ω北京Ω北京Ω哈尔滨〖＝〗

小样分析：

由方法一可以知道，在调用自定义的注解中有一个共同点，每行的第四和第七两个实在参数完全相同，第五和第六两个实在参数也完全相同。我们可以换一种方法，在定义注解中采用D参数，并对参数Ⓐ进行编号，序号相同的Ⓐ代表实在参数的内容相同，从而达到简化使用定义注解的目的。

方法二 用D参数，采用有序号的形式

定义注解小样文件：用D参数

［ZDA（D］中国@1航空公司@2号航班，机型@3，由@4飞往@5，同日由@5返回@4［ZD）］

调用自定义的小样文件：

［=A（］东方Ω1230Ω波音767Ω上海Ω北京［=］

［=A（］西北Ω2340Ω空客320Ω西安Ω广州［=］

［=A（］西南Ω3450Ω麦道DC10Ω重庆Ω上海［=］

［=A（］北方Ω4500Ω波音757Ω哈尔滨Ω北京［=］

小样分析：比较上面两种方法，可知使用带序号的自定义注解形式可以进一步减少重复。

自定义注解可以自动多次调用小样中已经定义好的内容，为我们简化小样文件、减少录入的工作量提供了方便。但这一注解仅限于同一文件间的相互调用。如果文件A想调用文件B中的内容，就无法实现了。要解决这个问题，需要使用另一个注解——自定义名注解（ZM），它可以使不同文件间的自定义内容相互调用，避免了重复定义"自定义内容"的麻烦。

自定义名注解（ZM）

功能：用于指定本次排版中调用已有自定义内容的文件名，以实现不同文件间相互调用已有的"自定义内容"。

注解定义： ［ZM〈文件名〉］

解释：

本注解指定本次排版中调用已有自定义内容的文件名。实现自定义内容一处定义，多处调用，减少了重复设置，方便了用户。

【例】

假如我们排一本字典，有多个小样文件字典1、字典2、字典3、字典4……字典9。在字典1中已经定义有自定义［ZDA］、［ZDB］。后面的小样文件字典2、字典3、字典4、……字典9也需要使用相同的自定义时，无须每个文件都重复定义，只需要各文件中输入自名注解［ZM字典1］，即可直接调用自定义内容［=A］和［=B］。

说　明：

①本注解中的文件名不要带扩展名。

②被调用的自定义小样文件必须先经过【一扫查错】命令的处理，生成一个*.def文件，否则报"=注解，未定义"错误。

六、边文背景及其他注解

【任务4】 新建一个小样文件，排出下列版面。

给我一个支撑点，我会把地球支起。

这是生活的魅力。

4

走进生活

●吴善磊

"给我一个支撑点，我会把地球支起。"从古希腊哲人的名言中，读出生活的几分狂妄，几分自信。这就是生活的魅力。

泰戈尔说，错过太阳时，你在哭泣，那么你也会错过星星。在生活中抗争后，哪怕满身疮痍，也该把无奈沉入心底。这是生活的哲理。

不能舍弃别人都有的便得不到别人都没有的。会生活的人失去的多，得到的更多。这是生活的固执。能把心割碎分赠给他人，你会赢得更多的朋友，多一个朋友多一个世界。蓦然回首，你已不再是孤寂的独行人。这是生活的真谛。

不要一定让生活跌宕波澜，要知道平静无奇才是生活的真。唯有踏踏实实走进生活的人，才能真正品味生活的真谛。

不要害怕贫穷，要做流浪的吉卜赛人——即使一无所有也要永远歌唱。

生活的每一个年轮，都交织着悲愁喜乐，珍藏希望、热爱生活的人，将永远得到生活的青睐。

生活的每一个年轮，都交织着悲愁喜乐、珍藏希望，热爱生活的人，将永远得到生活的青睐。

5

现代图书版面形式多种多样，书籍排版也越来越漂亮，讲究版心之外的装饰效果。在版心四周边上排的文字叫"边文"，其中也包括各种形式的书眉和页码；"背景"则是在页面上排一些装饰性的内容，对后续各页一直有效（直到遇到下一个背景注解为止）。书版 9.0 和书版 10.0 提供了边文注解（BW）、多页分区注解（MQ）和背景注解（BJ），专门用于解决在版心之外排文字、图片等内容。这三个注解最大的特点是所排内容可以连续出现在后续各页的相同位置上。

【分析】该任务使用多页分区注解（MQ）或边文注解（BW），同时还使用了页号注解（PN）。

小样文件：

（1）使用边文注解来排。

〖BW（S（Z,,）M4FL〗〖BG（〗〖BHDFG3＊2，FKF〗〖HT4"W〗给我一个支撑点，我会把地球支起。↙这是生活的魅力。＝〖BM〗〖BG）〗〖BW）〗

〖BW（D（Y,,）G3＊2#MFL〗〖HT5W〗↙生活的每一个年轮，都交织着悲愁喜乐，珍藏希望、热爱生活的人，将永远得到生活的青睐。↙＝〖BM〗〖BW）〗

〖HT4K〗〖JZ〗走进生活〖HT〗↙

〖HT5SS〗〖JY，1〗●吴善磊〖HTK〗↙

＝＝"给我一个支撑点，我会把地球支起……

PRO 文件：〖BX5，5SS&BZ&BZ，15。18，＊2〗

小样分析：

①"〖BW（S（Z,,）M4FL〗"，定义了双页上的边文格式，其中"（S（Z,,）"表示双页边文排在左侧，与版心的距离采用默认的方式（距版心一个五号字距离），与版心上沿和下沿的距离为 0（与版心同高）。"M4FL"表示页码为立体方框码，从第 4 页开始。

②"〖BM〗"用于指定页码所在的位置，起标记作用，只能用在边文注解中。

③“［BW（D（Y,,）G3＊2#MFL］”，定义了单页上的边文格式，其中“（D（Y,,）”表示单页边文排在右侧，与版心距离采用默认的方式（距版心一个五号字距离），与版心上、下边沿的距离为0（与版心同高）。“G3＊2#”中的“#”表示边文与默认的边文的横竖排法取反（左右边文默认竖排，加#表示横排，反之亦然），“G3＊2”指明了左右边文排版的宽度，在此处指右边文宽度为3＊2字；“MFL”表示页码采用立体方框码，页号承接着前面指定的页号。

（2）使用多区注解来排。

［MQ（《ZBW》S16。5（0，－5＊2）－F!］［HT4”W］［JZ（］“给我一个支撑点，我会把地球支起。”↙这就是生活的魅力。〓［JZ）］［PN《1》－FY2＝11。－3＊2/3P4］［HT］［MQ）］

［MQ（《YBW》D15。3＊2（1，19＊2）－W］［HT5W］↙生活的每一个年轮，都交织着悲愁喜乐，珍藏希望，热爱生活的人，将永远得到生活的青睐。↙［PN《2》－FY1＝13＊2。19＊2］［HT］［MQ）］

［HT4K］［JZ］走进生活［HT］↙［HT5SS］［JY，1］●吴善磊［HTK］↙〓〓“给我一个支撑点，我会把地球支起。”从……Ω

小样分析：

①“［MQ（《ZBW》S16。5（0，－5＊2）－F!］”定义分区名为ZBW，S——分区在双面出现；分区尺寸“16。5”表示16个行高、5个字宽，起点（0，－5＊2）表示$x=0$，$y=-5*2$；F表示分区边框用反线；!——表示分区内容排法与外层取反。

②“［PN《1》－FY2＝11。－3＊2/3P4］”，其中《1》为标识符；“－F”是指页号类型将采用方框码的形式；“Y2”表示该页号只在双页上出现；“＝”表示页号水平位置单双页一样；“11。－3＊2/3”是自定义形式的页号位置：在距版心左上角空行参数为“11”，字距为“－3＊2”的位置上。“P4”表示起始页号为4。

③“［MQ（《YBW》D15。3＊2（1，19＊2）－W］”定义分区名为YBW，D——表示分区只在单页出现；“15。3＊2”表示分区尺寸为15个行高、3个半字宽；起点（1，19＊2）表示$x=1$，$y=19*2$；W——表示不要分区边框。

④“［PN《2》－FY1＝13＊2。19＊2］”，《2》为标识符；“－F”表示页号将采用方框码；“Y1”表示该页号只在单页上出现；“＝”表示页号水平位置单双页一样；“13＊2。19＊2”表示自定义形式的页号位置：在距版心左上角空行参数为“13＊2”、字距“19＊2”的位置上。

多页分区注解（MQ）

功能：将版面上某一区域划分出来，成一独立排版区域，并赋予分区名，以保证该区域在一页或多页出现，并根据需要禁止、激活或修改分区。

注解定义：

[MQ（《分区名》〔〈分区所在层〉〕〈分区选页〉〈分区尺寸〉〈起点〉〔〈排法〉〕〔〈－边框说明〉〕〔〈底纹说明〉〕〔Z〕〔!〕〔%〕]〈分区内容〉[MQ）]
[MQ（《分区名》]〈分区内容〉[MQ）]
[MQ《〈分区名〉》〔〈J| H〉〕〔〈1| 2| 3| 4〉〕〔〈S| X〉〕]

第一种注解形式用于首次定义分区及排法，其形式与前面介绍过的分区注解（FQ）基本相同；第二种形式是调用前面已经设定过的分区，只是区域中的内容有所改变；第三种形式用于控制多页分区的排法，如停止或恢复多页分区的作用、改变层的关系等。

注解参数：

《分区名》　为多页分区指定一个名字

〈分区所在层〉　1| 2| 3| 4

〈分区选页〉　〈D| S| M| B| X〉

〈分区尺寸〉　〈空行参数〉〔。〈字距〉〕

〈起点〉　（〔〔－〕〈空行参数〉〕，〔－〕〈字距〉）|，Z〔S| X〕|，Y〔S| X〕|，S|，X

〈排法〉　，PZ|，PY|，BP

〈边框说明〉　F| S| D| W| K| Q| =| CW| XW| H〈花边编号〉

〈花边编号〉　000～117

〈底纹说明〉　B〈底纹编号〉〔D〕〔H〕〔#〕

〈底纹编号〉　〈深浅度〉〈编号〉

〈深浅度〉　0～8

〈编号〉　〈数字〉〈数字〉〈数字〉

〔D〕　本方框底纹代替外层底纹

〔H〕　底纹用阴图

〔#〕　底纹与边框之间不留余白

〔Z〕　表示分区内容横排时，上下居中，竖排时左右居中

〔!〕　表示与外层横竖排法取反

〔%〕　分区不在版心中挖空

〔J〕　禁止多页分区起作用

〔H〕　激活多页分区

〈S| X〉　多页分区与其他分区的关系。其中，S 表示将分区移到同层所有分区的上面；X 表示将分区移到同层所有分区的下面

解释：

《分区名》为创建的多页分区指定一个名字，可由中、英文或数字串任意组合而成，长度不限。

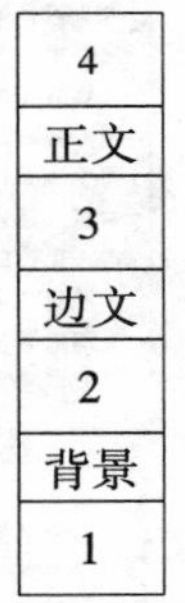

图 3-27　多页分区注解分区所在层示意图

〈分区所在层〉分区的层次，就是指多页分区与背景、边文、正文这 3 个层面的上下位置关系（见图 3-27）。可以看出，共分为 4 层。1 表示分区位于背景下面；2 表示分区位于背景上

面，边文下面；3 表示分区位于边文上面，正文下面；4 表示分区位于正文上面。省略参数为 2，即背景上面，边文下面。

〈分区选页〉 给出多页分区将作用在哪（些）页；其中“D”表示分区只在单页出现；“S”表示只在双页出现；“M”表示每页都出现；“B”表示分区只在本页出现；“X”表示分区只在下页出现。

〈排法〉 指定划出一块区域后，该分区外边文字的排法。“，PZ”表示文字串排在区域的左边；“，PY”表示文字排在区域的右边；“，BP”表示区域两边不串文；缺省表示两边都串文字。

〈边框说明〉、〈底纹说明〉、〔Z〕、〔！〕 参数的含义与“FQ”注解中相应参数的含义完全相同。

“%” 表示该分区不斥开版心上的文字，即分区内容与正文重叠。省略表示该区域已被占用，版心文字将不排在这一区域里。

“J” 禁止多页分区起作用。

“H” 激活多页分区。

“S” 将分区移到同层所有分区的上面。

“X” 将分区移到同层所有分区的下面。

【例 1】 多页分区的用法

设计一篇文章，要求：①在文章每个单页的右下角、双页的左下角留有一 30mm × 40mm（高 × 宽）大小的区域，分区层次第 4 层；②每章的开始要空出一 8 个行高 × 版心宽大小的区域，分区层次为第 2 层，用于标识题目和介绍本章内容；③要求②中定义的区域仅在每章开始处出现，分区内容根据需要进行调整。排版结果如下图所示：

多页分区注解
（MQ）

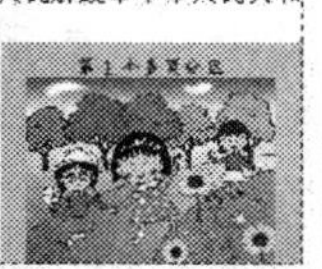

小样文件：［MQ（《1》4D＋30mm。40mm，YX－WB1001］［TP 练习. jpg;%20%20，X］［SQ＊2］［HT6K］［JZ］第 1 个多页分区［MQ）］［MQ（《2》4S＋30mm。40mm，ZX－W!］［TP10. jpg;%8%8，Z，PZ］↙↙［HT6K］［JZ］［SZD］第 2 个多页

分区〖SZ〗〖MQ)〗〖MQ(《3》M8(1,1)-WZ〗〖JZ(〗〖HT0"HP〗〖WT+〗多页分区注解↙(MQ)〖HT〗〖JZ)〗〖MQ)〗〖MQ《3》J〗中华人民共和国中国人民解放军……

小样分析:

①小样开始处"〖MQ(《1》4D+30mm。40mm,YX-WB1001〗"中的《1》是第一个多页分区的名字(用书名号括起来);"4"表示分区所在的层次是第4层,即分区位于正文的上面。"D"表示该分区在单页出现;"+30mm。40mm"是分区的尺寸高30毫米、宽40毫米;",YX"表示分区起点在版面右下方;"W"表示分区不要边框线;"B1001"表示给分区加一个深浅度是1编号的001的底纹。第二个分区与第一个差不多,不同的是该分区在双页出现,起点位于版心左下角,没有底纹,区域内文字竖排。

②在"〖MQ(《3》M8(1,1)-WZ〗"中,"M"表示分区在每页出现;"8(1,1)"表示分区的尺寸高是当前字号的8行高、通栏宽,起点在 $x=1$,$y=1$ 上;"W"表示分区不要边框;分区中的内容上下居中排。

③"〖MQ《3》J〗"中的"J"表示名字为《3》的分区在下页将被禁止。

分区(FQ)与多页分区(MQ)的比较

分区(FQ)与多页分区(MQ)这两个注解都可以将版面上某一区域划分出来,成为一个独立的排版区域。并且都可以随意设定分区的尺寸、起点、排法、边框线形和底纹说明。但两者在功能上与使用上又有所不同,下面我们就通过表格的形式,对其异同点进行一下分析与对比。如表3-10所示。

表3-10 分区(FQ)与多页分区(MQ)的比较

功能对照	分区(FQ)	多页分区(MQ)
将版面上某一区域划分出来,成为一个独立的排版区域	√	√
可以随意设定分区尺寸、起点、排法、边框线形、底纹说明	√	√
赋予分区名	×	√
被禁止或激活	×	√
对页的作用方法	只能作用在本页	能随意指定作用在本页、单页、双页或单双页
分区所在层	不能指定层	多页分区与背景、边文、正文这3个层面的上下位置关系如下:"1"表示分区位于背景下面;"2"表示分区位于背景上面,边文下面;"3"表示分区位于边文上面,正文下面;"4"表示分区位于正文上面。默认表示分区位于"2",即背景上面,边文下面

边文注解(BW)

功能:本注解专门在版心外边排文字内容。

注解定义: 〖BW(〔〈初用参数〉|〈继承参数〉〕〗〈边文内容〉〖BW)〗

注解参数：

〈初用参数〉　〔B| D| S〕〔〈边文位置〉〕〔〈边文高〉〔#〕〕〔〈页码参数〉〕

〔B| D| S〕　表示边文的排法，分别为 B 只排本页；D 排在后续所有单页；S 排在后续所有双页；省略参数表示后续各页均排边文

〈边文位置〉　（〔S| X| Z| Y〕〔〈版心距〉〕，〔〈左/上边距〉〕，〔〈右/下边距〉〕）

〈版心距〉　〔-〕〈字距〉

〈边文高〉　G〈字距〉

〔#〕　边文横竖排法取反

〈页码参数〉　M〔〈起始页号〉〕〈页码类型〉

〈页码类型〉　〈单字页码〉|〈多字页码〉

〈单字页码〉　{B| H| （| （S| F| FH| FL| S| .| R}〔Z〔#〕〕

〈多字页码〉　D〔Z〕〈页码宽度〉〔ZQ| YQ〕

〈页码宽度〉　〈字距〉

〈继承参数〉　X〔D| S〕〔（S| X| Z| Y）〕

〈边文页码注解〉　〖BM〗

解释：

本注解专门用于排版心之外的文字内容，包括各种形式的书眉和页码。例如目前许多图书很重视书眉的美化，传统的书眉注解已经不能满足要求，此时可以用边文注解来解决。本注解可以重新定义页码的形式。

本注解参数有初用参数、继承参数两大项。边文的首页选用初用参数，定义边文的格式，稍复杂一些；后续各页用继承参数，比较简单。

〈初用参数〉为第一次给出边文时的参数，有下面 5 项主要参数：

〔B| D| S〕表示边文的排法，分别为 B 只排本页；D 排在后续所有单页；S 排在后续所有双页；省略参数表示后续各页均排边文。

〔S| X| Z| Y〕分别表示边文所排的位置。S 表示边文排在版心上方；X 表示边文排在版心的下方；Z 排在左边；Y 排在右边；具体位置如图 3-28 所示。

〈版心距〉指定边文与版心之间的距离，省略时边文距离版心为一个五号字。取负值（用“-”号）移向版心，并能与版心重叠。

〈左/上边距〉指定上、下边文左边与版心左边之间的距离，或左、右边文上边与版心上边之间的距离，省略为 0。正值与版心重叠。

〈右/下边距〉指定上、下边文右边与版心右边的距离，或左、右边文下边与版心下边的距离，省略为 0。正值与版心重叠。

〈边文高〉〔#〕指定边文的高度。省略时上下边文只能横排，左右边文只能竖排，高度由系统根据边文内容自动统计；在指定了边文高时，可用参数#改上下边文为竖排，或改左右边文为横排。

〈页码参数〉用于指定含有页码的边文内容中页码的类型。

〈起始页号〉指定页码的起始页号。

〈单字页码〉指定单页码的格式，包括：B 为阳圈码；H 为阴圈码；（为括号码；

“（S” 为竖括号码；F 为方框码；FH 为阴方框码；FL 为立体方框码；S 为单字多位数码；“.” 为点码；R 为罗马数字，最大只能到 16（xvi）（如大于 16，则报“页数过多”错误）；Z 表示使用中文数字页码，省略则使用阿拉伯数字表示页码；#为小于 40 的中文页码采用“十”“廿”“卅”方式。

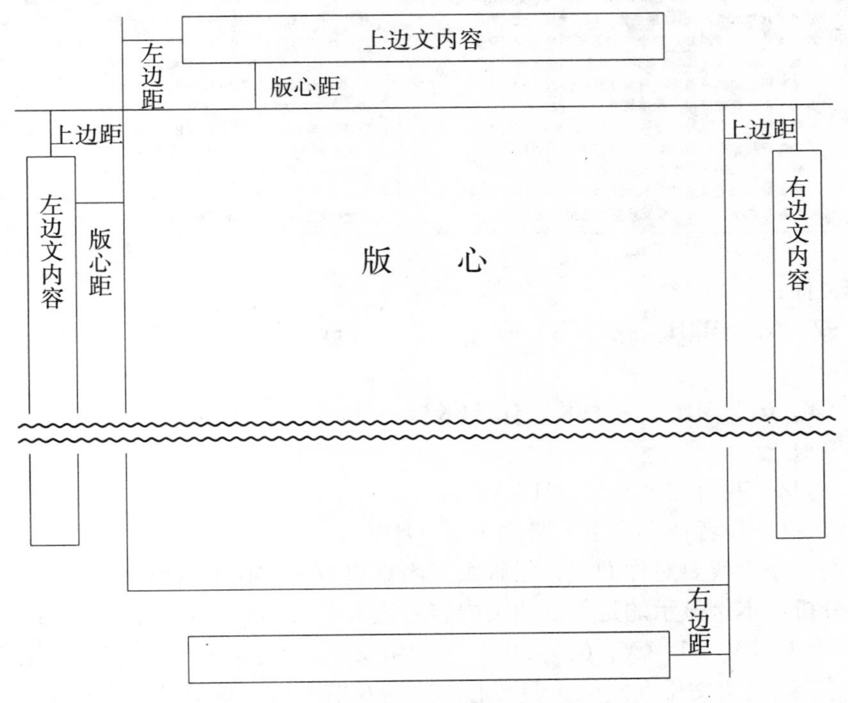

图 3-28　边文位置示意图

〈多字页码〉 用 **D〔Z〕〈页码宽度〉〔ZQ|YQ〕** 表示，其中 Z 表示使用中文数字页码，省略使用数字页码；**〈页码宽度〉** 指定多字页码的总宽度。ZQ 表示左对齐排，YQ 为右齐，省略为居中。使用非中文的多字页码时可用 WT 注解改变页码的字体。

〈边文页码注解〉 “［BM］” 指定页码所在的位置，起标记作用，只能用在边文中。

〈继承参数〉　用于简化输入仅内容改变、位置和格式均不变的边文内容（类似于 DM、SM 一类的注解）。

X〔D|S〕 中，X 表示继承前面边文的各项参数；D 继承前面单页边文；S 继承前面双页边文；省略为继承各页边文。

「(S|X|Z|Y)〕用于说明继承位于页面上下左右哪个位置的边文，省略为上边文。

【例 1】 在版心两侧排边文

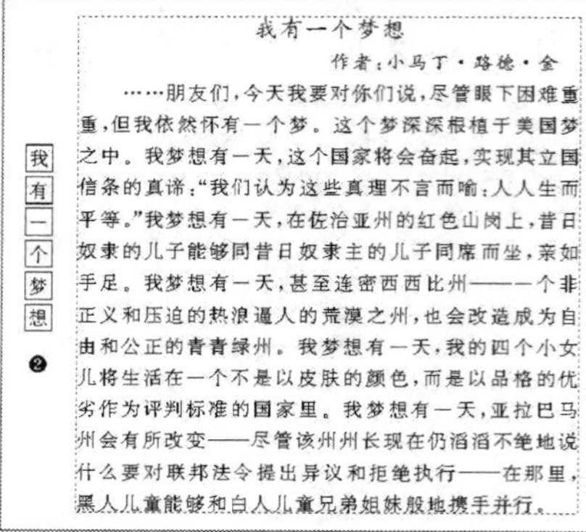

我有一个梦想

作者：小马丁·路德·金

……朋友们，今天我要对你们说，尽管眼下困难重重，但我依然怀有一个梦。这个梦深深根植于美国梦之中。我梦想有一天，这个国家将会奋起，实现其立国信条的真谛："我们认为这些真理不言而喻：人人生而平等。"我梦想有一天，在佐治亚州的红色山岗上，昔日奴隶的儿子能够同昔日奴隶主的儿子同席而坐，亲如手足。我梦想有一天，甚至连密西西比州——一个非正义和压迫的热浪逼人的荒漠之州，也会改造成为自由和公正的青青绿州。我梦想有一天，我的四个小女儿将生活在一个不是以皮肤的颜色，而是以品格的优劣作为评判标准的国家里。我梦想有一天，亚拉巴马州会有所改变——尽管该州州长现在仍滔滔不绝地说什么要对联邦法令提出异议和拒绝执行——在那里，黑人儿童能够和白人儿童兄弟姐妹般地携手并行。

我有一个梦想

❷

我梦想有一天，深谷弥合，高山夷平，歧路化坦途，曲径成通衢，上帝的光华再现，普天下生灵共谒。这是我们的希望。这是我将带回南方去的信念。有了这个信念，我们就能从绝望之山开采出希望之石。有了这个信念，我们就能把这个国家的嘈杂刺耳的争吵声，变为充满手足之情的悦耳交响曲。有了这个信念，我们就能一同工作，一同祈祷，一同斗争，一同入狱，一同维护自由，因为我们知道，我们终有一天会获得自由。到了这一天，上帝的所有孩子都能以新的含义高唱这首歌：我的祖国，可爱的自由之邦，我为您歌唱。这是我祖先终老的地方，这是早期移民自豪的地方，让自由之声，响彻每一座山岗。如果美国要成为伟大的国家，这一点必须实现。因此，让自由之声响彻新罕布什尔州的巍峨高峰！让自由之声响彻纽约州的崇山峻岭！让自由之声响彻宾夕法尼亚州的阿勒格尼高峰！让自由之声响彻科罗拉多州冰雪皑皑的落基山！……

我有一个梦想

❸

小样文件：

〖BW（S（Z，6，）M2H〗我〖FK〗有〖FK〗一〖FK〗个〖FK〗梦〖FK〗想〖FK〗=〖BM〗〖BW）〗

〖BW（D（Y，6，）MH〗我〖FK〗有〖FK〗一〖FK〗个〖FK〗梦〖FK〗想〖FK〗=〖BM〗〖BW）〗

〖HT4"K〗〖JZ〗我有一个梦想〖HT〗↙

〖HTK〗〖JY，1〗作者：小马丁·路德·金〖HT〗↙

……朋友们，今天我要对你们说，尽管眼下困难重重，但我依然怀有一个梦……

小样分析：本例显示的是单双两页内容，边文单页排右、双页排左，〖BW（S（Z，6，）M2H〗和〖BW（D（Y，6，）MH〗分别定义了单页和双页边文的格式，其中（S（Z，6）表示双页边文排在左侧，距版心高度为6倍字高。M2H 表示页码为阴圈码，从第2页开始排。（D（Y，6，）表示单页边文排在右侧，距版心高度为6倍字高。

【例 2】 用边文制作书眉

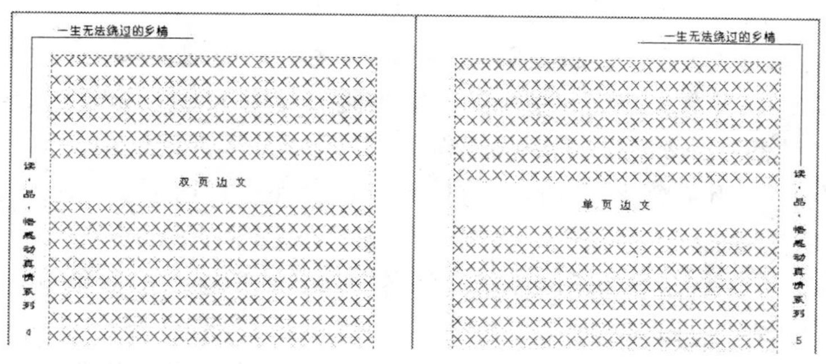

小样文件：

〖BW（S（Z，-1*2，）M4S〗〖CD10〗〖HT4"L〗读·品·悟感动真情系列=〖HT〗〖BM〗〖BW）〗

〖BW（S（S1*2，-1*3/5，）〗〖ZZ（Z〗〖HTZQ〗==一生无法绕过的乡情==〖ZZ）〗〖BW）〗

〖BW（D（Y，-1*2，）MS〗〖CD10〗〖HT4"L〗读·品·悟感动真情系列=〖HT〗

〖BM〗〖BW)〗
〖BW（D（S1＊2,，－1＊3/5)〗〖JY〗〖ZZ（Z〗〖HTZQ〗＝＝一生无法绕过的乡情＝＝〖ZZ)〗〖BW)〗××××××××××××××××……

小样分析：

本例很显然，也是一个翻开的图书页面，边文双页在左上，单页在右上。

①“〖BW（S（Z，－1＊2,）M4S〗”中“（S（Z，－1＊2,)”表示双页上的左边文，版心距为默认距离（一个五号字的距离），上边距为超出版心上边线1＊2个五号字距离，下边距不设定，表示齐下版口；“M4S”表示页码从第4页开始排，为单字多位数码；〖BM〗表示页码排在当前位置。

②“〖BW（S（S1＊2，－1＊3/5,)〗”中（S（S1＊2，－1＊3/5,）表示双页上的上边文，版心距为1＊2个5号字高，左边距为超出版心左边线1＊3/5个字的距离，右边距不设定，表示齐右版口。

③“〖BW（D（Y，－1＊2,）MS〗”表示单页上的右边文，版心距为默认值1个五号字距离，上边距为超出版心上边线1＊2个字的距离，下边距不设定，为齐下版口。

④“〖BW（D（S1＊2,，－1＊3/5)〗”表示单页上的上边文，版心距为1＊2个字的距离；左边距不设定，为齐左版口；右边距为超出版心右边线1＊3/5个字的距离。

说　明：

①本注解中“继承参数”必须出现在“初用参数”之后。

②边文不受书眉一类注解的影响。

③边文中的页码受暗码注解（AM）、无码注解（WM）的控制。

④〈边文内容〉中不能出现换页注解。

⑤边文中可以使用分区注解（FQ）、分栏注解（FL）和表格注解（BG）。

⑥〖BM〗是一个特殊注解，只能出现在边文中，作为一个标记使用，表示页码所在的位置。

多页分区（MQ）与边文（BW）的比较

从多页分区（MQ）与边文（BW）的功能看，有许多共同点，在应用上有时可以相互替代；但两者又有区别，不能完全相互替代。下面，我们就将其异同点进行相互的对比和分析，这样我们才能准确地运用注解，充分调动软件的功能，排出漂亮的版面来。

●相同点：

①都可以将版面上某一区域划分出来，成为一个独立的排版区域，在其内进行所要的排版。允许排版的范围也相同，即可排除对照、强迫换页以外的任何内容。

②都可以随意设定分区尺寸、起点、排法、边框线形、底纹说明。

③对页面的作用方法也相同，即都能随意指定作用在本页、单页、双页或单双页。

●不同点：

①是否有名字。

每个多页分区（MQ）均被赋予一个分区名；而边文（BW）没有名字，只有一个相对的位置参数，如单页上的左边文、双页上的上边文等。

②能否被禁止或激活。

多页分区（MQ）可以随时被禁止或激活；而边文（BW）则无此功能。

③对每页设置的个数不同。

多页分区（MQ）在一页上可以设置无数个；边文（BW）在一页上只能上下左右各设置一个。

④能否分层。

多页分区（MQ）可以分4层。“1”为背景下面；“2”为背景上面，边文下面；“3”为边文上面，正文下面；“4”为正文上面。默认为第“2”层，即背景上面，边文下面。

边文（BW）则不能指定层。

背景注解（BJ）

功能：在页面上排背景内容。

注解定义：

〖BJ（〔〈左边距〉〕，〔〈上边距〉〕，〔〈右边距〉〕，〔〈下边距〉〕〔#〕〗〈背景内容〉〖BJ）〗

注解参数：

〈左边距〉：〔－〕〈字距〉

〈上边距〉：〔－〕〈字距〉

〈右边距〉：〔－〕〈字距〉

〈下边距〉：〔－〕〈字距〉

〔－〕：负号，表示向版心内缩进

〔#〕：背景内容与正文排法取反

解释：

本注解用于给版心设置背景，如在版面上大面积地画一些如方框、横线、信纸底格与背景图片等装饰内容。这些也叫“背景”内容。背景可以是任意复杂的内容，不受版心的限制。

本注解所排背景既可以排在版心之内，也可以排在版心之外。

〈左边距〉、〈上边距〉、〈右边距〉、〈下边距〉 分别为背景边缘与版心四周左、右、上、下对应位置之间的距离。省略时，距离均为0，表示背景与版心大小相同；负值表示向版心内缩进。

〔#〕 表示背景内容的横、竖排法与正文相反，即正文横排则背景竖排；反之亦然。省略此参数，表示背景内容与外层排法一致。

〈背景内容〉 中不能出现换页注解。

本注解可用于竖排，竖排时各参数要转换成竖排的意义。

边距参数与背景大小的关系示意图，如图3-29所示。

（a）版心＝背景
边距参数省略，背景占满版心

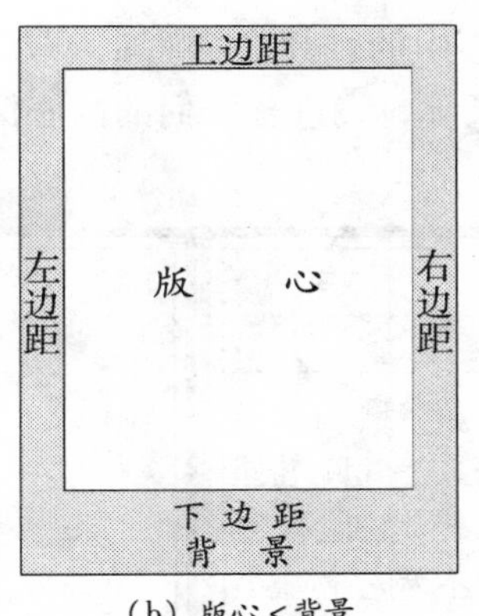

（b）版心＜背景
边距参数为正值，背景大于版心

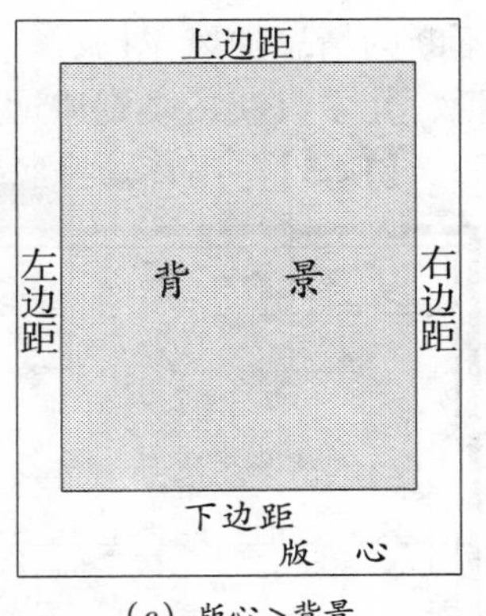

（c）版心＞背景
边距参数为负值，背景小于版心

图 3–29 边距参数与背景大小的关系示意图

【例 1】 制作水印效果

本例是用背景注解制作出水印的效果，逐页排出一个倒放的“福”字。读者可按小样文件自己制作后在屏幕上观察一下实际效果。

小样文件：

〖BJ（，，，〗〖CSD%0，40，40，0〗〖XZ（180#〗〖KX（10W〗⇙⇙〖HT600.，450. Y4〗福〖KX）〗〖XZ）〗〖CSD〗〖BJ）〗

【例 2】 用图片做背景并充满整个排版区域

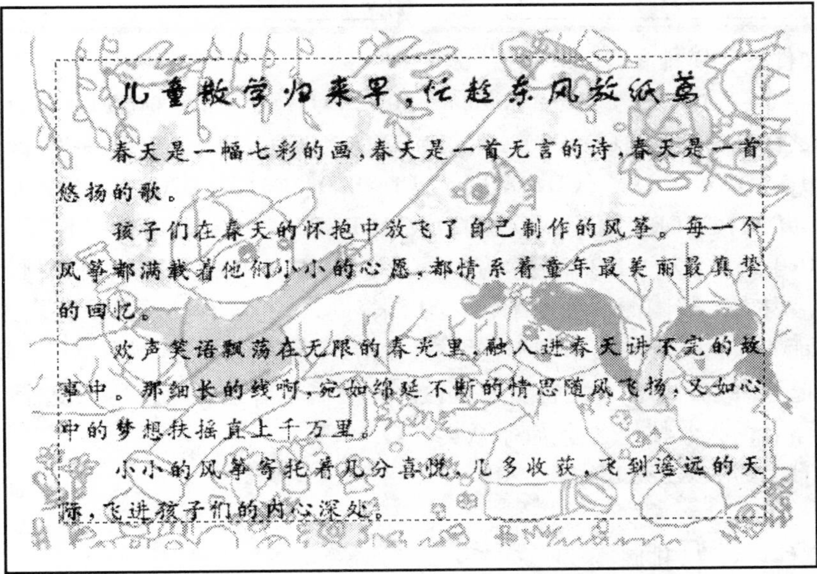

小样文件：〖BJ（1，1，1，1〗〖TP〈fz1. jpg〉；E13＊2。28〗〖BJ）〗〖HS2〗〖HT3ST〗〖JZ〗儿童散学归来早，忙趁东风放纸鸢〖HT5K〗↙春天是一幅七彩的画，春天是一首无言的诗，春天是一首悠扬的歌。↙孩子们在春天的怀抱中放飞了自己制作的风筝。每一个风筝都满载着他们小小的心愿，都情系着童年最美丽最真挚的回忆。↙欢声笑语飘荡在无限的春光里，融入进春天讲不完的故事中。那细长的线啊，宛如绵延

不断的情思随风飞扬，又如心中的梦想扶摇直上千万里。↙小小的风筝寄托着几分喜悦，几多收获，飞到遥远的天际，飞进孩子们的内心深处。Ω

【例3】 用背景排底线

爱 莲 说

周敦颐

水陆草木之花，可爱者甚蕃。晋陶渊明独爱菊；自李唐来，世人皆爱牡丹；予独爱莲之出淤泥而不染，濯清涟而不妖，中通外直，不蔓不枝，香远益清，亭亭净植，可远观而不可亵玩焉。

予谓菊，花之隐逸者也；牡丹，花之富贵者也；莲，花之君子者也。噫！菊之爱，陶后鲜有闻；莲之爱，同予者何人？牡丹之爱，宜乎众矣！

生于忧患 死于安乐

孟 子

舜发于畎亩之中，傅说举于斯筑之中，胶鬲举于鱼盐之中，管夷吾举于士，孙叔敖举于海，百里奚举于市。

故天将降大任于斯人也，必先苦其心志，劳其筋骨，饿其体肤，空乏其身，行拂乱其所为，所以动心忍性，曾益其所不能。人恒过，然后能改；困于心，衡于虑，而后作；征于色，发于声，而后喻。入则无法家拂士，出则无敌国外患者，国恒亡。然后知生于忧患，而死于安乐也。

小样文件一 横排底线

[BJ(*4, *4, *4,1][FK(CW20+5.3mm。20*2ZQ][SQ+3mm][HY1*2][CD#D20]↙[CD#D20]↙[CD#D20]↙[CD#D20]↙[CD#D20]↙[CD#D20]↙[CD#D20]↙[CD#D20]↙[CD#D20]↙[CD#D20]↙[CD#D20]↙[CD#D20]↙[CD#D20]↙[CD#D20]↙[CD#D20]↙[CD#D20]↙[CD#D20]↙[CD#D20]↙[CD#D20]↙[CD#D20][FK)][BJ)][SD+5mm][HK19*2]↙[JZ][HT3SS]爱=莲=说↙[HT4K][BFQ][JY,3]周敦颐↙水陆草木之花,可爱者甚蕃。晋陶渊明独爱菊;自李唐来,世人皆爱牡丹;予独爱莲之出淤泥而不染,濯清涟而不妖,中通外直,不蔓不枝,香远益清,亭亭净植,可远观而不可亵玩焉。↙予谓菊,花之隐逸者也;牡丹,花之富贵者也;莲,花之君子者也。噫！菊之爱,陶后鲜有闻;莲之爱,同予者何人？牡丹之爱,宜乎众矣！Ω

参数文件:[BX4,4SS&BZ&BZ,20。20,*2]

小样文件二: 竖排底线

[BJ(*4, *3, *3,][FK(CW13+3.3mm。26*5/7ZQ][SQ+8mm][HY8mm][CD#D26*3]↙[CD#D26*3]↙[CD#D26*3]↙[CD#D26*3]↙[CD#D26*3]↙[CD#D26*3]↙[CD#D26*3]↙[CD#D26*3]↙[CD#D26*3]↙[CD#D26*3]↙[CD#D26*3][FK)][HY][BJ)][SD+8.5mm][HK25*2][HY8mm][HT3SS]=生于忧患=死于安乐↙[HT4K][JY,3]孟=子↙[HTF]舜发于畎亩之中,傅说举于斯筑之中,胶鬲举于鱼盐之中,

管夷吾举于士，孙叔敖举于海，百里奚举于市。↙故天将降大任于斯人也，必先苦其心志，劳其筋骨，饿其体肤，空乏其身，行拂乱其所为，所以动心忍性，曾益其所不能。↙ 人恒过，然后能改；困于心，衡于虑，而后作；征于色，发于声，而后喻。入则无法家拂士，出则无敌国外患者，国恒亡。↙然后知生于忧患，而死于安乐也。↙Ω

参数文件：[BX4，4SS&BZ&BZ，13。26，＊2！]

【例 4】 信纸背景

小样文件：

[BW（（S ＊ 3，，）MSZ]
[JY，1] [HT5] 第 [BM] 页 [BW）]
[BW（（X － ＊ 2/3，1，）]
[HT5]12 行×22 字[BW）]
[BJ（，＊8，，] [HT3] [BG（；N]
[BHDSG1，SK1，K1。22S]
[BHDG＊2/3，SK21S]
[BHDG1，SK1，K1。22S]
[BHDG＊2/3，SK21S]
[BHDG1，SK1，K1。22S]
[BHDG＊2/3，SK21S]
[BHDG1，SK1，K1。22S]
[BHDG＊2/3，SK21S]
[BHDG1，SK1，K1。22S]
[BHDG＊2/3，SK21S]
（重复表行）…… [BHDG1，SK1，K1。22S]
[BG）S] [BJ）]
[BFQ#] [HT3K] [HJ＊2/3] ⇙ [JZ] =陋=室=铭⇙ [JY，3] 刘禹锡↙

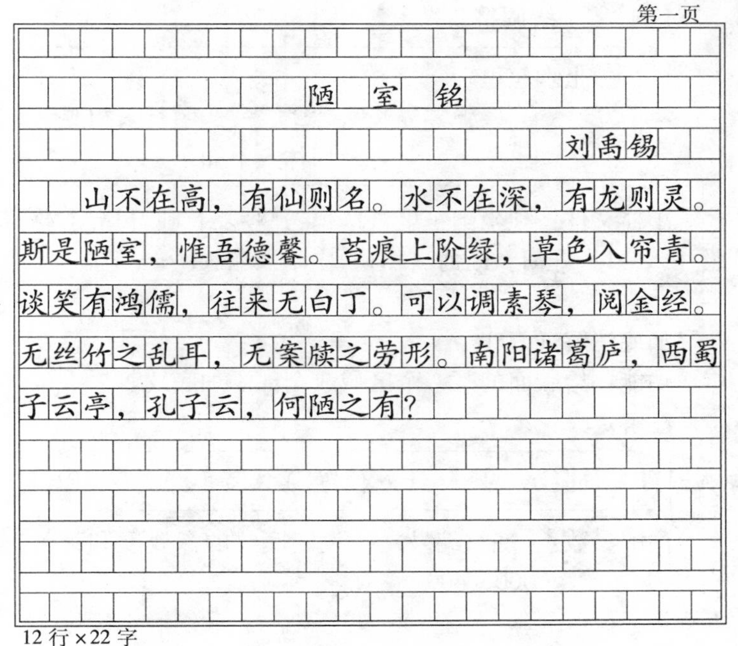

山不在高，有仙则名。水不在深，有龙则灵。斯是陋室，惟吾德馨。苔痕上阶绿，草色入帘青。谈笑有鸿儒，往来无白丁。可以调素琴，阅金经。无丝竹之乱耳，无案牍之劳形。南阳诸葛庐，西蜀子云亭，孔子云，何陋之有？Ω

PRO 文件：[BX5，5SS&BZ&BZ，27。27，＊2]

> **说　明：**
> ①本注解对后续各页都有效，直至下一个背景注解。
> ②取消背景的方法可以用注解 [BJ（，，，] [BJ）]。

基线注解（JX）

功能：改变当前行的基线，即改变一行字下边沿从而达到改变字符上下位置的目的。

注解定义：

〖JX〔－〕〈空行参数〉〔,〈字数〉〕〗

注解参数:〈空行参数〉　表示基线移动的距离，用行高做单位。

〔－〕　表示向上移动，省略表示向下移动。

〔,〈字数〉〕　表示本注解后共有多少字符要移动。

【例】　基线调整效果

独坐幽篁里　　　　　　　　　　　　　　　开河梦断何
　　　弹琴复长啸　　　　　明月来相照　　　　　尘暗旧貂裘
　　　　　　　　深林人不知

小样文件：独坐幽篁里〖JX1〗弹琴复长啸〖JX1〗深林人不知〖JX－1〗明月来相照〖JX－1〗开河梦断何〖JX1〗尘暗旧貂裘

加底注解（JD）

功能：给版面的某一个区域或全部添加底纹。

注解定义：

〖JD〈底纹编号〉〔（〈位置〉）〈尺寸〉〕〔D〕〔H〕〗

注解参数:〈底纹编号〉　设定底纹的深浅度和种类，深浅度为0～8级，种类为000～400

（〈位置〉）　（〈空行参数〉,〈字距〉）

〈尺寸〉　〈空行参数〉。〈字距〉

〔D〕　本层底纹代替外层底纹

〔H〕　表示底纹，省略为阳图

解释：

〈底纹编号〉是由4位数字组成，其中第一位为深浅度，深浅度为0～8共9级，后三位为编号种类，为000～400共401种，大于400的编号与400相同。

〈位置〉用来指定加底区域 的起始点，〈尺寸〉用来设定加底区域的大小。两者都省略表示给全页添加底纹。

【例】　加底注解例

底　纹 深浅度编号	底纹式样	小样文件
3级001号 底　纹	会当凌绝顶，一览众山小。	〖HT4K〗〖JD3001〗会当凌绝顶，一览众山小。
6级236号 底纹阴字	落日隐山西，人耕古原上。	〖HT4HP〗〖JD6236〗落日隐山西，人耕古原上。
2级037号 底　纹	落日翻旗影，长风送鼓声。	〖HT4XK〗〖JD2037〗落日翻旗影，长风送鼓声。
2级037号 底纹阴图	伤心江上客，不是故乡人。	〖HT4Y〗〖JD2037H〗伤心江上客，不是故乡人。

综合练习　试排出下面带边文与背景的综合版面

PRO 文件：[BX5，5SS&BZ&BZ，28。28，＊2]

一生无法绕过的乡情·······

原来，就是那样的一种月色，从此深植进她的心中，每个月圆的晚上，总会给她一种似曾相识的感觉，给她一种恍惚的乡愁。

明　月　夜

文/（台湾）席慕蓉

很晚了，她才和母亲从台北回来。车子开上了乡间那条小路的时候，月亮正从木麻黄的树梢后升了起来，路很暗，一辆车也没有，路两旁的木麻黄因而显得更加高大茂密。

一直沉默着的母亲忽然问她：

“你大概不会记得了吧？那时候，你还太小，我们住在四川乡下，家在一个山坡上，种着很多的松树，月亮升起来的时候，就像今天晚上这样……”

那么，妈妈，那多年来的幻像竟然是真实的了？

她怎么会不记得呢？心里总有着一轮满月冉冉升起，映着坡前的树影又黑又浓密，记得很清楚的是一个山坡，有月亮、有树，却一直想不起来曾在哪里见过，一直不知道那是个什么样的地方。

“你当然不会记得了，你那时候应该只有两三岁，还老是要我抱的呢。”

那么，妈妈，那应该是在一个满月的夜晚，在家门前的山坡上

·····读·品·悟感动真情系列·····

2

双页样文

年轻的妇人抱着幼儿，静静地站立着。

那夜，一轮皓月正从松树后面冉冉升起，山风拂过树林，拂过妇人清凉圆润的臂膀。在她怀中，孩子正睁大着眼睛注视着夜空，在小小漆黑的双眸里，反映着如水的月光。

原来，就是那样的一种月色，从此深植进她的心中，每个月圆的晚上，总会给她一种似曾相识的感觉，给她一种恍惚的乡愁。在她的画里，也因此而反复出现一轮极圆极满的皓月，高高地挂在天上，在画面下方，总会添上一丛又一丛浓密的树影。

妈妈，生命应该就是这样的吧？在每一个时刻里都会有一种埋伏，却要等待几十年之后才能够得到答案，要在不经意的回顾里才会恍然，恍然于生命中种种曲折的路途，种种美丽的牵绊。

到家了，她把车门打开，母亲吃力地支着拐杖走出车外，月光下，母亲满头的白发特别耀眼。

月色却依然如水，晚风依旧清凉。

单 页 样 文

第六节　参考文献、边栏边注版面排版

【任务1】掌握参考文献排版的基础知识和格式，灵活运用相应的注解命令排有边栏的版面。

【分析】掌握参考文献所要用到的字体、字号和排版规则，通过实例来了解边栏中两个副栏的大小及字体号的设置。

一、参考文献排版的基础知识和格式

参考文献集中排在篇、章的末尾或书后。文献页页码随正文次序编排。排版格式为：

(1)“参考文献”四个字为标题字，一般使用小四号或五号黑体字。无论是通栏还

是分栏排，题字都应占通栏居中。

（2）条目的序码，一般使用方括号，前后括号的距离以数字最多的序码为标准，所有括号大小一致，如［1］、［12］、［123］，在正文文字中应相应标明文献条目编号，左右加上方括号，用小号字排在该引文右上角，如："[1]"。

（3）参考文献条目的字号一般小于或等于正文。若正文为五号，文献字可用小五号或六号。

（4）通栏文献字如完全使用汉字排时，可按书中正文格式排，另行缩进两个字，转行顶格，两端不留空位。凡通栏的外文或中外文混排的文献字，另起行并缩进版心一个字。在括号与文献注字之间空一个字地位。转行时缩进四个字，与上文第一个字齐肩排。排双栏文献字行的两端不空，转行时顶格排。中文字的行距为1/2字高，外文字的行间要小一些。

二、参考文献、边栏边注版面排版所用的注解

【任务2】 用边栏、边注排出下列版面。

课文探究

点　评

课文原文

点　评

荷塘月色

这几天心里颇不宁静。（a."颇不宁静"的原因是什么？这一句在文中有何作用？）今晚在院子里坐着乘凉，忽然想起日日走过的荷塘，在这满月①的光里，总该另有一番样子吧。月亮渐渐地升高了，墙外马路上孩子们的欢笑，已经听不见了；（b.如果省略了"渐渐"一词，表达效果有何不同？）妻在屋里拍着闰儿②，迷迷糊糊地哼着眠歌。我悄悄地披了大衫，带上门出去。

段解：

沿着荷塘，是一条曲折的小煤屑路。这是一条幽僻的路；白天也少人走，夜晚更加寂寞。荷塘四面，长着许多树，蓊蓊郁郁③的。（c.这个句子有何特点？）路的一旁，是些杨柳，和一些不知道名字的树。没有月光的晚上，这路上阴森森的，有些怕人。今晚却很好，虽然月光也还是淡淡的。（d.这两个句子运用了什么写法？这样写有什么好处？）

段解：

路上只我一个人，背着手踱着。这一片天地好像是我的；我也像超出了平常的自己，到了另一世界里。（e.联系上下文，理解"平常的自己"是怎样的？现在的自己又是怎样的？"另一个世界"是一个怎样的世界？）我爱热闹，也爱冷静；爱群居，也爱独处。像今晚上，一个人在这苍茫的月下，什么都可以想，什么都可以不想，便觉是个自由的人。白天里一定要做的事，一定要说的话，现在都可不理。这是独处的妙处，我且受用这无边的荷香月色好了。（f.画线句在文中有何作用？）

朱自清的名、字的由来

拓展空间

【分析】

这是一个相对复杂一些的版面，乍一看，会感觉无从下手。不要着急，我们可以一点点地来分析它。

我们可以暂时先把版心线之外的内容去除，权当它们根本就不存在。观察版心内的部分，大致可分为上下两块。因为下面这部分内容相对较少，版式也较为简单，我们可以把它暂时单列出来，可以用分区（FQ）把这一区域划分出来，单独进行排版。在这一区域中，有一幅图片（底图）占满整个区域，它上面的文字也不是通栏排版，而是稍微偏左，露出图片右侧的装饰图案。这种版面我们可以考虑用置换（ZH）注解或用方框（FK）注解来实现。至此，整个版面下半部分的排版思路我们已经基本理顺。

下面，让我们再来看一看上半部分的版式，除去两侧的底纹（这不要干扰你排版的思路，这部分内容完全可以在整个版面排出来之后再加上，也可以暂且当它不存在），去掉了这些装饰性的东西，剩下的就只有文字内容了。这样，版面看起来就会比较清晰，整个版面像是分了3栏（因为每栏之间有栏间距），仔细观察与我们常规的分栏又有所不同，栏与栏之间的文字没有“流”的关系，而且左右两侧的栏的内容断断续续，也不像对照版面，没有平行的关系。仔细观察其内容，中间一栏为整版的主体部分，左右两侧的内容为其注释内容。这种版面用分栏（FL）注解也可以实现，但比较麻烦，需反复调试。用边栏（BL）、边注（BZ）来实现，则相当的简单。

小样文件：

〖MQ（《1》B31+1mm。35.5mm（2+3.5mm，-1mm）-WB0001%〗〖MQ）〗
〖MQ（《2》B31+1mm。35.5mm（2+3.5mm，31*2/3）-WB0001%〗〖MQ）〗
〖BW（B（S0,,)〗〖XCTT. TIF;%30%30〗〖JY〗〖XCT32. TIF;%20%20〗〖BW）〗
〖FQ（6*4/5，X，BP-W〗〖TP右角. TIF，BP%〗〖FK（W6。34ZQ〗〖SD2〗〖HT5”Y1〗〖JZ〗朱自清的名、字的由来〖HT6F〗↙
〖HJ6：*3〗据说，朱自清出生后，由于其父朱鸿钧，十分喜欢苏东坡，就从东坡的诗句“腹有诗书气自华”，给儿子取名“自华”。而朱自清外号“实秋”，除了因为算命先生说他“五行缺火”，以“秋”字取“火”外，还包含了“春华秋实”的寓意。“朱自清”一名则是他自己在上大学前（1917年）改的，此时他为了激励自己，便取《楚辞·卜居》“宁廉洁正直以自清严”中“自清”二字就改名为自清，以“清”的含义自勉。这就是朱自清名的由来。而这个名字，又的确反映了朱自清一生凛然不屈的气节。↙
他的字为佩弦，也是有典故的。《韩非子·观行》：“西门豹性急，故佩韦以自缓；董安于之性缓，故佩弦以自急。”弦，绷紧，性刚劲。朱自清取字佩弦，有明显的勉励意义。〖HT〗〖HJ〗〖FK）〗〖FQ）〗
〖JZ〗〖XC课文探究. TIF〗⇙
〖BL（1。6：12；2。6：12〗
〖BZ（〗〖CDD3〗〖HTY2〗点＝评〖CDD3〗〖BZ）〗〖BZ（2〗〖CDD3〗〖HTY2〗点＝评〖CDD3〗〖BZ）〗〖CDD7*2〗〖HTY2〗〖KG（*6〗课文原文〖KG）〗〖CDD7*2〗↙
〖HS3〗〖JZ〗〖HT3K〗荷塘月色〖HT5”SS〗↙
〖BZ（〗〖HT6F〗＝＝a. 1927年大革命失败后，作者彷徨苦闷，希望在一个幽静的环境

中寻求解脱却又无法解脱的心情。这一句是本文的文眼，如一锤定音，为全文定下了抒情的基调。[BZ)]

[HT5”SS] [ZZ（Z] 这几天心里颇不宁静。[ZZ)]（[HTK] a.“颇不宁静”的原因是什么？这一句在文中有何作用？[HTSS]）今晚在院子里坐着乘凉，忽然想起日日走过的荷塘，在这满月↑①的光里，总该另有一番样子吧。月亮渐渐地升高了，墙外马路上孩子们的欢笑，已经听不见了；[BZ（2] [HT6F] ==b. 如果省略了，则不能描摹出时空变幻的流动性，也不能体现出缓慢中的宁静与宁静中的颇不宁静。[BZ)]（[HTK] b. 如果省略了“渐渐”一词，表达效果有何不同？[HTSS]）妻在屋里拍着闰儿↑②，迷迷糊糊地哼着眠歌。我悄悄地披了大衫，带上门出去。⇙

[XC段解.TIF;%80%80] [HTH] 段解：[HTSS] ⇙

[HT6SS] [JZ] [FK（B1001#] 观荷缘起 [FK)]：[FK（B1001#] 颇不宁静 [FK)] —— [FK（B1001#] 想起荷塘 [FK)] —— [FK（B1001#] 出门赏荷 [FK)] [HT5”SS] ↙

沿着荷塘，是一条曲折的小煤屑路。这是一条幽僻的路；白天也少人走，夜晚更加 [ZZ（] 寂寞 [ZZ)] [BZ（] [HT6F] ==“寂寞”一词用得十分精妙。一方面介绍了夏夜荷塘的冷清，另一方面也表露了作者当时的心境，虚实结合，情景交融。[BZ)]。[ZZ（Z] 荷塘四面，长着许多树，蓊蓊郁郁↑③的。[ZZ)]（[HTK] c. 这个句子有何特点？[HTSS] [BZ（2] [HT6F] ==c. 定语“蓊蓊郁郁”后置，突出强调了树木的茂盛。[BZ)]）路的一旁，是些杨柳，和一些不知道名字的树。[ZZ（Z] 没有月光的晚上，这路上阴森森的，有些怕人。今晚却很好，虽然月光也还是淡淡的。[ZZ)]（[BZ（2] [HT6F] ==d. 运用对比手法，显现出特殊环境中的特殊氛围和特殊心情。[BZ)] [HTK] d. 这两个句子运用了什么写法？这样写有什么好处？[HTSS]）⇙

[XC段解.TIF;%80%80] [HTH] 段解：[HTSS] ⇙

[HT6SS] [JZ] [FK（B1001#] 去荷塘路上 [FK)] [JB（{] [FK（B1001#] 曲折的路 [FK)] ⇙ [FK（B1001#] 蓊蓊郁郁的树 [FK)] ⇙ [FK（B1001#] 淡淡的月光 [FK)] [JB)}] [FK（B1001#] 幽僻、寂寞、今晚很好 [FK)] [HT5”SS] ↙

路上只我一个人，背着手踱着。这一片天地好像是我的；我也像超出了 [ZZ（] 平常的自己 [ZZ)]，到了 [ZZ（] 另一世界 [ZZ)] 里。（[HTK] e. 联系上下文，[BZ（] [HT6F] ==e.“平常的自己”：苦闷、彷徨、想逃避又难以超然；“另一世界”指超脱了困苦的自由美好的世界。[BZ)] 理解“平常的自己”是怎样的？现在的自己又是怎样的？“另一个世界”是一个怎样的世界？[HTSS]）我爱热闹，也爱冷静；爱群居，也爱独处。像今晚上，一个人在这苍茫的月下，什么都 [BZ（2] [HT6F] ==f. 画线句是过渡句，提挈下文，引出下文对荷塘月色的描写，在感情上与上文形成对照。[BZ)] 可以想，什么都可以不想，便觉是个 [ZZ（] 自由 [ZZ)] [BZ（] [HT6F] ==“自由”一词体现了作者对现实的不满及对超脱现实的渴望。[BZ)] 的人。白天里一定要做的事，一定要说的话，现在都可不理。[ZZ（Z] 这是独处的妙处，我且受用这无边的荷香月色好了。[ZZ)]（[HTK] f. 画线句在文中有何作用?）[BL)] Ω

小样分析：

①“〖MQ（《1》B31＋1mm。35.5mm（2＋3.5mm，－1mm）－WB0001%〗〖MQ）〗”中，《1》为多区名；“B”表示分区只在本页出现；“31＋1mm。35.5mm”表示此区域有31行＋1mm那么高，35.5mm那么宽；“(2＋3．5mm，－1mm)”表示此区域左上点的坐标为x＝－1mm，y＝2行＋3．5mm（相对于版心的左上点（0，0）而言）；“－WB0001”表示此区域无边框用“001”号底纹，且深浅度为0；“%”表示此区域不在版心中挖空，即不斥开文字。

②“〖BW（B（S0,,)〗〖XCTT．TIF;%30%30〗〖JY〗〖XCT32．TIF;%20%20〗〖BW)〗”中，“B（S0,,)”表示是本页的上边文，版心距为0，左边距与右边距均取默认值0。

③“〖FQ（6＊4/5，X，BP－W〗”表示此区域6＊4/5行高，通栏宽，排在整个页面的下面，区域两侧不串文字且无边框。

④“〖HJ6：＊3〗”表示行距为6号字高的1/3倍。

⑤〖BL〗与〖BZ〗注解中的各参数的含义，详见后面的边栏（BL）、边注（BZ）注解。

边栏注解（BL）、边注注解（BZ）是一对注解，专门用于排带批注的版式。该注解的作用类似于分栏，不同的是分主栏和副栏。主栏是版面的主体，只有一栏，排列正文文字；副栏用于排注释文字（也叫边注），是对主栏内容的说明和解释，副栏通常一栏，也可以有两栏，分布在主栏的左右。

边栏、边注的格式由边栏注解（BL）定义，副栏内容由边注注解（BZ）来实现，一般都比较短，不拆页。只有一个副栏时，每次换页后，主栏与副栏的位置可以左右对换；有两个副栏时，每次换页后，两个副栏的内容可以左右对调。

边栏注解与分栏、对照注解相似，也有分栏线和栏间距参数，但作用不同。边栏注解与分栏不同的是各栏文字之间没有“流”的关系；与对照注解不同的是栏分主、副，不存在平行排版关系。

边栏注解（BL）

功能：将版面划分为两栏或三栏，其中一个为主栏，其余为副栏。

注解定义：

〖BL（〈1〈第一个副栏参数〉〉｜〈2〈第二个副栏参数〉〉｜〈1〈第一个副栏参数〉；2〈第二个副栏参数〉〉〔，X〕〗〈边栏内容〉〖BL)〗

注解参数：

〈第一个副栏参数〉、〈第二个副栏参数〉　〈副栏参数〉

〈副栏参数〉　。〈栏宽〉〔！〔〈线型号〉〕〔〈颜色〉〕〕〔K〈与主栏间距〉〕

〈栏宽〉　〈〈版心内栏宽〉,〈版心外栏宽〉〉｜〈版心内栏宽〉｜〈,〈版心外栏宽〉〉

〈版心内栏宽〉、〈版心外栏宽〉、〈与主栏间距〉　〈字距〉

〈线型号〉　〈线型〉〔〈字号〉〕

〈线型〉　F｜S｜Z｜D｜Q｜ =｜CW｜XW｜H〔花边编号〕

〈颜色〉　@〔%〕(〈C值〉、〈M值〉、〈Y值〉、〈K值〉)

〔，X〕　副栏换位置参数

解释：

本注解用于定义主栏与副栏，以及栏宽字数。其中主栏的宽度为版心减去副栏及栏间距离。至于副栏中排哪些内容，则由边注注解（BZ）决定。

〈线型号〉中的**〈字号〉**指的是线号，表示栏线的粗细，省略为五号字线。

〈颜色〉指栏线的颜色，省略为黑色。

〈与主栏间距〉指定副栏与主栏之间的距离，省略表示间距为当前字号1字宽。

〔，X〕表示每次换页后副栏与主栏左右位置互换（只指定了一个副栏），或者两个副栏左右位置互换（同时指定了两个副栏）。

〈边栏内容〉为主栏中的文字内容，是排版的主体。

【例1】　边栏排法示例

如果不指定边注所排的位置，表示在第一副栏××××××××××××××××××××××边注内容宽7个字

　　正文内容正文内容正文内容正文内容正文内容正文内容
正文内容正文内容正文内容正文内容正文内容正文内容正文
内容□□□第一边注开始□□□正文内容正文内容正文内容
正文内容正文内容正文内容正文内容正文内容正文内容正文
内容正文内容正文内容正文内容正文内容正文内容正文内容
正文内容正文内容正文内容正文内容正文内容正文内容正文
内容正文内容正文内容正文内容正文内容正文内容正文内容
正文内容正文内容正文内容正文内容正文内容正文内容正文
内容正文内容正文内容正文内容正文内容正文内容正文内容
正文内容正文内容正文内容正文内容正文内容正文内容正文
内容正文内容正文内容正文内容正文内容正文内容正文内容
正文内容正文内容正文内容正文内容正文内容正文内容正文
内容正文内容正文内容正文内容正文内容正文内容正文内容
正文内容正文内容正文内容正文内容正文内容正文内容正文
内容正文内容正文内容正文内容正文内容正文内容正文内容
正文内容正文内容正文内容□□□第二边注开始正文内容正
文内容正文内容正文内容正文内容正文内容正文内容正文内
容正文内容正文内容正文内容正文内容正文内容正文内容正
文内容正文内容正文内容正文内容正文内容正文内容正文内
容正文内容正文内容正文内容正文内容正文内容正文内容正
文内容正文内容正文内容正文内容正文内容正文内容正文内
容正文内容正文内容正文内容正文内容正文内容正文内容正
文内容正文内容正文内容正文内容正文内容正文内容正文内
容正文内容正文内容正文内容正文内容正文内容正文内容正

第二副栏××××××××××××××××××××××××边注内容为版心外栏宽6个字

小样文件：〖BL（1。，8；2。，6K2〗**==**正文内容正文内容正文内容正文内容正文内容正文内容正文内容正文内容正文内容正文内容正文内容正文内容□□□第一边注开始〖BZ（〗〖HTK〗如果不指定边注所排的位置，表示在第一副栏×××××

××××××××××××××××××××××边注内容为版心外栏宽 8 个字〖BZ)〗□□□正文内容……正文内容□□□第二边注开始〖BZ(2〗〖HTK〗第二副栏×××××××××××××××××××××××××××边注内容为版心外栏宽 6 个字〖BZ)〗正文内容……正文内容〖BL)〗

【例 2】 按要求完成边栏、边注的设定

设计一个使用副栏的小样。要求该副栏位于主栏右边，栏宽是 10 个小五号字宽，其中版心内占 8 个字，版心外占 2 个字。栏间不画线，栏间距是一个半字宽；换页时主栏与副栏的位置互换。

小样文件：〖BL(2。5"：8，2K1 * 2，X〗中华人民共和国中国人民解放军中华人民共和国中国人民解放军〖BZ(2〗〖HT5"〗这是副栏的内容这是副栏的内容这是副栏的内容这是副栏的内容这是副栏的内容这是副栏的内容这是副栏的内容〖BZ)〗中华人民共和国中国人民解放军……〖BL)〗

小样分析：

①注解开始处的"2"表示此边栏注解使用第二副栏，即副栏在版心的右侧；"。5"：8，2K1 * 2"中"。"只是副栏参数的开始标记，没有实际意义；"5"：8，2"表示栏宽为小五号字的 10 个字宽，其中版心内 8 个字宽，版心外 2 个字宽；"K1 * 2"表示主栏与副栏的栏间距是当前字号的一个半字宽。

②"〖BZ(2〗"中"2"与边栏注解中的"2"对应，表示边注的内容放到第二副栏之中；边注的起始"这是副栏……"与主栏被说明的内容行对齐。

③同学们自己做对照练习时，可以选择任意文字内容（边栏的、边注的），效果自己看看吧。

拼音注解（PY）

功能：自动给汉字加拼音。

注解定义：

〖PY(〔〈横向字号〉〔，〈纵向字号〉〕〕〔〈颜色〉〕〔K〈字距〉〕〔S|L|X〕〗〈拼音内容〉〖PY)〗

注解参数：

〈横向字号〉　表示拼音字母的字号，有双向字号时是长扁字，全缺省时字号约为汉字的 1/2 大小

〈纵向字号〉　同上

K〈字距〉　表示拼音与汉字之间的距离，缺省时距离为当前汉字的 1/4 字宽

X　表示横排时拼音排在汉字之下，竖排时拼音右转排在汉字之左，缺省值

S　表示横排时拼音排在汉字之上，竖排时拼音右转排在汉字之右

L　表示拼音直立排在汉字之右

X、S、L 均缺省时同 X

〈颜色〉　设定拼音字母的颜色。如果缺省，则使用当前的正文颜色排拼音字母

在书版 9.11 中可以通过菜单的方式来自动添加拼音注解，方法如下：

首先选中需要添加拼音的文字，然后选择“工具”菜单下的“添加拼音”命令，即可调出一个“添加拼音”对话框，如图3–30所示。设置好参数后点击确定，效果如下面的范例。

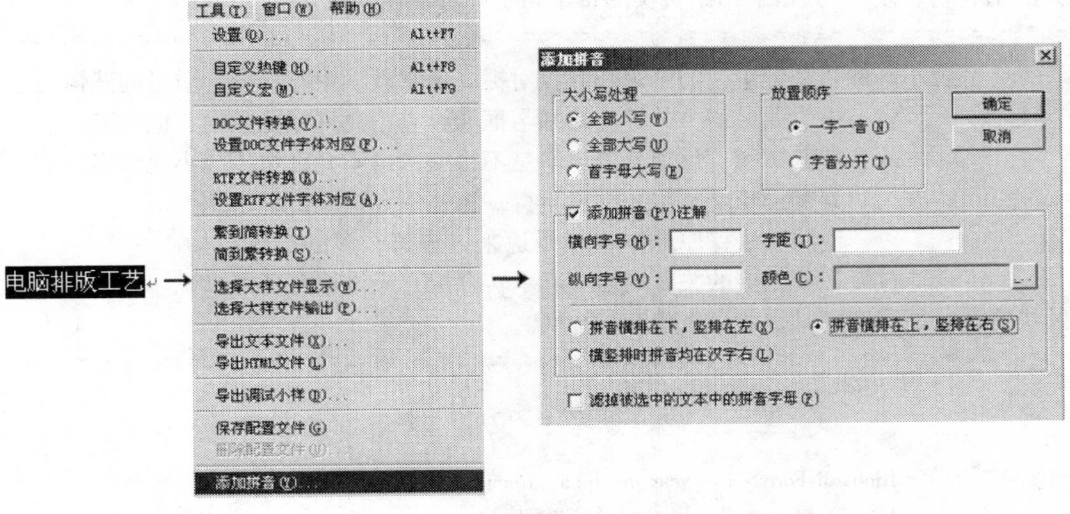

图3–30　添加拼音的流程

【例】拼音的各种用法

diàn nǎo pái bǎn gōng yì
电脑排版工艺

小样文件：〖PY（S〗电diàn脑nǎo排pái版bǎn工gōng艺yì〖PY）〗

电脑排版工艺
diàn nǎo pái bǎn gōng yì

小样文件：〖PY（〗电diàn脑nǎo排pái版bǎn工gōng艺yì〖PY）〗

电diàn 脑nǎo 排pái 版bǎn 工gōng 艺yì

小样文件：〖PY（L〗电diàn脑nǎo排pái版bǎn工gōng艺yì〖PY）〗

综合练习　按下页样张排出效果

“一分钟”的断想

我惊叹于“一分钟小站”那停车的一分钟：下车的农妇在一分钟内可肩扛手提，穿过拥挤不堪的车厢，将她的箩筐、扁担及孩子顺顺当当地带下车；上车的小贩可越过水泄不通的车门，将堆得小山般的货物稳稳当当地装上车；而那站台上沿车窗叫卖的小女孩，也能在这短短的一分钟内卖完她篮中的煮鸡蛋和玉米

课堂的每一分钟，皆是生命的一分钟。

棒。这是何等高效率、大容量的一分钟呀！

我惊叹于“微型小说”（也叫“一分钟小说”）的一分钟：它只是有一分钟的版面，于是它惜墨如金，删去所有“可有可无的字、句、段”，只留下结结实实的每个句子和每个标点。

这“空白”的一分钟，依然是结结实买的一分钟。

一分钟小站和一分钟小说的景观唤起我对提高课堂教学中每一分钟质量的感悟与思索。一堂课，四十分钟的篇幅与框架，它不允许穿靴戴帽、拖泥带水、絮絮叨叨、烦琐累赘、举三不得一；也不允许像传统小说烦琐累赘、唠唠叨叨、举三不得一；也不允许像传统小说的手法，原原本本慢慢道来，有那么多的交代、过渡，那么多的关联词语、起承转合。它应该拥有现代小说的快节奏、高密度、时空的自由跳跃与转换。

参　考　文　献

[1]　Twimothy Richardi Forty - five year in China；Remiaiscefices，第 25 - 26 页。同［1］．第 48 页；又见同［4］．第 49 页．

[12]同[11]。1878 年 1 月 24 日．

[2]　P. R. Bohr：Famine in China and the Missionary：T. Richard. 第 14 页；Richard to the Baptist Missionary Society. 1877 年 2 月 12 日．

[3]　W. R. Soothill：Finmthy Richard of China. 第 40 - 47 页．

同［1］，第 19 页；同［2］，第 71 页．

第七节　封面、辅文版面排版

【任务 1】掌握封面、辅文版面排版的基础知识和格式。

一、封面、辅文版面排版的基础知识和格式

1. 封面与封底

图书封面的排版格式：书名一般用大号的黑体、牟体或美术字。作者姓名一般用大于正文字号的楷体或准圆体。作者署名在两人以上时，人名间应空一个字，不加标点符号。翻译稿一般需列出原作者姓名和国籍，原作者国籍应加方括号，排在作者姓名前。由出版社出版的各类图书封面，均应署其社名。有些简精装书，特别是文艺小说、科技读物及大学教科书，在勒口上排有作者的照片和简介。

封底的右下角都用五号宋体或细圆体排书号和定价，有的书在封底的左上角排有责任编辑和封面设计者的姓名。成套书封底上印有本套书的书名及介绍广告。1994 年 1 月 1 日后出版的图书在封底的左下角都印有条码。

2. 书脊

图书书脊文字，一般出于检阅的方便，都印上书名、作者名及出版单位名。书名多用黑体，也可用隶书、美术体等，其他用宋体。字号根据书脊厚度而定，一般 $52g/m^2$。凸版纸每 200 页码的厚度为 7mm。书脊文字的排列，离天头、地脚的切口应有一定距离，一般天头空略大于地脚；同时要求齐整，特别是成套图书，应有严格规定，使成书后整齐划一。书名等的字距可参照标题字的字距进行处理。

3. 扉页

扉页一般正面排文字，反面空白。但现在许多书在扉页的反面排“内容提要”、“图书在版编目（CIP）数据”和“版本记录”。扉页的排版格式有不同的风格，传统的排法是居中三段式排版。即上部为书名，中部为作者名，下部为出版社名，各段文字都居中排，所用字体、字号的大小拉开。除传统的排法外，还有对角式、版角式、右齐式（或左齐式）、版边式等。对角式是把一部分文字排在版的左上角（或右上角），另一部分文字排在右下角（或左下角）；版角式是把扉页的全部文字集中排在版的一角；版边式是在版的一边 1/2 或 2/3 的面积上居中；右齐式（或左齐式）是将各行全部齐右边（或左边）版口排。文艺、生活类图书的扉页，可以搞得生动活泼、不拘形式；科技、理论类图书，则以质朴、大方为主要风格。

4. 内容提要

内容提要又称内容简介，主要介绍本书的内容、特点和读者对象，以便读者选购，并且也是征订发行和进行宣传的主要依据，一般只有 300 字以内的篇幅。内容提要多用小五号或六号宋体，小于或等于版心宽，排印在扉页背面、版本记录上首。内容提要也有排成狭长条，印在勒口上的。

5. 版本记录

版本记录俗称版权，但与版权又有区别，它是一本书刊诞生以来的历史介绍，供读者了解本书的出版情况。版本记录一般印在扉页背面或正文的最后一页，也有印在封底的。版本记录的排版格式，一般字号小于正文，行长为正文行长的 1/2。内容中的书名、编著译者、出版单位、出版地址、印刷单位、发行单位、开本、印张、插页、字数、版次、印次、印数、书号、定价等各占一行居中排。各行依次自上而下排列，有的在编著译名与出版单位之间、印刷单位与开本等之间、印数与书号之间加星花等符号。

6. 前言与后记

前言、后记的版式级别一般等同正文，所用字号也应等于正文，与正文版面相区别的应是字体可相应作变换。如序文文字精短，排不到一面，可改用大于正文的字号，也可略为缩小版心，对版面加以装饰。前言、后记的版面一般都是另面排。

7. 附录

附录为另面排、单独编排顺序，排在正文之后。

二、封面、辅文版面排版所用的注解

紧排注解（JP）

功能：指定本注解后内容为紧排或松排的格式。

注解定义：

〖JP〔〔+〕〈数字〉〕〗

注解参数：〔+〕　表示字符间拉宽距离排，省略表示字符紧缩排

〈数字〉　指字符紧缩或松排的级别为1～32，共32个级别

解释：

〈数字〉表示松或紧排字符间距的级别，数字越大表示效果越明显。恢复正常间距使用〖JP〗。

【例】 紧排或松排字间距离

紧排注解	紧排外文和数字	紧排中文
〖JP3〗	Founder 123456	方正书版数字
〖JP6〗	Founder 123456	方正书版数字
〖JP9〗	Founder 123456	方正书版数字
〖JP〗	Founder 123456	方正书版数字
〖JP+6〗	Founder 1 2 3 4 5 6	方 正 书 版 数 字
〖JP+9〗	Founder 1 2 3 4 5 6	方 正 书 版 数 字
〖JP+12〗	Founder 1 2 3 4 5 6	方 正 书 版 数 字

【任务2】 新建一个小样文件，完成下面的实例。

方正书版软件
排版工艺技术
行　中　注　解
对　齐　注　解
学　习　重　点

【分析】 在这个实例中主要用了行中（HZ）、撑满（CM）和对齐（DQ）注解来实现。本例中使用对齐注解将前面四行内容撑满对齐排，行中注解使后面内容排在四行内容的中心线上；最后撑满注解让“学习重点”四字在6个字距中平均撑满排。

【小样】 〖HT4L〗〖HZ（〗〖DQ（〗方正书版软件↙排版工艺技术↙行中注解↙

对齐注解［DQ）］［HZ）］［HT4HP］［CM6－4］学习重点

对齐注解（DQ）

功能：将多行内容在指定的宽度内均匀拉开排。

注解定义：

［DQ（〔〈字距〉〕］〈对齐内容〉［DQ）］

解释：

〈字距〉表示要对齐的内容所占的宽度。省略时表示以第一行为准，其他各行与第一行左右对齐（此时第一行应是所有行中最宽的一行）。如各行内容小于或等于〈字距〉给定的宽度，则各行内容两边对齐，中间字符均匀拉开排。

各行内容宽度不能超过〈字距〉所给的宽度，否则系统报“无法撑满”错。

【例1】 对齐注解效果

夏　　日　　山　　中
静　　　夜　　　思
望　庐　山　瀑　布
春 夜 洛 城 闻 笛
梦游天姥吟留别李 白

小样文件：［HT4Y］［DQ（7］夏日山中↙静夜思↙望庐山瀑布↙春夜洛城闻笛↙梦游天姥吟留别［DQ）］［HT3XQ］李 白

【例2】 对齐和行中注解共同使用效果

夏　　日　　山　　中
静　　　夜　　　思
望　庐　山　瀑　布李 白
春 夜 洛 城 闻 笛
梦游天姥吟留别

小样文件：［HT4Y］［HZ］［DQ（7］夏日山中↙静夜思↙望庐山瀑布↙春夜洛城闻笛↙梦游天姥吟留别［DQ）］［HZ］［HT3XQ］李 白

行中注解（HZ）

功能：将多行内容作为一个整体，令其中线与原所在行的中线一致。

注解定义：

［HZ（］〈内容行〉［HZ）］

解释：

本注解将多行内容作为一个盒子，沿其中线继续排后面的文字。

【例1】 横排行中注解效果

唐诗宋词 《夏日山中》《静夜思》《望庐山瀑布》《春夜洛城闻笛》 作者李白

小样文件：〖HT4L〗唐诗宋词〖HZ(〗《夏日山中》↙《静夜思》↙《望庐山瀑布》↙《春夜洛城闻笛》〖HZ)〗作者李白

【例2】 竖排行中注解效果

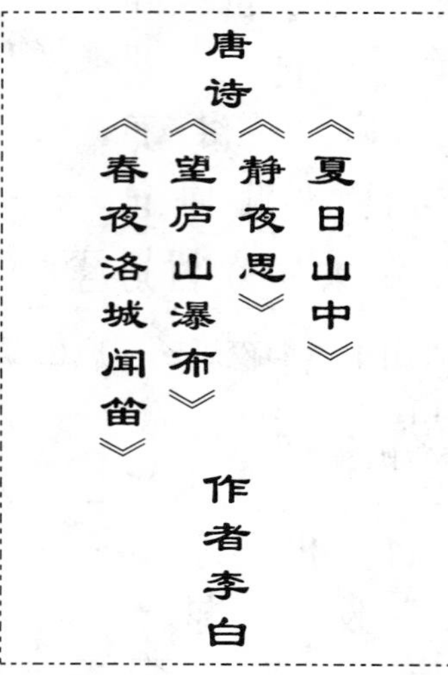

撑满注解（CM）

功能：将内容按指定的宽度均匀拉开排。

注解定义：

〖CM〈字距〉-〈字数〉〗
〖CM(〈字距〉〗〈撑满内容〉〖CM)〗

解释：

本注解自动调整字符间距离，在指定的宽度内均匀拉开排。

本注解的第一种形式表示将指定字数在给定的距离内撑满排；第二种开闭弧形式将括弧中的内容在指定的字距内撑满排。

〈字距〉表示字的宽度；〈字数〉表示在字距中排的字的个数，字距≥字数。

【例】 撑满效果

撑满效果	小样文件
嫣　　然　　摇　　动 冷　香　飞　上　诗　句 独 留 巧 思 传 千 古 远将两行泪遥寄海西头	〖CM10－4〗嫣然摇动↙〖CM10－6〗冷香飞上诗句↙〖CM10－7〗独留巧思传千古↙远将两行泪遥寄海西头
无　　限　　江　　山 独　自　莫　凭　栏 雨 雨 风 风 一 处 栖 远将两行泪遥寄海西头	〖CM（10〗无限江山〖CM）〗↙〖CM（10〗独自莫凭栏〖CM）〗↙〖CM（10〗雨雨风风一处栖〖CM）〗↙远将两行泪遥寄海西头

前后注解（QH）

功能：改变当前行宽并将内容撑满排。

注解定义：

〖QH〈前后参数〉〗
〖QH（〈前后参数〉〗〈前后内容〉〖QH）〗

注解参数：〈前后参数〉　〈字距〉〔!〕|〔〈字距〉〕|!〈字距〉

〈字距〉　缩进的字数

〔!〕　表示左右边分界线

解释：

本注解可以分别改变左右边的宽度，然后将内容均匀排在中间，〈前后参数〉中的〔!〕为左右边分界线，“!”前的〈字距〉指定行左边缩进的字数；“!”后的〈字距〉指定行右边缩进的字数。省略“!”则表示左右缩进的字数相同。

本注解第一种形式用于单行内容在指定范围撑满排，以↙、↙或KH注解结束；第二种形式用于多行内容在指定范围内撑满排。

【例】 前后注解效果例

薄　　薄　　酒
胜　　茶　　汤
绵 城 虽 云 乐
不 如 早 还 家
好山常是被云遮

小样文件：〖QH(3〗薄薄酒↙胜茶汤↙绵城虽云乐↙不如早还家↙好山常是被云遮〖QH)〗

说　明：

①本注解须手动添加⇙或↙，没有自动换行功能。

②注意不要使〈前后内容〉与当前行已排的内容重叠，否则系统报错。

③本注解设定的〈前后内容〉宽度不能大于当前的行宽，否则系统报“无法撑满错”。

位标注解（WB）

功能：在注解使用的当前位置设立一个标记，后面的内容与它纵向对齐。

注解定义：

〖WB〔Y〕〗

解释：

本注解用于在当前位置设立一个标记，如同竖立一个排头兵，下面各行内容用对位注解（DW）与位标注解（WB）对齐。〔Y〕指定为右对齐，表示下面需要对位的内容的最后一个字符与位标对齐，此时只使用括弧对注解形式〖DW（〗……〖DW）〗

说　明：

①只允许在第一行设立位标，换行后前面位标无效。

②本注解作用到下一个位标注解为止，一旦设定位标，只要没有新的位标注解出现，就对全文有效。

对位注解（DW）

功能：将本注解后面的内容与“位标”对齐。

注解定义：

〖DW〔〈位标数〉〕〗
〖KG（〈位标数〉〗〈对位内容〉〖KG）〗

解释：

本注解引导后面的内容与前面的“位标”纵向对齐排列。当一行中有多个位标时，注解可以带编号，实现相应对齐。本注解用于多行内容对齐。用位标注解和对齐注解能够实现上下两行或多行的内容对齐。

本注解有两种形式，第一种只用于左对齐；第二种括弧对形式适合右对齐。注意右对齐时位标注解（WB）中一定要有Y参数。此时对位注解括弧对中的最后一个字符与位标对齐。

〈位标数〉是位标的数字编号，表示本注解要和前面第几个位标对齐。通常不设位标数，表示按顺序对位。

> **说　明：**
> ①使用位标注解时，前面一定要有位标注解，否则系统报错。
> ②如果位标注解（WB）中定义的是右对位，而对位注解中没有使用开闭弧注解而是［DW］则系统自动按左对位处理。
> ③竖排时本注解按竖排效果对齐。

综合练习

新闻出版

电脑排版业务技能竞赛

书 版 类

上海新闻出版教培中心
上海新闻出版职业技术学校　　联合主办

第八节　表格版面排版

【任务1】　简单表格框架的制作。

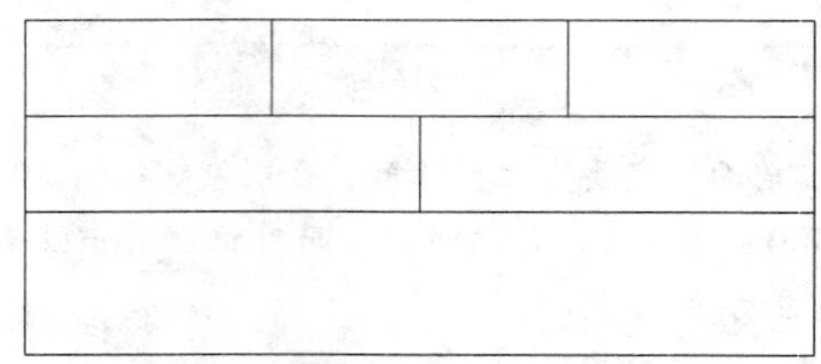

【小样文件】 〖BG(!〗〖BHDG2,K5,K6,K5〗〖BH,K8。2〗〖BHG3,K〗〖BG)〗

【分析】

①“〖BG（!〗”表示表格在当前行通栏居中排。

②“〖BHDG2，K5，K6，K5〗”中，“D”表示表格的上顶线采用默认的设置（正线）；“G2”表示行高 2 个字；“K5，K6，K5”表示栏宽分别为 5 个字、6 个字和 5 个字，共 3 栏。

③“〖BH，K8。2〗”中，“BH”后没带任何参数，表示此表行的顶线线型及行高与上一表行完全相同；“K8。2”表示栏宽为 8 的有两栏，其中的“。”表示相乘的关系。

④“〖BHG3，K〗”中，“D”参数缺省表示顶线与上一表行采用相同的线型；“G3”表示此表行的高度为 3 个字高；“K”宽参数后面没有任何数值表示与表行的总宽度相同。

一、表格结构

表格具有简明扼要，对比性强，直观的特点。一般表格主要由表题、表头、表身和表注四部分组成，其结构如图 3-31 所示：

表题 包括表序和表名，表题的字体、字号要有别于正文的字体、字号，一般用与正文同字号或小一个字号的黑体字，如“五号或小五号”黑体字。

表头 表框内第一行带有说明文字的叫表头，一般用比正文小一个字号的黑体。

表身 即表格内容，由若干行（横向）及栏目（纵向）组成，其中文字、数据比正文小一个到二个字号。

表注 即表的说明。一般排在底线下面，注文前应排“附注:”或“注:”字样。通常用与表格内容相同的字号或小一个字号。

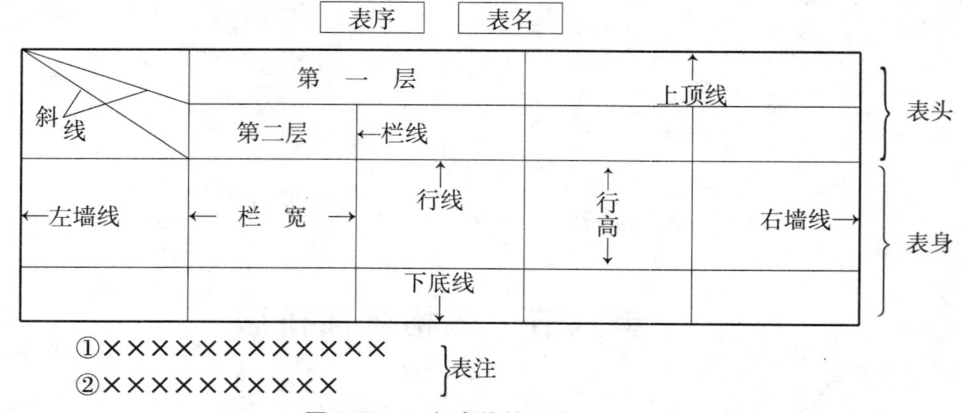

图 3-31 一般表格的结构

二、表格的排版规范

1. 书中插入表格的位置

书中插入的表格应是说表立即见到表，如果遇到版面调整确实有困难时，表格只能下移，不能前移。特殊情况需要前移时，必须注明见××页。

书中表格一般居中排，少数表宽度小于1/2～2/3 版心宽的允许串文排。

2. 书中表格的尺寸

书中表格尺寸应小于或等于版心宽度；表格宽度超过版心而小于开本的可不排页码，但应排成暗码；表格宽度大于版心宽度的，应排成卧表或双跨单的跨版表，页码按正常规范排；表格尺寸超过开本而又不能排成跨版表的，只能作插页表处理。

插页表不受开本尺寸的限制，但为了装订和阅读的方便，表格的高度最好等于开本的高度，表格的宽度最好是开本宽度的 2～3 倍，以便在装订时一边折叠，使折叠次数控制在 2～3 次以内。插页表不排页码，也不占页码数，在版权页上不计在"印张内"，而作为插页数处理。插页表插在双码之后，有时也可以放在书末。为了阅读方便，应在正文的相应位置注明"后有插表"，在插页表上排上"插在××页后"。

3. 表头的排法

在表格中，表头的排法通常可分为以下三种：

（1）横向表头的排法。一般的表格都是横向表头，横向表头有单层和双层两种。单层横向表头的表行高应大于表身中的行高；双层横向表头则等于或略大于表身中的行高。表头中的文字一般横排，如栏宽较小时可竖排或转行排。表头栏内文字不多时，给出距离两边栏线的空距撑满排，使字间自动留空。要避免无论字多字少都密排。表头栏内文字多时可转行排。转行后第二行相等或少 1～2 字，最好上、下对齐排。

（2）竖向表头的排法。竖表头也称项目栏，竖表头内文字数目不等时，可用两端对齐排（撑满排）；或表头文字较多可左齐排，尽量避免居中排。

（3）项目头的排法。表头中的项目栏也称表首，为说明表头、项目栏、数据栏的内容，要加斜线。斜线的左起点应为表首的左上角或左墙线、上线的某处，对于单层表头来说斜线的右终点应为表首的右下角或项目栏分栏线的上端。对于双层表头的项目头来说，斜线的顶点在顶线与左墙线的交点上，终点应为表首的右下角或表头各层次线的左端、项目栏分栏线的上端。表首内的文字可横排、竖排或斜排，但必须排匀。如图 3–32、图 3–33 所示。

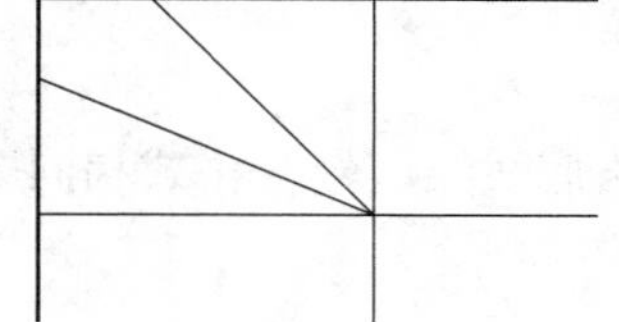

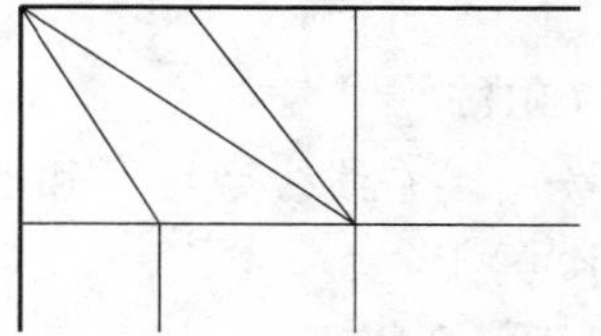

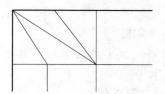

图 3–32　单层表头项目栏的排法

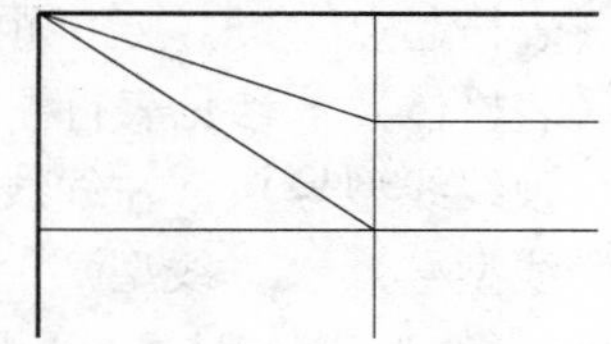

图 3–33　双层表头项目栏的排法

4. 表中数字和计量单位的排法

表中数字一律使用阿拉伯数字，同一栏内都是数据时，力求个位对齐。

计量单位尽量不排在说明栏内，同一栏或同一行的计量单位相同时，可将单位排在栏头或行头，另行排。全表的计量单位相同时，可将单位排在表题行的右边。

表行中同一栏内上下行文字或数据相同时，不能使用“同上”或“〃”，应重复排出相同的文字或数字。

5. 表格文字排列

表中内容有文字和数字两类，默认居中排列，另外还有以下排列方式：

（1）文字排列有居中、撑满、左对齐、右对齐和竖排。

（2）数字排列有居中、符号对齐和个位对齐（小数点对齐），后者专门用于排带小数的数字。

无论选取哪一种排列方式，内容的上下位置都居中排，需要上下移动时可用上齐注解（SQ）。

6. 排表格的步骤

表格制作有一定的技巧，根据方正书版制作表格的特点，应当争取一次成功，尽量减少修改，因为表格的修改比较麻烦。对于初学的用户可以按以下的步骤制作。

（1）分析表格结构，考虑制作方法。如是否不要行线或栏线；是否排表首斜线；是否拆页排；是否重复排表头等。原稿结构如不适合排版要求时，可考虑改排处理。

（2）计算表格尺寸。分配各栏宽度，总宽度不要超版心。可借助尺子等工具，必要时可用铅笔作一些辅助标注。

（3）试排出表框线。先排出表头和一、二层表行，填入文字内容，核对无误后再正式排版制作，减少失误。

（4）逐行复制，填入内容。自上而下，自左向右顺序制作。

表格注解（BG）

功能：制作表格。

注解定义：

〖BG（〔〈表格起点〉〕〔BT｜SD〔〈换页时上顶线线型号〉〕〔〈线颜色〉〕〕
〔XD〔〈换页时下底线线型号〉〕〔〈线颜色〉〕〕〔；N〕〗〈表格体〉
〖BG）〔〈表格底线线型号〉〕〔〈底线颜色〉〕〗

注解参数：

〈表格起点〉　（〈字距〉）｜！

〈表格体〉　参见表行注解（BH）

〈顶线线型号〉、〈左线线型号〉、〈右线线型号〉和〈表格底线线型号〉格式相同

〈线型号〉　〈线型〉〔〈字号〉〕

〈线型〉　F｜S｜W｜Z｜D｜Q｜=

〈字号〉　表示线的粗细，省略为五号字线

〈线颜色〉、〈换页时上顶线颜色〉、〈换页时下底线颜色〉　@〔%〕（C，M，Y，K）

解释：

〔BT〕　表格换页时指定重复排表头。

〔SD〕　换页时指定排上顶线，并定义上顶线线型。

〔XD〕　换页时排下底线，并定义下底线线型。

〔；N〕　表示使用新的方式绘制双线。

以上是表格注解的完整形式，用以描述表格的结构。在方正书版系统中，本注解项目最多，也是最长的。初学者不要被该注解冗长复杂的结构所迷惑，排过表格后你会发现，实际应用中往往只用到其中的一小部分内容。

表格注解分为表格开弧、表格体和表格闭弧三部分。下面将按照表格开弧〖BG（〗、表格闭弧〖BG）〗、表格体〖BH〗的顺序逐一介绍。

1. 表格开弧

表格开弧的注解形式如下，有6组参数。

〖BG（［〈表格起点〉］［BT｜SD［〈换页时上顶线线型号〉］［〈线颜色〉］］
　　［XD［〈换页时下底线线型号〉］［〈线颜色〉］］［；N］〗

〈表格起点〉表示表格从何处开始排，起点位于表格的左上角，有“（〈字距〉）”和“！”两种表达形式。其中〈字距〉给出从当前行第几个字开始排，一定要用括号括起来；“！”表示在当前层通栏居中排。省略〈表格起点〉表示从当前行第1个字处开始（如果本行已排字，自动换到下行）。

例如，〖BG（（8）〗表示从当前行左端第8个字的位置开始排；〖BG（！〗表示表格居中排，这种形式用得最多；〖BG（〗表示从当前行第1个字起排。

表格开弧中的［BT｜SD［〈换页时上顶线线型号〉］［〈线颜色〉］］［XD［〈换页时下底线线型号〉］［〈线颜色〉］］均为表头参数，用于排表头，将在后面“表格拆页”中详细介绍。

［；N］表示使用新的方式绘制双线，该参数能克服旧书版软件中排双线的不规范之处。省略则仍然按照原方式绘制出双线。

2. 表格闭弧

〖BG）［〈表格底线线型号〉］［〈底线颜色〉］〗

［〈表格底线线型号〉］：指定表格底线的线型。通常取F反线，省略则表示用正线。

［〈底线颜色〉］：指定底线的颜色，省略则使用框线颜色。通常为黑色。

表格闭弧表示表格的结束，必须与表格开弧注解成对使用。

3. 表格体

表格是由表格体和表格内容文字组成，表格体就是表线画出的框架。方正书版排表格是按“行”制作表格，表行是构成表格的基本单位，无论多复杂的表格，都由一层层表行组成，层层叠加制作出表格，一页排不下自动换到下页继续排。每一个表行又是由若干栏（或称项）组成。

表格的横线称为行线，行线与行线之间分隔出表行，其高度称为“行高”，用参数G表示。

表格的纵线称为栏线，栏线与栏线之间分隔出栏，其宽度称为“栏宽”，用参数K

表示。

表格注解（BH）

功能：用于排表格框架，即排表格行，是表格注解的主体。

一个表格注解中至少有一个表行。

注解定义：

〖BH〔D〔〈顶线线型号〉〕〔〈顶线颜色〉〕〕〔G〔〈字距〉〕〕〔〈各栏参数〉〔〈右线线型号〉〕〔〈右线颜色〉〕〕〗

注解参数：

〔〈顶线线型号〉〕　〈线型〉〔〈字号〉〕

〈线型〉　F|S|W|Z|D|Q|=

〈顶线颜色〉、〈左线颜色〉、〈右线颜色〉　@〔%〕（C，M，Y，K）

〈各栏参数〉　{，〔〈左线线型号〉〕〔〈左线颜色〉〕〔〈栏宽〉〕〔。〈栏数〉〕〔DW〕〔〈内容排法〉〔〈字距〉〕〕$\}_1^n$

〈栏宽〉　K〔〈字距〉〕

〈内容排法〉　CM|YQ|ZQ

解释：

D〔〈顶线线型号〉〕表示本行顶线线型，首行不写表示用正线，其他行不写表示与上行线相同。

G〔〈字距〉〕参数表示本行高度，通常以当前字高为单位，如G5表示行高为5个字。省略本参数表示高度同上行；只有G字母，省略〈字距〉参数表示行高度到本页末或子表末尾。

〈栏宽〉参数用K〔〈字距〉〕表示两条栏线之间的距离，如K8表示栏宽8个字。栏与栏之间用逗号“，”分隔。省略〈字距〉参数（如〖BH，K〗）表示栏宽持续到本表首行末；首栏省略〈字距〉参数则表示栏宽直到版面的右端。

如果有几个完全相同的栏，用〔。〈栏数〉〕表示，“。”表示相乘的关系，如“K8。3”表示栏宽为8个字，有3个相同的栏。

〔DW〕参数表示本栏的数字个位对齐，省略表示不对齐。

〔〈内容排法〉〔〈字距〉〕〕CM撑满、YQ右齐、ZQ左齐三项选择，省略为居中。〈字距〉表示与栏边线空出的距离，省略表示空出五号字的1/2（＊2），居中排边线不留空。如YQ1表示靠右排，距栏线空1字；ZQ2靠左排，距栏线空2字；CM1表示内容撑满排，左右两边距栏线1字宽。

〈各栏参数〉省略表示栏宽与栏线同上一表行。

【例】　简单表框的制作

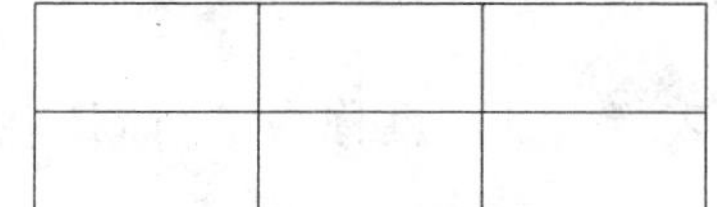

小样文件：〖BG（（5）〗〖BHDG2，K4。3〗〖BH〗〖BG）〗

三、表格填字

填表内的文字是表格制作的重要内容。方正书版制作表格的顺序是画一行表格框，填入一行文字内容；再画一行表格，填写一行内容，由上至下一层层排出表格。

1．项间隔符〖〗

表行可以有多栏，每一栏为一项。填写表格内容以栏为单位，逐项顺序填写，项与项之间用〖〗作间隔，也叫项间隔符号。项间隔符号中间也可以加数字，指定文字填写到某一栏中，形式为〖〔〈栏数〉〕〗，例如〖5〗表示内容填写到第5栏中。通常顺序填写不指定栏数。

2．项内容

项内容跟在表行注解的后面。项内容是指表格中填写的内容，可以是字符，也可以是数学公式、斜线和表首注解、图片或继续画表格（子表）等其他内容。

【例】 填表格字

唐代至清末长江较大水灾初步统计

朝　代	年数	水灾次数	平均几年一次
唐代	289	16	18
宋朝（金）	317	63	5
元朝	91	16	5.6
明朝	276	66	4.1
清朝	268	62	4.2

小样文件：〖BG（（5）〗〖BHDG2，K6，K4，K6，K7〗朝=代〖〗年数〖〗水灾次数〖〗平均几年一次

〖BH〗唐代〖〗289〖〗16〖〗18

〖BH〗宋朝（金）〖〗317〖〗63〖〗5

〖BH〗元朝〖〗91〖〗16〖〗5.6

〖BH〗明朝〖〗276〖〗66〖〗4.1

〖BH〗清朝〖〗268〖〗62〖〗4.2

〖BG）〗

小样分析：

①“〖BG（（5）〗”表示表格在当前行第5列开始排。

②“〖BHDG2，K6，K4，K6，K7〗”定义了该表行顶线为正线，高为2个当前字高，共有4栏，宽度分别为6、4、6、7个当前字宽。

③“朝=代〖〗年数〖〗水灾次数〖〗平均几年一次”为各栏所填文字，其中“〖〗”为项（栏）与项（栏）之间的间隔符号，也叫项间隔符。

④〖BH〗表示与上层表行的线型、栏宽完全一致。

⑤表行注解后面的文字是项内容，项与项之间用间隔符〖〗分隔，逐项填写内容。

四、表格的框线

表格（有线表）的框架由表线构成，横为“行线”、竖为“栏线”，通常表格行线和栏线用正线，四周边框线用反线。

1. 表线线型

有7种线型，F、S、D、Q、=、W，缺省为正线。

2. 行线

行线由表行注解指定，本行的顶线即为上一行的底线。参数形式为[BH〔D〔〈顶线线型号〉〕〕]……如双线表示为[BHDSG3，……]，点线表示为[BHDDG3，……]，无线表示为[BHDWG3……]。

由于本行顶线即为上一行的底线，因此制作中只考虑表行顶线，不管底线。表格最后的下底线由表格闭弧注解[BG)〔〈底线线型号〉〕]指定，如[BG)F]表示下底线为反线。

3. 栏线

表格中的竖线叫栏线，用于栏与栏之间的分隔，由表行注解指定，栏线参数为：

[BHDG〔〈行距〉〕{，〔〈左线线型号〉〕〔〈左线颜色〉〕K〈字距〉〔。〈栏数〉〕}$_0^n$〔〈右线线型号〉〕〔〈右线颜色〉〕]

上式中的〈左线线型号〉、〈右线线型号〉用于指定栏线。

表行中本栏的左线就是上一栏的右线，制作中只考虑左栏线，只是在表行的末栏（结束）处和给出左、右墙线型。例如[BHDG3，FK2，K3，SK4 F]。

4. 表格框线

前面说过，表格第一条和最后一条行线分别称为顶线、底线；表格第一条和最后一条栏线分别称为左墙线、右墙线。顶线、底线、左墙线、右墙线组成了表格的4条框线，它们是表格最基本的线，其中：

（1）顶线　表格首行参数指定，如[BG(][BH〔D〔〈顶线线型号〉〕〕……

（2）底线　表格闭弧指定，如……[BG)〔〈底线线型号〉〕]

（3）左墙线　表行第一条栏线指定，如[BHDG〔〈行距〉〕，〔〈左线线型号〉〕K〈字距〉……]

（4）右墙线　表行结束处给出，如[BHDG〔〈行距〉〕，〔〈左线线型号〉〕K〈字距〉，〔〈左线线型号〉〕K〈字距〉……〔〈左线线型号〉〕K〈字距〉〔〈右线线型号〉〕]

表格由表行层层叠加而成，首行行线就是上顶线；结束时的表格闭弧给出下底线。左、右墙线由各行的首、末栏线叠加而成，要保持栏线的上下一致。

【例1】 表格中的双线

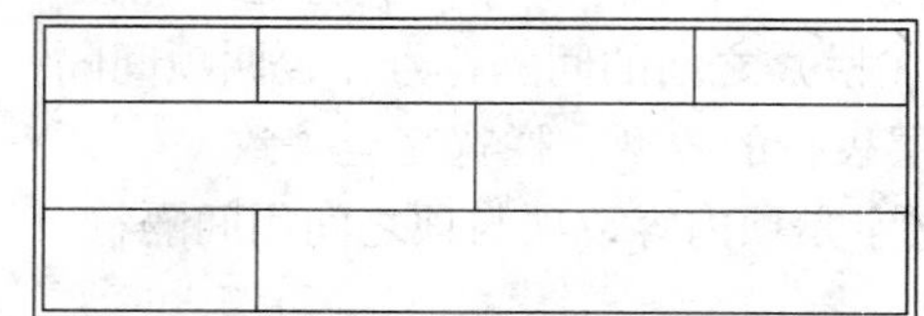

小样文件：[BG(!；N][BHDSG1＊2，SK4，K8，K4S][BHDG2，SK8，K8S][BH，

SK4，K12S〗〖BG）S〗

小样分析：

①“〖BG（!；N〗”中，“!”表示表格要通栏居中摆放；“N”表示表格中的双线要使用新的方式绘制。

②“〖BHDSG1 * 2，SK4，K8，K4S〗”中，“DSG1 * 2”表示表行的顶线采用双线且该表行的高度为当前字号的 1 * 2 个字高；“SK4”表示左墙线用双线（第 1 栏的左边线为左墙线）并且栏宽为当前字号的 4 个字宽；“K8”表示第 2 栏的宽度为当前字号的 8 个字宽，“K”参数前未指明左线线型，表明用默认的正线；“K4S”表示第 3 栏的宽度为当前字号的 4 个字宽并且左边线型为正线（使用默认线型）右墙线为双线（最后一栏的右边线为右墙线）。

③“〖BHDG2，SK8，K8S〗”表示这一表行的顶线为正线（线型采用默认值，为正线），行高为当前字号的 2 个字高；共分 2 栏栏宽都是当前字号的 8 个字宽；左墙线为双线；右墙线为双线。

注意：

虽然此表行的两栏宽度均为 8，但却不能采用〖BHDG2，SK8。2S〗的形式，“。2”表示的是左边线为双线且宽度为 8 的栏共 2 栏，这样会使得第 2 栏的左边线也变成双线，因此需要分开来设置。

④“〖BH，SK4，K12S〗”中，“BH”其后面的“D、G”参数均缺省，表示此表行的顶线线型与高度均采用与上一表行完全相同的值；“SK4，K12S”表示此表行共分 2 栏，左右墙线均为双线，一栏宽度为 4，一栏宽度为 12。

⑤“〖BG）S〗”表示表格的下底线为双线。

【例 2】 不要左、右墙线的表格，空栏线由 W 参数指定

←无左墙线		无右墙线→

小样文件：〖BG（!；N〗 〖BHDSG1 * 2，WK6，K6，K6W〗 〖BHDG2，WK9ZQ，K9YQW〗〖HT9.〗←无左墙线〖〗无右墙线→〖HT〗〖BHDG2，WK18W〗〖BG）S〗

【例 3】 制作三线表

颜色	数值	位数	误差值
黑	0	×1	
棕	1	$\times 10^1$	±1%
红	2	$\times 10^2$	±2%
橙	3	$\times 10^3$	

小样文件：

方法一 把黑、棕、红、橙所在的四行内容，看做是在 4 个不同的表行。

〖BG（!〗〖BHDFG2，WK6，WK5。2，WK6W〗〖HT5”H〗颜色〖〗数值〖〗位数〖〗

误差值〖HT〗〖BHDG1＊2〗〖HT5"〗黑〖〗0〖〗×1〖HT〗〖BHDW〗〖HT5"〗棕〖〗1〖〗×10↑1〖〗±1%〖HT〗〖BH〗〖HT5"〗红〖〗2〖〗×10↑2〖〗±2%〖HT〗〖BH〗〖HT5"〗橙〖〗3〖〗×10↑3〖HT〗〖BG）F〗

方法二　把黑、棕、红、橙所在的四行内容，看做是一个表行中的内容。

〖BG（!〗〖BHDFG2，WK6，WK5。2，WK6W〗颜色〖〗数值〖〗位数〖〗误差值〖BHDG6〗黑↙棕↙红↙棕〖〗0↙1↙2↙3〖〗×1↙×10↑1↙×10↑2↙×10↑3〖〗↙±1%↙±2%〖BG）F〗

小样分析：

①方法一是把除表头外的部分（即表身），分成四个表行，也就是把表身分成了4行4列的内容。

②方法二是把表身中的内容，整个看做是一个表行，也就是把表身分成了1行4列的内容。

③"黑↙棕↙红↙棕〖〗0↙1↙2↙3〖〗……"中的"黑↙棕↙红↙棕〖〗"表示黑、棕、红、橙共处1个表格项（单元格）且分别位于4个不同的行上。

提　示：

【例3】 这类表格的制作方法有多种，大家可结合后面讲到的表位标（GW）、表对位（GD），利用此样张继续进行练习。

注　意：

制作表格应当尽量简化参数，能取省略值就不要重复，这样做的好处一是减少输入量；二是避免出错；三是修改方便，可以"牵一发而动全身"。

5．线颜色

方正书版可以排出彩色表线。线颜色参数有〈顶线颜色〉、〈左线颜色〉、〈右线颜色〉、〈换页时上顶线颜色〉、〈换页时下底线颜色〉、〈底线颜色〉共6处，用于指定线的色彩。省略线颜色为黑色。

提　示：

如果要绘制彩色表格，可先用〖CSX……〗去定义表中大多数线条采用的颜色，个别不同颜色的地方可用表格中线颜色参数设定。

五、字符对齐

1．字符对齐

文字符号在表栏中通常居中排列，并有左对齐、右对齐、个位对齐和撑满共5种排列方式。个位对齐也叫"对位"，用于排带小数的数字；撑满排只用于排文字。

字符的排列对齐方式由表行中的各栏参数实现，有对位（DW）和〈内容排法〉参数供选择。

各栏参数：{，［〈左线线型号〉］［〈左线颜色〉］［K〈字距〉］［。〈栏数〉］［DW］［〈内容排法〉［〈字距〉］］}$_1^n$

［DW］表示数字按个位对齐（按小数点对齐）排列。此时数字在个位数对齐的基础上整体仍可实现居中、左齐或右齐排。省略表示不对位。

〈内容排法〉有 CM、YQ、ZQ，省略为居中。

〈字距〉表示 CM、YQ、ZQ 三种排法时，内容左右两边与栏线的距离，例如“ZQ0”表示内容左对齐，与左栏线距离为 0；“ZQ1＊2”表示左对齐，与左栏线距离 $1\frac{1}{2}$字宽；“YQ2”表示内容右对齐，与右栏线距离为 2 个字宽；“CM1”表示内容撑满排，左右两边距栏线 1 个字宽。省略字距参数时，内容与栏线之间空五号字的 1/2。居中排时，内容与栏线之间不留空。

文字内容在表行内上下居中，可用上齐注解（SQ）调整文字内容的上下位置。

【例】 不同的对齐排列方法示例

居 中（省略）	左 齐（ZQ）	右 齐（YQ）	撑 满（CM）	个位对齐（DW）	改 排（GP）
123.4	123.4	123.4	1 2 3 . 4	123.4	改排注解（GP）是将横排的文字改竖排
12.34	12.34	12.34	1 2 . 3 4	12.34	
123.456	123.456	123.456	1 2 3 . 4 5 6	123.456	

小样文件：〖BG（!〗〖BHDFG1＊2，FK6，K6。3，K8，K6F〗〖HT5”〗居 中（省略）〖〗左 齐（ZQ）〖〗右 齐（YQ）〖〗撑 满（CM）〖〗个位对齐（DW）〖〗改 排（GP）〖HT〗〖BHDG6，FK32，K6ZQF〗〖ZB（〗〖BHDWG2，WK6，K6ZQ，K6YQ，K6CM，K8DWW〗〖HT5”〗123.4〖〗123.4〖〗123.4〖〗123.4〖〗123.4〖HT〗〖BHD〗〖HT5”〗12.34〖〗12.34〖〗12.34〖〗12.34〖〗12.34〖HT〗〖BH〗〖HT5”〗123.456〖〗123.456〖〗123.456〖〗123.456〖〗123.456〖HT〗〖ZB）W〗〖〗〖GP〗〖HT5”〗改排注解〖WPD〗（GP）〖WP〗是将横排的文字改竖排〖HT〗〖BG）F〗

2. **字符回行**

〈内容排法〉中，只有左齐参数（ZQ）才能使表格内的文字内容自动回行，其他排法都不能实现自动换行，当文字过多时，会超出栏宽之外，发排时系统报“内容重叠”错，此时只能加入“⇙”或“↙”注解符号来解决。因此当表格内容较多需要自动回行排时，应当用左齐参数（ZQ）。

改排注解（GP）

功能：表内文字横排改竖排，或竖排改横排。

注解定义： 〖GP〗

本注解是一个无参数注解，只用于表格注解中，使表格项内容横、竖排转换，即由原来的横排改为竖排；或由竖排改为横排。

【例】

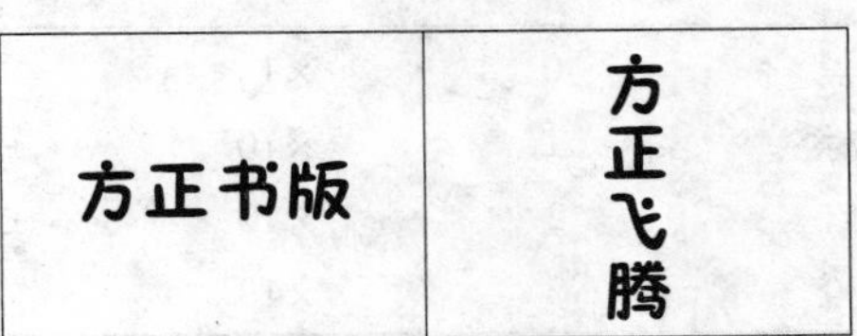

方正书版	方正飞腾

小样文件：[BG(!][BHDG6,K8。2][HT4SE]方正书版[][GP]方正飞腾[HT][BG)]

说　明：

①本注解只对当前表格项起作用，不影响其他项。

②本注解必须紧跟在表行注解或项间隔符之后，中间不能插其他注解，否则不起作用。

表格位标注解（GW）

功能：在表格当前位置设立一个对位标记（位标），后面内容依此对齐。本注解只用于排表格，称“表位标”。

注解定义：　[GW]

表格对位注解（GD）

功能：按表位标注解（GW）的位置，对齐排列后面的文字。本注解仅限于表格注解内使用。

注解定义：　[GD〔〈位标数〉〕]

注解参数：

〈位标数〉　〈数字〉〔〈数字〉〕　用于指定位标位置，如[GD3]表示与第3个位标对齐

注　意：使用本注解时应将内容排法设为左齐（ZQ），否则本注解不起作用。

【例1】 用表位标（GW）、表对位（GD）注解对齐排

①□□　　②□□　　③□□　　④□□
○○　　　　　　　○○　　○○○
⬡⬡　　⬡⬡　　⬡⬡　　⬡⬡ 　　　　⬠⬠　　　　　　⬠⬠

小样文件：[BG(![BHDG2，K27ZQ]=①[GW]□□===②[GW]□□===③[GW]□□===④[GW]□□[BHG2]　[GD]○○[GD3]○○[GD]○○○[BHG4]　[GD]⬡⬡[GD]⬡⬡[GD]⬡⬡[GD]⬡⬡↙[GD2]⬠⬠[GD4]⬠⬠[BG)]

【例2】 制作三线表

颜色	数值	位数	误差值
黑	0	$\times 1$	
棕	1	$\times 10^1$	±1%
红	2	$\times 10^2$	±2%
橙	3	$\times 10^3$	

小样文件：

〖BG（!〗〖BHDFG2，WK6，WK5。2，WK6W〗〖HT5” H〗颜色〖〗数值〖〗位数〖〗误差值〖HT〗〖BHDG6，WK22ZQW〗〖HT5”〗〖KG2*2〗〖GW〗黑〖KG5*2〗〖GW〗0〖KG4*2〗〖GW〗×1〖KG4*2〗〖GW〗⇙〖GD1〗棕〖GD〗1〖GD〗×10⇑1〖GD〗±1%⇙〖GD1〗红〖GD〗2〖GD〗×10⇑2〖GD〗±2%⇙〖GD1〗橙〖GD〗3〖GD〗×10⇑3〖HT〗〖BG）F〗

提　示：

表格对位的位标数是以列（栏）为单位来计数的。也就是说，在一栏内可以有多个位标（要在同一行上），在一栏内的不同表行上的内容均可与之对位。对于不同栏内的位标，对位时均从1开始计数。

六、表格拆页

表格内容较长，一页排不下时，能自动将表格换到下页继续排，实现自动拆页。表格拆页有三个相关的参数，分别是重复排表头（BT）、指定上顶线（SD）和指定下底线（XD）。

表格注解可简化如下：

〖BG（〔〈表格起点〉〕〔BT|SD〔〈线型号〉〕〕〔XD〈底线线型号〉〕〗〈表格体〉〖BG）〔〈底线线型号〉〕〗

BT称“表头”，用于指定拆页后自动重复排表头；SD称“上顶”，用于指定上顶线，BT与SD两者可能冲突，二者只可选其一。XD称“下底”，即指定排下底线，并由〔〈底线线型号〉〕指定线型。

1. 重复排表头（BT）

重复排表头就是表格换页后，表头自动出现在后续各页表格首行，用表头参数（BT）指定。注解为〖BG（BT〗，表示换页后加表头。省略本参数时表格换页后无表头。

【例1】 省略时，下不排底线，上不重复排表头

序　号	产品号	型　号	产　地
1	2-51	SYST-1	北京
2	2-54	SYST-2	北京
3	3-65	CSC-A1	上海
40	4-23	ZOUN-1	南京

省略时，上页无下底线

41	51-1	ASS-23	山东
42	54-3	TSA-2	山西
43	56-9	DAS-8	河南
79	4-23	ZOUN-1	南京
80	7-56	SUNI-3	天津

省略时，换页后不重复排表头，上顶线为表内行线

小样文件：

〖BG（!；N〗〖BHDSG2，SK4，K5，K6，K5S〗〖HTH〗序=号〖〗产品号〖〗型=号〖〗产=地〖HTSS〗〖BHDG2〗1〖〗2-51〖〗SYST-1〖〗北京〖BH〗2〖〗2-54〖〗SYST-2〖〗北京〖BH〗3〖〗3-65〖〗CSC-A1〖〗上海……〖BH〗80〖〗7-56

〖〗SUNI－3〖〗天津〖BG)S〗

【例2】 选取表头BT、下底线XD参数

序　号	产品号	型　号	产　地
1	2－51	SYST－1	北京
2	2－54	SYST－2	北京
3	3－65	CSC－A1	上海
40	4－23	ZOUN－1	南京

选XDS参数，换页时上页排下底线

序　号	产品号	型　号	产　地
41	51－1	ASS－23	山东
42	54－3	TSA－2	山西
79	4－23	ZOUN－1	南京
80	7－56	SUNI－3	天津

选BT参数，换页后重复排表头

小样文件：〖BG(！BTXDS；N〗〖BHDSG2，SK4，K5，K6，K5S〗序＝号〖〗产品号〖〗型　号〖〗产　地……〖HTSS〗〖BHDG2〗1〖〗2－51〖〗SYST－1〖〗北京〖BH〗2〖〗2－54〖〗SYST－2〖〗北京〖BH〗3〖〗3－65〖〗CSC－A1〖〗上海〖BH〗80〖〗7－56〖〗SUNI－3〖〗天津〖BG)S〗……〖BG)S〗

2. 换页后的表格顶线（SD）

SD即上顶线，如果表格拆页后不要求排表头，可用本参数指定换页后的表格顶线线型。拆页后表行上顶线通常为正线，可以用本参数对上顶线的线型进行定义。

本参数与重复排表头参数（BT）不能同时选用，二者只能取其一。

【例】 排下底线，排上顶线，不重复排表头

序　号	产品号	型　号	产　地
1	2－51	SYST－1	北京
2	2－54	SYST－2	北京
3	3－65	CSC－A1	上海
40	4－23	ZOUN－1	南京

用XD参数定义换页时的下底线型

41	51－1	ASS－23	山东
42	54－3	TSA－2	山西
43	56－9	DAS－8	河南
79	4－23	ZOUN－1	南京
80	7－56	SUNI－3	天津

用SD参数定义换页后的上顶线型

小样文件：〖BG(！SDSXDS；N〗〖BHDSG2，SK4，K5，K6，K5S〗〖HTH〗序＝号〖〗产品号〖〗型＝号〖〗产＝地〖HTSS〗〖BHDG2〗1〖〗2－51〖〗SYST－1〖〗北京〖BH〗2〖〗2－54〖〗SYST－2〖〗北京〖BH〗3〖〗3－65〖〗CSC－A1〖〗上海……〖BH〗80〖〗7－56〖〗SUNI－3〖〗天津〖BG)S〗

3. 拆页后的表格底线

拆页后上页表格无下底线，如果需要画出底线，可用XD参数，并指定线型。如〖BG(XDS〗、〖BG(XDF〗。省略XD参数，表示不要底线。

【任务2】排子表

<table>
<tr><td rowspan="3">付款人</td><td>全　称</td><td></td><td rowspan="3">收款人</td><td>全　称</td><td colspan="10"></td></tr>
<tr><td>账　号</td><td></td><td>账　号</td><td colspan="10"></td></tr>
<tr><td>开户行</td><td></td><td>开户行</td><td colspan="10"></td></tr>
<tr><td rowspan="2">金　额</td><td colspan="4" rowspan="2">（大写）</td><td>千</td><td>百</td><td>十</td><td>万</td><td>千</td><td>百</td><td>十</td><td>元</td><td>角</td><td>分</td></tr>
<tr><td></td><td></td><td></td><td></td><td></td><td></td><td></td><td></td><td></td><td></td></tr>
<tr><td colspan="3">会计部门（章）
年　月　日</td><td colspan="2">信贷部门（章）
年　月　日</td><td colspan="10"></td></tr>
</table>

【分析】在这个表格中总共有4条从左墙线贯穿到右墙线的行线，也就是说需要用3个表行注解来实现（一个表行注解会引出一条自左墙线贯穿至右墙线的顶线，在表格闭弧注解（〖BG)〔〈底线线型号〉〕〗）中可设置表格的下底线）。

对于一个排版人员来说，排行列整齐的表格的情况并不多见。可能经常要排的是一些不太规则的表格。当表格较复杂时，就不能只用表行划分。如果需要在表格的某项（单元格）内再次划分表格（相当于拆分单元格），在书版中就要用子表注解（ZB）来实现。

小样文件：〖BG(!〗〖BHDFG6，FK2＊2，K16，K2＊2，K16F〗〖GP〗〖CM4＊2－3〗付款人〖〗〖ZB(〗〖BHDWG2，WK5，K11W〗全=称〖BHD〗账=号〖BH〗开户行〖ZB)W〗〖〗〖GP〗〖CM4＊2－3〗收款人〖〗〖ZB(〗〖BHDWG2，WK5，K11W〗全=称〖BHD〗账=号〖BH〗开户行〖ZB)W〗〖BHDG3，FK4，K23ZQ，K10F〗金=额〖〗（大写）〖〗〖ZB(〗〖BHDWG1＊2，WK1，K1。9W〗千〖〗百〖〗十〖〗万〖〗千〖〗百〖〗十〖〗元〖〗角〖〗分〖BHD〗〖ZB)W〗〖BHDSG7，FK13YQ1＊2，K12。2YQ1＊2F〗〖SQ2＊2〗会计部门（章）↙年=月=日〖〗〖SQ2＊2〗信贷部门（章）↙年=月=日〖BG)F〗

小样分析：

①“〖BHDFG6，FK2＊2，K16，K2＊2，K16F〗”第一个表行的上顶线是反线，高度为6，左墙线为反线，第一栏宽度为2＊2，第二栏宽度是16，第三栏宽度是2＊2，第四栏宽度是16，右墙线为反线。

②“〖GP〗〖CM4＊2－3〗付款人〖〗”其中〖GP〗为改变表格项中文字的横竖排法；〖CM4＊2－3〗是使“付款人”三个字在4＊2个字的字距范围内撑满排；“〖〗”为项间隔符，表示当前项（单元格）中的内容已输入完成，要转入下一项（单元格）中继续输入内容。

③“〖ZB(〗〖BHDWG2，WK5，K11W〗”表示要在宽度为16的表项中继续绘制表格，项中再绘制表格需要用子表注解，即〖ZB(〗；子表中表行的顶线为无线（因为在表格的第一个表行中已经绘制过，无须重复绘制，所以子表中的顶线为无线）高度为2，此子表共分2栏，左右墙线均为无线（其线型在第一个表行中已经绘制过，为其相应栏的栏线）。

④“〖BHD〗”为子表的第 2 个表行，其上顶线为正线，栏宽及栏线线型与上一表行完全相同，因此可以省略。

⑤“〖ZB）W〗”表示子表的下底线为无线。因为这一线型将在下一个表行的上顶线中设置。因此局部无须重复画线。

子表注解（ZB）

功能：指定表格项中再套一个表格（相当于在单元格内继续画表格）。

注解定义：　〖ZB（〗〈表格体〉〖ZB）〔〈子表底线线型号〉〕〗

解释：子表注解就是在表格项内再套一个表格，表中套表，所以叫“子表”，专门用于排复杂、不规则的表格。

【例 1】 项内容为子表

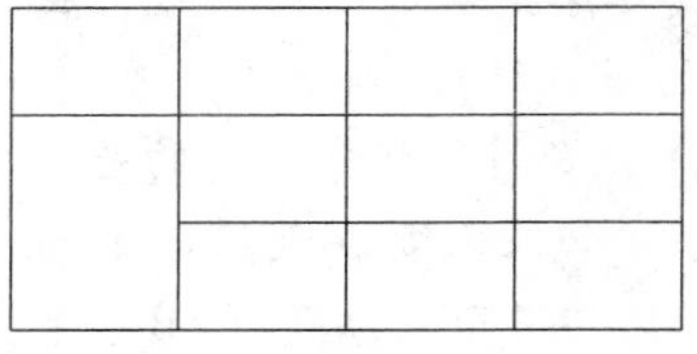

表格形式

在该项中用子表注解继续划分表格

表格分解

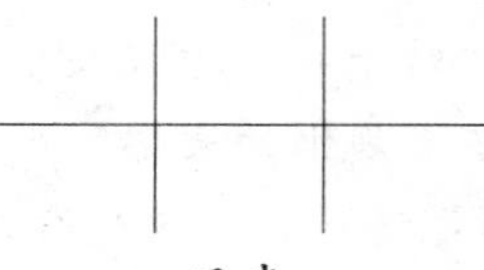

子表

在制作该表格之前，首先应观察表格的结构，看一看有几条从左墙线贯穿到右墙线的行线（可通过几个表行注解来实现），本例左图中有 3 条这样的行线，即可以通过两个表行注解来实现，所以应先将该表格拆分成两个表行，在第 2 行第 2 栏内继续排表格，在单元格内继续排表格（表中套表），所以应用子表来实现。

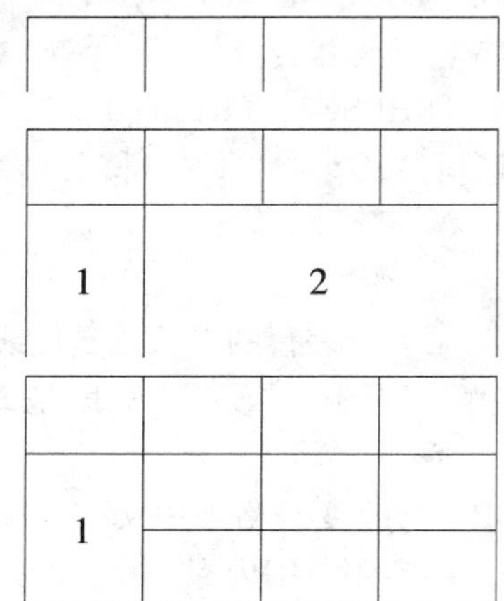

小样文件：〖BG（!〗〖BHDG2，K3。4〗

小样文件：〖BG（!〗〖BHDG2，K3。4〗〖BHDG4，K3，K9〗

小样文件：〖BG（!〗〖BHDG2，K3。4〗〖BHDG4，K3，K9〗1〖〗〖ZB（〗〖BHD-WG2，WK3，K3。2W〗〖BHD〗〖ZB）W〗〖BG）〗

小样分析：填写完标号为“1”的单元格中的内容后，加项间隔符“〖〗”跳入标号为“2”的单元格，在此单元格中继续绘制表格，就要用“子表”注解。即所谓的“表中套表”。

【例2】 排子表

科目 星期 时间		一	二	三	四	五
上午	1	语文	数学	外语	数学	广播
	2	语文	语文	外语	数学	语文
	3	数学	外语	数学	语文	语文
	4	美术	外语	计算机	数学	数学
	5	政治	体育	政治	生物	生物
午　休						
下午	6	计算机	地理	历史	外语	外语
	7	计算机	历史	生物	体育	地理
	8	校会	自习	语文	自习	音乐
	自　习					

此表格中运用了斜线（XX）和表首（BS），可先略过表首项的排版，待学过斜线和表首注解后再添上。

小样文件：〖BG（!；N〗〖BHDFG3，FK8，K5。5F〗〖XXZSY1－YX〗〖XXZSX3－YX〗〖BS（ZSX*4Y1*2－ZSX2Y1*5/6〗时间〖BS）〗〖BS（ZSX1Y*6－ZSX3Y*4/7〗科目〖BS）〗〖BS（ZSX5*4Y*4－YSX1*5Y*5/6〗星期〖BS）〗〖〗一〖〗二〖〗三〖〗四〖〗五〖BHDSG10，FK4，K29F〗〖GP〗上〓午〖〗〖ZB（〗〖BHDWG2，WK4，K5。5W〗1〖〗〖JD1001〗语文〖〗数学〖〗〖JD1001〗外语〖〗〖JD1001〗数学〖〗广播〖BHD〗2〖〗〖JD1001〗语文〖〗语文〖〗〖JD1001〗外语〖〗〖JD1001〗数学〖〗〖JD1001〗语文〖BH〗3〖〗数学〖〗〖JD1001〗外语〖〗数学〖〗语文〖〗〖JD1001〗语文〖BH〗4〖〗美术〖〗〖JD1001〗外语〖〗计算机〖〗数学〖〗数学〖BH〗5〖〗政治〖〗体育〖〗政治〖〗生物〖〗生物〖ZB）S〗〖BHDSG2，FKF〗午〓〓〓〓〓休〖BHDSG8，FK4，K29F〗〖GP〗下〓午〖〗〖ZB（〗〖BHDWG2，WK4，K5。5W〗6〖〗〖JD1001〗计算机〖〗地理〖〗历史〖〗外语〖〗外语〖BHD〗7〖〗〖JD1001〗计算机〖〗历史〖〗生物〖〗体育〖〗地理〖BH〗8〖〗校会〖〗自习〖〗语文〖〗自习〖〗音乐〖BH，WKW〗自〓〓〓习〖HT〗〖ZB）F〗〖BG）F〗

斜线注解（XX）

功能：本注解用于画斜线。

注解定义：〖XX〔〈斜线线型〉〕〈起点〉－〈终点〉〗

注解参数：

〈斜线线型〉　F|S|D|Q|H〈花边编号〉

　〈花边编号〉　〈数字〉〈数字〉〈数字〉

〈起点〉　〈相对点〉〔X〈字距〉〕〔Y〈行距〉〕

〈终点〉　〈相对点〉〔X〈字距〉〕〔Y〈行距〉〕

〈相对点〉　ZS｜ZX｜YS｜YX

解释：

本注解专门用于画表格中的斜线，也可以在版面任意位置上画斜线。使用本注解画斜线时只需给出线段的起点坐标和终点坐标，以点画线，无须定义线段长度。

〈相对点〉参数有 ZS、ZX、YS、YX，对应于当前层或当前项（单元格）的 ZS（左上角）、ZX（左下角）、YS（右上角）、YX（右下角）4 个顶点，4 个坐标系的 X 和 Y 的方向如图 3-32 所示，即 X 和 Y 的正方向都是指向当前层或当前项的内部。当 X 或 Y 的坐标值为 0 时，可省略 X0 或 Y0，例如 ZSX1Y0，可写作 ZSX1；YXX0Y3，可写作 YXY3。

注意：

取不同的相对点，其 X、Y 参数也不同，如图 3-34 中 A 点有下面 4 种形式：ZSX2Y2、ZXX2Y3、YSX6Y2、YXX6Y3；B 点的为：ZSX5Y3、ZXX5Y2、YSX3Y3、YXX3Y2。

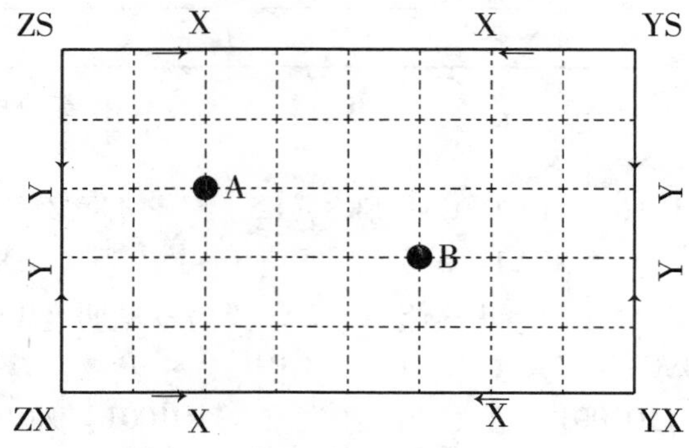

图 3-34　相对点示意图

【例 1】　斜线注解实例

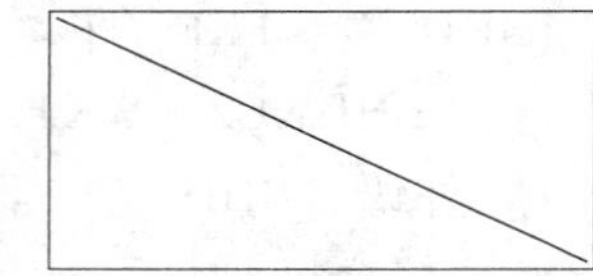

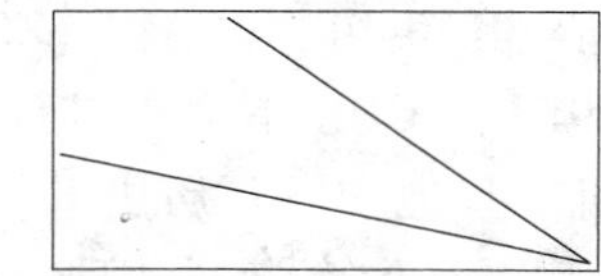

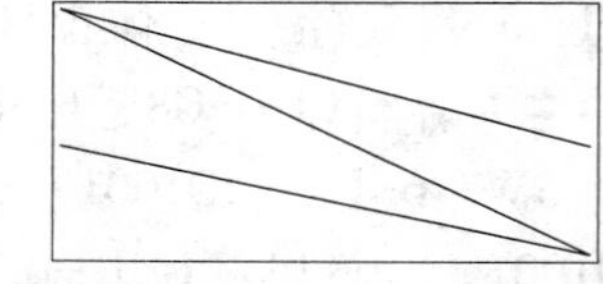

小样文件：［XXZS－YX］　［XXZSX3－YX］［XXZSY2＊2－YX］　［XXZS－YX］［XXZS－YSY2＊2］［XXZSY2＊2－YX］

【例 2】　斜线注解实例（双层表头、项目栏分栏）

小样文件：[BG（!][BHDFG4，FK8，K24W][XXZS－YX][XXZS－YSY2][XXZS－ZXX4][][ZB（][BHDWG2，K12。2W][BHD，K6。4W][ZB）][BH-DG3，FK4，K4，K6。4W][BG）W]

表首注解（BS）

功能：排表格斜线处的文字。

注解定义：

[BS〈定点〉]　用于排单字

[BS（〈起点〉－〈终点〉]〈表首内容〉[BS）]　排多个字符

注解参数：

〈定点〉　〈相对点〉〔X〈字距〉〕〔Y〈行距〉〕　指定的是一个点，即文字左上角位置

〈相对点〉　ZS｜ZX｜YS｜YX

〈起点〉　〈相对点〉〔X〈字距〉〕〔Y〈行距〉〕　指首字左上角的位置

〈终点〉　〈相对点〉〔X〈字距〉〕〔Y〈行距〉〕　指末字左上角的位置

〈相对点〉　就是表项的4个角

【例1】　单字符定点

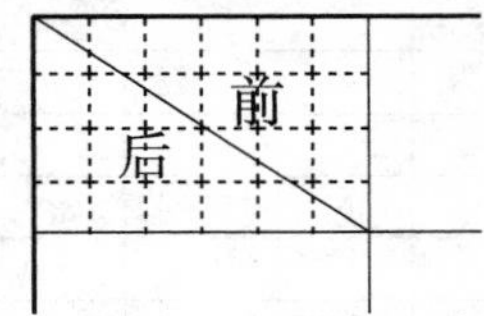

小样文件：[BG（![BHDFG4,FK6,K2W][XXZS－YX][BSZSX3∗2Y1]前[BSZSX1∗2Y2]后[BHDG1∗2][BG)W]

【例2】　多字符表首

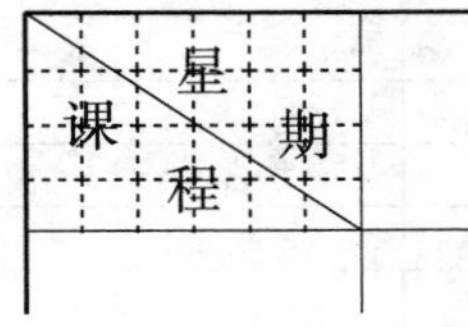

小样文件：[BG（![BHDFG4,FK6,K2W][XXZS－YX][BS(ZSX2∗2/3Y∗2－ZSX4∗2Y1∗2/3]星期[BS)][BS(ZSX∗2/3Y1∗2－ZSX2∗2Y2∗2/3]课程[BS)][BHDG1∗2][BG)W]

【例3】　多字符表首

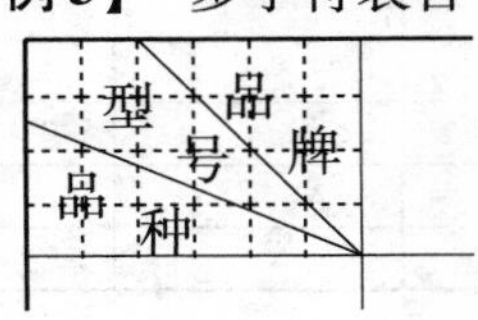

小样文件：[BG（![BHDFG4,FK6,K2W][XXZSY1∗2－YX][XXZSX2－YX][BS(ZSX1∗3Y∗2/3－ZSX2∗2/3Y1∗2/3]型号[BS)][BS(ZSX3∗2Y∗2－ZSX4∗2/3Y1∗2]品牌[BS)][BS(ZSX∗2Y2∗3－ZSX2Y3]品种[BS)][BH-DG1,FK6,K2W][BG)W]

【例4】　多字符表首

小样文件：[BG（![BHDFG4,FK8,K2W][XXZS－YX][XXZS－YXX4][XXZS－YXY2][BS(ZSX5Y∗6－ZSX6∗2/3Y∗2/3]类型[BS)][BS(ZSX5Y1∗2

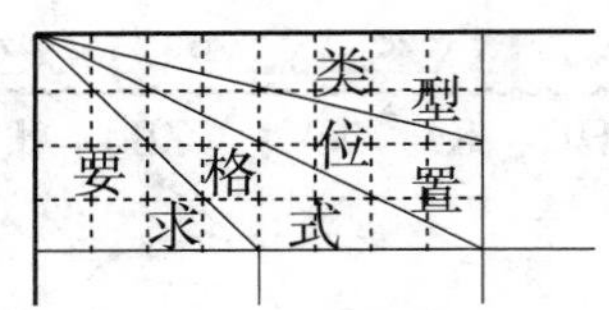

－ZSX6＊2/3Y2＊3］位置［BS)］［BS(ZSX3Y2－ZSX4＊2Y3］格式［BS］［BS(ZSX＊2/3Y2－ZSX2Y3］要求［BS)］［BHDG1,FK4,K4,K2W］［BG)W］

七、排指定大小的表格

有时候要求将表格排成与原稿一样大小，这时如果仍用字号为单位定义表行尺寸，就很难排得准确。这时我们可以使用 mm（毫米）、p（磅）、x（线）等。如果用这些单位表示行高和栏宽，就可以精确地控制表格的大小。下面就是一个以 mm（毫米）为单位指定表格行高和栏宽的实例。

【例】 以毫米（mm）为单位制作表格

个人银行结算账户数量季报表（按账户类别分行别）

填报日期：　　年　　月　　日　　　　　　　　　　　　　　　　　　　　支付表 2-5
填报单位（盖章）：　　　　　　　　　　年　　季度　　　　　　　　　　单位：户

账户类别 行　别	支　票	借记卡	信用卡		其　他	合　计
			贷记卡	准贷记卡		
国家开发银行						
中国农业发展银行						
中国进出口银行						
中国工商银行						
中国农业银行						
中国银行						
中国建设银行						
交通银行						
中信银行						
中国光大银行						
华夏银行						
中国民生银行						
广东发展银行						
深圳发展银行						
上海浦东发展银行						
招商银行						
兴业银行						
花旗银行						
旭日银行						
……						
合计数Σ						

行长（主任）：　　　　　　　　　　部门负责人：　　　　　　　　　　制表：

填报说明：

该表由人民银行上海总部或分行、营业管理部，省会（首府）城市中心支行直接从“人民币银行结算账户管理系统”中采集，于季后 15 个工作日内上报总行。

小样文件：［JZ］［HTH］个人银行结算账户数量季报表（按账户类别分行别）［HT］↙［HK143mm］［HT7. 5SS］填报日期：〓〓年〓〓月〓〓日［JY］支付表 2-5［HJ＊4］↙填报单位（盖章）：［KG18］年〓〓季度［JY］单位：户↙［BG(！BTXDF］［BHD-FG3，FK29mm，K19mm。2，K38mm，K19mm，K19mmF］［XXZS－YX］［KG5］账户

类别〖HJ＊2〗↙〖HJ〗〖JY，6〗行==别〖〗支=票〖〗借记卡〖〗〖ZB（〗〖BHD-FG1＊2，K38mm〗信用卡〖BHDG1＊2，K19mm，K19mm〗贷记卡〖〗准贷记卡〖ZB）〗〖〗其=他〖〗合=计〖BHDG3.3mm，FK29mmZQ＊5，K19mm。5，K19mmF〗国家开发银行〖BH〗中国农业发展银行〖BH〗中国进出口银行〖BH〗……〖BH〗合计数Σ〖BG）F〗行长（主任）：〖KG20〗部门负责人：〖JY，5〗制表：〖HJ＊4/5〗↙〖HJ＊5〗〖HT6"SS〗填报说明：↙该表由人民银行上海总部或分行、营业管理部，省会（首府）城市中心支行直接从“人民币银行结算账户管理系统”中采集，于季后15个工作日内上报总行。〖HT〗〖HJ〗〖HK〗

注　意：

本例在表首部分没有使用表首注解（BS）来进行设置。在实际工作中，大家可遵循方便设置的原则，可灵活地选取不同的方法、不同的单位来进行设置。

【例】 试用子表注解排出下列综合版面

大爱无疆

北京奥运会跳马亚军丘索维金娜被称为“体操妈妈”，她不惜以33岁的“高龄”咬牙坚持在体操赛场上，与众多小将同场竞技，目的只有一个——挣钱给患白血病的儿子治病。

战胜疾病

男子10公里马拉松游泳金牌得主范德韦登，曾经是一位白血病患者。接受了骨髓干细胞移植手术的他不仅健康地活了下来，而且还站到了奥运会的最高领奖台上。

无与伦比

8月24日，北京奥运会圆满落幕。规模宏大、气势磅礴的开幕式震撼了全世界，成为奥运史上的经典之作。有204个国家和地区，1万多名运动员参加，成为规模最大的一届奥运会；共有38项世界纪录被打破，85项奥运会纪录被刷新；中国代表团共获100枚奖牌，以51枚金牌高居金牌榜首，实现历史性突破。

奥运忆记

北京2008

勇敢无畏

伊拉克女运动员达娜在没有足够的钱养活自己，没有训练场地的困难情况下，曾经在战乱不断的祖国冒死在街头训练。除此之外，因为性别冲突，还受到很多男性的指责。但是，达娜忍受了一切，穿着一双别人不穿的二手跑鞋，勇敢地出现在北京奥运赛场上。

希望不灭

奥运会男子110米栏比赛第一枪响过后，因脚伤困扰的刘翔无奈地选择了退赛。虽然给了热情的观众一个意外的打击，但是大家没有指责放弃，在他回身的那一刻，又有了新的期盼。

挑战极限

在水立方，美国游泳巨星菲尔普斯一人独揽8枚金牌；在鸟巢，牙买加飞人博尔特在男子100米、200米和4×100米接力三个项目上三破世界纪录。在他们身上人们看到了人类挑战生命极限的勇气和成果。

小样文件：〖CSX%0，0，0，40〗〖HT6〗〖HJ6：＊3〗〖WT+〗〖ST+〗〖BG（!〗〖BHDWG137mm，WK35mm，WK2mm，WK73mm，WK2mm，WK35mmW〗　〖ZB（〗

〖BHDG79mm，K35mmZQ0〗〖SQ〗〖TP丘索维金娜2. JPG;%20%20，YX〗〖XC丘索维金娜. JPG;%25%25〗↙〖HS2〗〖JZ〗〖HT4”Y2〗大爱无疆〖HT6Y1〗↙＝＝北京奥运会跳马亚军丘索维金娜被称为“体操妈妈”，她不惜以33岁的“高龄”咬牙坚持在体操赛场上，与众多小将同场竞技，目的只有一个——挣钱给患白血病的儿子治病。〖BHDG2mm，WK35mmW〗〖BHDG55mm，K35mmZQ0〗〖SQ*2〗〖HS2〗〖JZ〗〖HT4”Y1〗战胜疾病〖HT6Y1〗↙＝＝男子10公里马拉松游泳金牌得主范德韦登，曾经是一位白血病患者。接受了骨髓干细胞移植手术的他不仅健康地活了下来，而且还站到了奥运会的最高领奖台上。↙〖XC范德韦登. JPG;%18.4%15〗〖ZB)〗〖3〗〖ZB(〗〖BHDG46mm，K73mmZQ0〗〖SQ*2〗〖HS2〗〖JZ*2〗〖HT4”Y2〗无与伦比〖HT6Y1〗↙〖TP闭幕式. JPG;%23%24；Y*4，ZX〗＝＝8月24日，北京奥运会圆满落幕。规模宏大、气势磅礴的开幕式震撼了全世界，成为奥运史上的经典之作。有204个国家和地区，1万多名运动员参加，成为规模最大的一届奥运会；共有38项世界纪录被打破，85项奥运会纪录被刷新；中国代表团共获100枚奖牌，以51枚金牌高居金牌榜首，实现历史性突破。〖BHDG2mm，WK73mmW〗〖BHDG45mm，K73mm〗〖JD1001〗〖CS%0，0，0，70〗〖SQ1〗〖GB(8@%(0，0，0，60)B@%(0，0，0，10)G〗〖HT1”CQ〗奥〖KG*2/3〗〖JX1〗运＝记〖KG*2/3〗〖JX-1〗忆〖GB)〗〖CS〗〖HT6〗↙↙〖HT45. CQ〗〖KX(〗〖KG*4〗北京2008〖KX)〗〖HT6〗〖HJ6：*3〗〖BHDG2mm，WK73mmW〗〖BHDG41mm，K73mmZQ0〗〖SQ〗〖TP达娜. JPG;%30%30；Z*4，Y〗〖HS2〗〖JZ〗〖HT4”Y2〗勇敢无畏〖HT6Y1〗↙＝＝伊拉克女运动员达娜在没有足够的钱养活自己，没有训练场地的困难情况下，曾经在战乱不断的祖国冒死在街头训练。除此之外，因为性别冲突，还受到很多男性的指责。但是，达娜忍受了一切，穿着一双别人不穿的二手跑鞋，勇敢地出现在北京奥运赛场上。〖ZB)〗〖5〗〖ZB(〗〖BHDG58mm，K35mmZQ0〗〖SQ〗〖XC刘翔. JPG;%16.7%20〗↙〖HS2〗〖JZ〗〖HT4”Y2〗希望不灭〖HT6Y1〗↙＝＝奥运会男子110米栏比赛第一枪响过后，因脚伤困扰的刘翔无奈地选择了退赛。虽然给了热情的观众一个意外的打击，但是大家没有指责放弃，在他回身的那一刻，又有了新的期盼。〖BHDG2mm，WK35mmW〗〖BHDG76mm，K35mmZQ0〗〖SQ〗〖TP博尔特. JPG;%83%80，X〗〖XC菲尔普斯. JPG;%20%20〗↙〖HS2〗〖JZ〗〖HT4”Y2〗挑战极限〖HT6Y1〗↙＝＝在水立方，美国游泳巨星菲尔普斯一人独揽8枚金牌；在鸟巢，牙买加飞人博尔特在男子100米、200米和4×100米接力三个项目上三破世界纪录。在他们身上人们看到了人类挑战生命极限的勇气和成果。↙〖ZB)〗〖BG)W〗〖WT-〗〖ST-〗〖HT〗〖WT〗〖ST〗〖HJ〗〖CSX〗

【任务3】排无线表

李文岩　卓玛（女，藏族）　宋秀芳　宋秀琴　荣　琨
李瑞花　郭玉河　王瑞生　张慧琴　赵居士
周涛（女）周　薄　周　未　刘金花（回族）　吴雪杰
刘振兰　高淑琴　李居士　李嘉铭　王淑琴　张艳平
范俊义　刘兰玉　郭立柱　杨秀清
丝斯格日乐（女，蒙古族）　沈春祥　沈洁（女）牛　艳

范玉明　　王素坤（回族）　　　冯燕全　　罗玉兰　　……

【分析】在各种书籍的排版中，我们经常会遇到一些没有横线（行线）、竖线（栏线）的表格，这些表格的排版可以用前面我们讲过的表格（BG）去排，只要在相应的位置将表格线型的参数设为W（无线）即可。但对于所有表格线都不要的特殊表格或排版内容，用这种方法就显得太烦琐，而如果使用无线表格注解（WX）就会容易得多。

无线表既没有行线，也没有栏线，通常结构比较简单，常用于人员名单、名册等。无线表行、列之间排列应整齐分明，距离适中，方便人们阅读。

上面的无线表的实例中，我们在排人员名单时，按照中国人名的特点，原则上一栏3个字，2个字的人名中间加1倍空，当出现3字以上人名或出现注释说明，本栏排不下时，可以延伸到下一栏的位置，这也叫“跨栏”。从上例中我们可以看到这种情况，跨栏是排无线表的一个特点。

小样文件：〖WX（！KL3KG2。6〗〖HTK〗李文岩〖〗卓玛（女，藏族）〖〗宋秀芳〖〗宋秀琴〖〗荣=琨〖〗李瑞花〖〗郭玉河〖〗王瑞生〖〗张慧琴〖〗赵居士〖〗周涛（女）〖〗周=薄〖〗周=未〖〗刘金花（回族）〖〗吴雪杰〖〗刘振兰〖〗高淑琴〖〗李居士〖〗李嘉铭〖〗王淑琴〖〗张艳平〖〗范俊义〖〗刘兰玉〖〗郭立柱〖〗杨秀清〖〗丝斯格日乐（女，蒙古族）〖〗沈春祥〖〗沈洁（女）〖〗牛=艳〖〗范玉明〖〗王素坤（回族）〖〗冯燕全〖〗罗玉兰〖〗……〖HT〗〖WX）〗

小样分析：

①“〖WX（！KL3KG2。6〗”中，“！”表示无线表格通栏居中排；“KL”表示全表各栏排不下时可以跨到下一栏排，即允许“跨栏”；“3KG2”表示每栏宽度为3个字，栏与栏之间的间距为2个字宽；“。6”表示栏宽为3，间距为2的栏共6栏。

②各栏内容之间以项间隔符“〖〗”隔开。

无线注解（WX）

功能：排无线表。

注解定义：

〖WX（〔〈总体说明〉〕〈栏说明〉｛，〈栏说明〉$\}_0^1$〗〈项内容〉｛〖〔〈项数〉〕〗项内容$\}_0^n$〖WX）〗

注解参数：

〈总体说明〉　〔（〈字距〉）｜！〕〔DW〕〔KL〕〔JZ｜CM｜YQ〕　用于指定全表的排法

〔（〈字距〉）｜！〕　表示无线表的起点位置，此参数的含义与表格注解（BG）中的含义相同

〔DW〕　表示全表所有相同栏的数字项个位对齐

〔KL〕　全表各栏排不下时可以跨到下一栏排，即允许跨栏

这是无线表的一种特殊排法，它是在某栏内容过宽而排不下时，自动跨到下一栏。跨栏时不能实现对位，即使有DW参数也不起作用。跨

栏时内容在本栏内不能自动换行。省略参数不跨栏，一行放不下时会在本栏内自动换行

〔JZ〕　居中排

〔CM〕　撑满排

〔YQ〕　右对齐

〈栏说明〉　〈字距〉〔KG〈字距〉〕〔。〈项数〉〕〔DW〕〔JZ｜CM｜YQ〕　用于指定栏的要求，只对本栏起作用。当整体说明与栏说明出现冲突时，按栏说明排

〈字距〉　表示栏的宽度

〔KG〈字距〉〕　表示栏与栏之间的距离

〈项数〉　〈数字〉〔〈数字〉〕　表示排版要求一致的栏数，可以是一位或两位数

〔DW〕　表示当前栏的数字项个位对齐

〔JZ｜CM｜YQ〕　表示当前栏中内容的排列方式

解释：

无线表以行为单位，逐行排列，按列对齐。本页排不下时自动换到下页。排无线表时，表的内容放在开弧与闭弧之间，栏与栏之间的内容用间隔符〖〗分隔，在间隔符中加数字〖〔〈栏数〉〕〗，可以指定项数，如〖4〗表示该项内容排在第4栏。

【例1】 跨栏与不跨栏比较

主席团成员名单（100人，按姓氏笔画为序）
李文岩　　卓玛（女，藏族）　　宋秀芳　　宋秀琴　　荣　琨
李瑞花　　郭玉河　　王瑞生　　张慧琴　　赵居士
周涛（女）周　薄　　周　未　　刘金花（回族）　　吴雪杰
刘振兰　　高淑琴　　李居士　　李嘉铭　　王淑琴　　张艳平
范俊义　　刘兰玉　　郭立柱　　杨秀清
丝斯格日乐（女，蒙古族）　　沈春祥　　沈洁（女）牛　艳
范玉明　　王素坤（回族）　　冯燕全　　罗玉兰　　……

小样文件：〖WX（！KL3KG2。6〗〖HTH〗主席团成员名单〖HTK〗（100人，按姓氏笔画为序）〖1〗李文岩〖〗卓玛（女，藏族）〖〗宋秀芳〖〗……〖HT〗〖WX）〗

本例中每栏宽度为3个字，栏与栏之间空2个字，共6栏，栏参数完全相同。若取消跨栏参数，排版效果如下：

主席团成员名单(100人,按姓氏笔画为序)

李文岩	卓　玛(女,藏族)	宋秀芳	宋秀琴	荣　琨	李瑞花
郭玉河	王瑞生	张慧琴	赵居士	周　涛(女)	周　薄
周　未	刘金花(回族)	吴雪杰	刘振兰	高淑琴	李居士
李嘉铭	王淑琴	张艳平	范俊义	……	

小样文件:[WX(!3KG2。6]李文岩[]卓玛(女,藏族)[]宋秀芳[]……[HT][WX)]

【例2】 栏中文字的排法

省略为左齐	居中(JZ)	右齐(YQ)	撑满(CM)	对位(DW)
□□□□	□□□□	□□□□	□　□　□　□	9034365.28
◇◇	◇◇	◇◇	◇　　　◇	0.6
○○○	○○○	○○○	○　　○　　○	172.398
◇◇◇◇◇◇◇	◇◇◇◇◇◇◇	◇◇◇◇◇◇◇	◇◇◇◇◇◇◇	3410.62

小样文件:[WX(!7KG2,7KG2JZ,7KG2YQ,7KG2CM,7KG2DWJZ][JZ]省略为左齐[][JZ]居中(JZ)[][JZ]右齐(YQ)[][JZ]撑满(CM)[][JZ]对位(DW)[]□□□□[]□□□□[]□□□□[]□□□□[][JZ]9034365.28[]◇◇[]◇◇[]◇◇[]◇◇[]0.6[]○○○[]○○○[]○○○[]○○○[]172.398[]◇◇◇◇◇◇◇[]◇◇◇◇◇◇◇[]◇◇◇◇◇◇◇[]◇◇◇◇◇◇◇[]3410.62[WX)]

说　明:

①无线表中不能出现划线(HX)、斜线(XX)、表首(BS)、加底纹(JDW)、插入(CR)、图片(TP)、分区(FQ)、整体(ZT)、行数(HS)、对照(DZ)、分栏(FL)、单页(DY)、双页(SY)、另面(LM)注解。

②栏中内容出现自动换行时,只在本栏处回行。

③每行的总栏数最多不能超过15栏,否则报“项数过多”错,不能生成大样结果。

④无线表折页后不能自动排表头。

综 合 练 习

1. 排出下列简单表格

指数 n 的情形	代表函数	图像特征
n 为偶数或 $n=\frac{p}{q}$（p 为偶数的既约分数）	$y=x^2$	分布在第一、二象限关于 y 轴对称
n 为奇数或 $n=\frac{p}{q}$（p、q 均为奇数的既约分数）	$y=x^2$	分布在第一、三象限关于原点对称
$n=\frac{p}{q}$（q 为偶数的既约分数）	$y=x^{\frac{1}{2}}$	仅分布在第一象限

2. 利用表格排标题

3. 利用表格排立体图

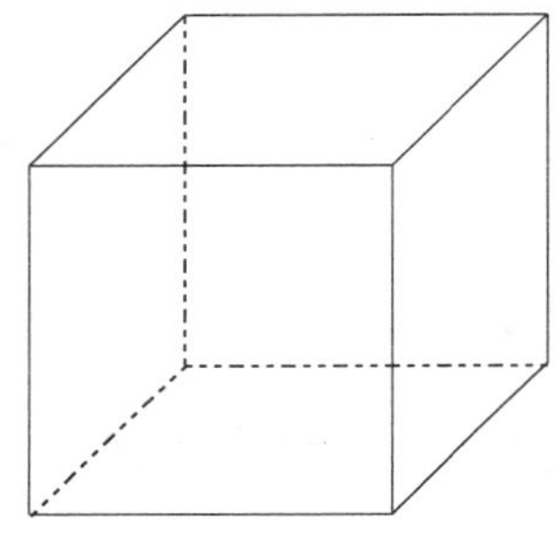

利用表格排立体图

4. 利用表格排标题

大班综合活动

画音乐声

空军上海蓝鸿幼儿园　赵艳琴

5. 按样张排出下列表格

词条格式表（一）

格式要求 \ 位置 \ 类型	括弧对词条（以上眉线采用正线、〈间隔符〉采用逗号“，”为例）		
	页属性	L（里口）	W（外口）
SM（首、末词条）	单　页	首词条　　末词条	首词条　　末词条
	双　页	首词条　　末词条	首词条　　末词条
S（间隔符）M（首、末集中式）	单　页	首词条，末词条	首词条，末词条
	双　页	首词条，末词条	首词条，末词条
S（只抽首词条）	单　页	首词条	首词条
	双　页	首词条	首词条
DS，SM（单页首、双页末）	单　页	首词条	首词条
	双　页	末词条	末词条
DM，SS（单页末、双页首）	单　页	末词条	末词条
	双　页	首词条	首词条
M（只抽末词条）	单　页	末词条	末词条
	双　页	末词条	末词条

6. 用表格排日历

月份 \ 阳历阴历 \ 星期	日	一	二	三	四	五	六
7			1 初二	2 初三	3 初四	4 初五	5 初六
	6 初七	7 初八	8 初九	9 初十	10 十一	11 十二	12 十三
	13 十四	14 十五	15 十六	16 十七	17 十八	18 十九	19 二十
	20 廿一	21 廿二	22 廿三	23 廿四	24 廿五	25 廿六	26 廿七
七月	27 廿八	28 廿九	29 三十	30 七月	31 初二		

小样文件：〔BG（!〕〔BHDSG3，SK4，K3*2，WK3*2。6S〕〔CSD%100，0，100，20〕〔JD0001〕〔CS%100，0，100，37〕〔XXZS－ZXX2*2〕〔XXZS－YXY1*2〕〔BS（ZSX*8Y1－ZXX1*6Y*5/6〕〔HT6H〕月份〔HT〕〔BS)〕〔BS（ZSX1Y*4/7－YXX*4/5Y*4/5〕〔HT6H〕阳历阴历〔HT〕〔BS)〕〔BS（ZSX2*4Y*9－YSX*4/5Y*3/7〕〔HT6H〕星期〔HT〕〔BS)〕〔CS〕〔〕〔JD1001〕〔CS%0，100，0，0〕日〔〕〔JD1001〕〔CS〕一〔〕……〔BHDFG15，SK4，K24*2S〕〔CSD%100，0，100，20〕〔JD1001〕〔CS%0，55，82，0〕〔ST96.，63. HZ〕〔JZ〕7〔ST〕〔CS〕↙〔CS%100，0，100，37〕〔HT3L〕七月〔HT〕〔CS〕〔CSD〕〔〕〔ZB（〕〔BHDG3，WK3*2。7YQS〕〔CSD%100，0，0，0〕〔JD0001〕〔〕〔JD0001〕〔〕〔JD0001〕〔ST2，4FZ〕1〔GZ（〕初二〔GZ)〕〔〕〔JD0001〕2〔GZ（〕初三〔GZ)〕〔〕……〔BHDW〕〔CS%

0，100，0，0〗6〖GZ（〗初七〖GZ）〗 〖CS〗 〖〗7〖GZ（〗初八〖GZ）〗 〖〗……〖BH〗〖CSD%100，0，0，0〗〖JD0001〗〖CS%0，100，0，0〗13〖GZ（〗十四〖GZ）〗〖CS〗〖〗〖JD0001〗14〖GZ（〗十五〖GZ）〗〖〗……

7. 排个人简历

个 人 简 历

<table>
<tr><td colspan="2">姓　名</td><td></td><td>性别</td><td></td><td>年龄</td><td></td><td rowspan="5">照
片</td></tr>
<tr><td rowspan="3">地
址</td><td colspan="6"></td></tr>
<tr><td>邮政编码</td><td></td><td>网址</td><td colspan="3"></td></tr>
<tr><td>电话号码</td><td></td><td>传真</td><td colspan="3"></td></tr>
<tr><td colspan="2">应 聘 职 位</td><td colspan="5"></td></tr>
<tr><td colspan="2">技　能</td><td colspan="6"></td></tr>
<tr><td rowspan="5">受
教
育
情
况</td><td colspan="2">起　止　日　期</td><td colspan="5">所　在　学　校　名　称</td></tr>
<tr><td colspan="2"></td><td colspan="5"></td></tr>
<tr><td colspan="2"></td><td colspan="5"></td></tr>
<tr><td colspan="2"></td><td colspan="5"></td></tr>
<tr><td colspan="2"></td><td colspan="5"></td></tr>
<tr><td colspan="2">业 余 爱 好</td><td colspan="6"></td></tr>
<tr><td colspan="2">证　书</td><td colspan="6"></td></tr>
<tr><td colspan="2">任何
专业
协会
成员</td><td colspan="6"></td></tr>
<tr><td colspan="2">社交
活动</td><td colspan="6"></td></tr>
<tr><td colspan="2">推荐</td><td colspan="6"></td></tr>
<tr><td colspan="2">志愿
人员
经历</td><td colspan="6"></td></tr>
<tr><td colspan="2">备　注</td><td colspan="6"></td></tr>
</table>

第四章

科技版面排版

应知要点：

1. 数学、化学公式中字体的使用。
2. 数学版面排版规则。
3. 化学反应式、结构式的排版规则。

应会要点：

1. 掌握常用数学注解命令。
2. 掌握常用化学注解命令。

第一节　数学版面排版

【任务1】 了解数学版面排版的规则及数学公式中字体的使用。

【分析】 数学版式是科技版的主要组成部分，排好数学式是排好科技版的基础。科技版中的各类排版格式、字体的使用，必须符合规范化。

一、科技版面中外文符号字体的使用

1. 正体的使用范围

如表4–1所示为正体的使用范围及举例。

表4–1　正体的使用范围及举例

序　号	内　　容	举　　例
1	数学中的运算符号	
	三角函数符号	正弦 sin，余弦 cos，正切 tg，余切 ctg
	反三角函数符号	arc sin，arc cos，arc tg，arc ctg
	双曲函数符号	双曲正弦 sh，双曲余弦 ch，双曲正切 th，双曲余切 cth
	反双曲函数符号	arsh，arch，afth，arcth，arsech，arcsch
	对数符号	对数 log，常用对数 lg，自然对数 ln

续表

<table>
<tr><th>序 号</th><th colspan="2">内 容</th><th>举 例</th></tr>
<tr><td rowspan="3">1</td><td colspan="2">指数函数</td><td>e^2，π^3</td></tr>
<tr><td colspan="2">式中常用缩写字和常用常数符号</td><td>最大值 max，最小值 min，极限 limt，复数实部 Re，复数虚部 lm，常数符号 const，模数 mod，符号函数 sgn</td></tr>
<tr><td colspan="2">常用运算符号</td><td>连加∑，连乘∏，微分算子 d，差分符△</td></tr>
<tr><td>2</td><td colspan="2">计量单位符号</td><td>公斤 kg，米 m，厘米 cm，毫米 mm，平方米 m^2，平方厘米 cm^2，平方毫米 mm^2，立方米 m^3，立方厘米 cm^3，立方毫米 mm^3，毫升 mL，千米 km，平方千米 km^2 千克 kg，千瓦 kW，牛 N 等</td></tr>
<tr><td rowspan="2">3</td><td rowspan="2">数字</td><td>阿拉伯数字</td><td>0 ~ 9</td></tr>
<tr><td>罗马数字</td><td>Ⅰ，Ⅱ，Ⅲ，Ⅳ，Ⅴ，Ⅵ，Ⅶ，Ⅷ，Ⅸ，Ⅹ，Ⅺ，Ⅻ，ⅰ，ⅱ，ⅲ，ⅳ，ⅴ，ⅵ等</td></tr>
<tr><td>4</td><td colspan="2">化学元素符号</td><td>H，Cu，H，O，Al，Fe 等</td></tr>
<tr><td>5</td><td colspan="2">温度符号</td><td>℃，℉，°K</td></tr>
<tr><td>6</td><td colspan="2">代表形状、方位</td><td>T 形，V 形，U 形，N（北极），S（南极）</td></tr>
<tr><td>7</td><td colspan="2">产品型号围标代号</td><td>MOTOROLA8200，GB8843，ISO9002 等</td></tr>
<tr><td>8</td><td colspan="2">人名、地名、国名等</td><td>P. R. C.（中华人民共和国），U. S. A.（美利坚合众国）等</td></tr>
<tr><td>9</td><td colspan="2">硬度符号</td><td>H_b（布氏硬度），G_V（维氏硬度），H_S（肖氏硬度）等</td></tr>
<tr><td>10</td><td colspan="2">计算机程序语言</td><td>for、int、if、main 等</td></tr>
</table>

2. 斜体使用范围

如表 4 -2 所示为斜体的使用范围及举例。

表 4–2 斜体的使用范围及举例

序 号	内 容	举 例
1	夹排在正文中的外文字母	代数中表示已知数的 *a*、*b*、*c*，表示未知数的 *x*、*y* 等都排小写斜体。表示圆心的 *O*，表示线段和弧的 $\overline{MN}$、$\overset{\frown}{AB}$ 等，一般用大写斜体
2	化学中表示当量的符号	如"*N*"应用大写斜体
3	化学中表示异构体的位置和构型的，都排小写斜体	如 *o* -（邻［位］-，*orthv* -）、*l*（左）［旋］-，*levo* - 等（方括弧中的字一般都省略不用）。构型和旋光性的方向相反的排大写斜体，如 *L*（+）-和 *D*（-）-等。这些斜体字母的后面，都应该加上一个连接符。使与正体的化合物原文隔开。大写斜体 L 和 D 的后面加（+）表示方向向右，（-）表示方向向左
4	物理量符号	如 P、V、T、υ、λ、α、β 等
5	用俄文字母表示物理量单位，应使用小写斜体	如 *ф*、*ц*、*х*、*ж*、*ю*、*м*、*й* 等
6	表示一般量的算符	如 $f(x)$、∂x、∂y 等
7	公式中小写希腊文字母，以斜体为多	如 α、β、ν 等（除 Σ、Π 等用正体）

续表

序号	内容	举例
8	动植物学名中表示纲、目、科的拉丁名词应排正体，但其后属、种（双名或三名）的拉丁学名则应排斜体，再后表名人名排大写正体	*Mmmalia Carnivara Caidae Cnis familiars L.*
9	用以表示重点字句的（相当于中文黑体字）用斜体字	

3. 黑体使用的范围

（1）中文黑体大标题及节题、段题和表题中夹杂的阿拉伯数字或外文符号，也同样排黑体，在标题后如有括号内的外文说明，应用白体。

（2）数学中的失量，如 $\vec{A}$，$\vec{B}$ 等，有时亦用黑正体如 **A**、**B** 等，或黑斜体如 ***A***、***B*** 等来表示。

（3）向量用黑正体表示，如 **S**、**T** 等，也可在白体上加箭头，如 $\vec{A}$，$\vec{B}$ 等。

二、数学版式的排版规则

1. 数式的居中排

另行独立的数式，不论是单行或叠式，在原则上都应左右居中排。

2. 数学式码的排法

数学式的序码称为式码，一般排在数式后边齐行尾，与数式主体对齐，排在一条水平线上。如遇数式过长，到行末容纳不下式码时，可将式码移到下行的行末。如果几个数式共用一个式码，在数式的前面或后面要排一个括号“｛（｝)”，式码要对准括号正中的中间。如：

$$\left\{\begin{aligned} a+b+c&=x \\ d-b+a-c&=y \end{aligned}\right. \tag{2 - 3}$$

3. 数式的分拆转行

超出版心宽 3/4 的较长数式，可采取转行排列。数式转行分拆的规则是，先拆“=”，或拆“≠”与“≤、≥”或“<、>”和“≈”，因为上述符号是表示比量关系的。其次可在“+、-、±”处拆开转行。在没有以上几种可能分拆的情况下，才能在“×”处转行。转行的数式排版方法为：一个长式要多次转行时，式中有“-”的，要在“=”处转行，上下各行行首的“-”对齐，但要保持整个算式居版心的左右中间。若无“=”在“+、-”处转行时，转行行首的“+、-”号要缩进“=”号后面一格。如果既有“-”号转行，又有“+”号转行时，仍按上边转行的规则，转行的“=”与“-”对齐；“+、-”与“+、-”号对齐，并缩进“=”号后面一格。

4. 各种大括号的用法

叠式中的（）、[ ]、〔〕、/等大括号及符号，它们的大小必须根据叠式层次决定，应与叠式等高。

5．数式前文字、符号的处理

数学公式另行居中排列较多，有的公式较短，而在公式之前的文字往往又很少，如果完全按照另行用正文行距来排，就显得版面太松散，不够均匀美观。对于数式前文字、符号的处理方法有两种：

（1）数式前文字、符号大于等于六字时，数式要另行居中排。

（2）数式前文字、符号小于六字时，数式应接排在文字后，但要居中排；如数式有式码，该数式就应另行居中排。

6．行列式、矩阵的排法

在行列式排版中，必须把行与列分得清楚，间距要空得均匀一致。行与行之间一般是空 1/2 个字高，列与列之间一般要空 1 个字。元素的行列必须上下左右对齐。系数必须排列在上下行数的中间与等号对齐。行列式中元素前的正负号应对齐；元素之间应留一定的空距。行列式元素是数字时，应个位对齐。如：

$$\begin{vmatrix} -1 & +14 & 5 \\ 1 & 25 & +3 \\ 0 & +3 & -6 \end{vmatrix}$$

对角线元素的行、列应十分清楚，元素须均匀拉开距离，不可挤紧，以免混淆元素的位数。

数学注解除了排数学文章和数学书外，还可排其他书中的物理公式、数学公式，以及某些要用到上下注解、界标注解、顶底注解的内容。

下面介绍一下常用数学注解。

【任务 2】新建一个小样文件，完成下面的实例。

$$\left|\frac{\sin 2x+\sqrt{x+2y}}{a^{xy}+1}\right|+\sum_{n=1}^{10} n$$

【分析】在这个实例中主要可以用上下（SX）、开方（KF）、顶底（DD）和界标（JB）注解来实现。

【小样】

ⓈⓈ〖JB（｜〗〖SX（〗sin2x+〖KF（〗x+2y〖KF）〗〖〗a↑｛xy｝+1〖SX）〗〖JB）｜〗+∑〖DD（〗10〖〗n=1〖DD）〗nⓈⓈ

三、状态开关符Ⓢ

在方正书版系统中，排数学公式时有两种状态：数学态与普通正文态。

数学态与普通正文态的差别在于：

首先，进入数学态后，外文字体自动变为白斜体，退出数学态后又恢复为原字体，在数学态内改变外文字体不影响数学态外的外文字体，这符合科技文章的排版习惯。

其次，在数学态中，文字以中线对齐，而数学态外的内容是以基线对齐的。

对于一般字符进入不进入数学态没什么影响，但在排某些大字符（如∑，∫，∮）时就会出现问题。

数学态又分为正文方式与独立方式两种，分别以Ⓢ……Ⓢ和ⓈⓈ……ⓈⓈ作为状态的开关符。正文方式表示公式在正文中混排，不独立成行，而独立方式则要单独成行。

1. 正文方式的进入与退出

大样

$$数学公式:\sin x^2+\cos x^2=1$$

小样

Ⓢ数学公式：sinx ⇑2 + cosx ⇑2 = 1Ⓢ

2. 独立方式的进入与退出

大样

$$数学公式:\sin x^2+\cos x^2=1$$

小样

ⓈⓈ数学公式：sinx ⇑2 + cosx ⇑2 = 1ⓈⓈ

四、转字体注解ⓩ

ⓩ为字体转换开关。主要用于在数学态中将外文斜体变为正体，或将正体变为斜体。

在数学状态下，外文字母自动变为白斜体，但有时外文字体又需要白正体，为了方便地实现外文字体的正斜体转换，系统设立了转字体注解ⓩ，如果外文字体现在处于白斜体状态，当遇到一个ⓩ时，便会转为白正体，再遇到一个ⓩ时，又会转换为斜体。

大样

$$数学公式:\mathrm{sin}(x+y)=\mathrm{sin}x\mathrm{cos}y+\mathrm{sin}y\mathrm{cos}x$$

小样

ⓈⓈⓩ数学公式：sin （x + y） = sinxcosy + sinycosxⓩⓈⓈ

在上述大样中若不加ⓩ，则大样为：

$$数学公式:\mathrm{sin}(x+y)=\mathrm{sin}x\,cosy+\mathrm{sin}y\,cosx$$

五、上、下角标⇑、⇓与盒子注解 ⦃⦄

注解符号⇑、⇓指定将本注解后面的内容排成上、下角标。注解符号 ⦃⦄ 是将一部分内容定义成一个盒子，对其整体进行处理。位于盒子对中间的内容不允许换行，也不能包含换行类注解。

在科技文章中，经常有一些字符不能分开排，如数字 3.1415926，英文人名 John 等在自动拆行时会被拆开，为了避免出现这些问题，可用盒子注解将不能分开的字符括起来，如⦃3.1415926⦄，⦃John⦄，这样这些文字就会移到下一行，而上一行文字就会均匀拉开。

上、下角标注解⇑、⇓和盒子注解 ⦃⦄ 常配合使用，令多个字符成为角标：

大样

a^{xy}　　$a^{x}y$　　$a^{(x+y)^2}$

小样

a⇑ ⦃xy⦄ ＝＝a⇑xy＝＝a⇑ ⦃ （x + y） ⇑2⦄

六、分式和根式的排版

分式和根式的排版分别用上下注解（SX）、开方注解（KF）。

上下注解（SX）

功能：上下注解用于排数学中的分式以及其他内容排版中任何两部分需一上一下安排的内容。

注解定义：

〖SX（〔〈上下参数〉〕〗〈上盒组〖〗〈下盒组〉〖SX）〗

注解参数：

〈上下参数〉　　〔C〕〔B〕〔Z｜Y〕〔〈附加距离〉〕

〈附加距离〉　　〔－〕〈字距〉

解释：

C 指定分数线加长。一般情况下，分数线的长度应等于上下两盒子中较长者的宽度，但在某些特殊情况下，如有些分式需要主分式线稍长些时，可用该参数。

B 为不要分数线。

〔Z｜Y〕中的 Z 指定上下盒子左对齐，Y 指定上下盒子右对齐。

〔附加距离〕用于调整上、下盒组间的距离。有“－”表示缩小距离，没有“－”表示加大距离。

大样

1. $\frac{2x}{x+y}$　　2. $\frac{2x+3y}{\frac{3}{4}x+\frac{2}{3}y}$　　3. $\frac{1}{1+\frac{1}{1+\frac{1}{1+x}}}$

小样

Ⓢ1. 〖SX（〗2x〖〗x+y〖SX）〗====2. 〖SX（〗2x+3y〖〗〖SX（〗3〖〗4〖SX）〗x+〖SX（〗2〖〗3〖SX）〗y〖SX）〗====3. 〖SX（〗1〖〗1+〖SX（〗1〖〗1+〖SX（〗1〖〗1+x〖SX）〗〖SX）〗〖SX）〗Ⓢ

开方注解（KF）

功能：根据开方内容排出根号大小适中的根式。

注解定义：

〖KF（〔S〕〗〔〈开方数〉〖〗〕〈开方内容〉〖KF）〗

解释：

在本注解中〔S〕选择项是用来指定开方数的，如无此项就是一般的开平方；如有〔S〕，其开方数必须在〈开方数〉项中给出。

大样

1. $\sqrt{36}$　　2. $\sqrt[3]{x+\sqrt[5]{x}}$　　3. $a^{x+\sqrt{x+2}}$

小样

Ⓢ1. 〖KF（〗36〖KF）〗====2. 〖KF（S〗3〖〗x+〖KF（S〗5〖〗x〖KF）〗〖KF）〗====3. a↑{x+〖KF（〗x+2〖KF）〗}Ⓢ

七、字符上下添加内容

字符上下添加内容主要有阿克生注解（AK）和添线注解（TX）。

阿克生注解（AK）

功能：本注解用于排阿克生码，其功能是在某一个外文字符的上面附加上一个指定的字符。

注解定义：

〖AK〈字母〉〈阿克生符〉〔D〕〔〈数字〉〕〗

注解参数：

阿克生符　－|＝|～|→|←|。|＊|·|¨|ˇ（“－”为减号、“。”为句号、“·”为中圆点）

数字　1|2|3|4|5|6|7|8|9

解释：

〈字母〉给出要加阿克生符的字母。

D 指定附加字符需降低安排位置。

〈数字〉调节阿克生符位置的左右。因为外文字母的宽窄、高低各不相同，因此所需配的字符与位置也有所不同。本注解能够依照字母的宽度自动选配合适的字模并按照缺省的位置（中心偏右处）附加在字母上。如果对这个位置不满意，可以用〈数字〉来调节。每个字符被从左到右分为 9 级，1 级为最左，9 级为最右，5 级为居中。

大样

$\vec{P}$　　　　$\vec{v}$

小样

〖AKP→〗＝＝＝＝〖AKv→D〗

添线注解（TX）

功能：添线注解用于给某个盒子上面或下面添加指定的线或括弧。

注解定义：

〖TX〔X〕〈线类型〉〔〈附加距离〉〕〗

注解参数：

〈线类型〉　－|＝|～|（|）|{|}|[|]|〔|〕|→|←

〈附加距离〉　〔－〕〈字距〉

解释：

X 表示在盒子下面添线，缺省则为上。

〈线类型〉：“－”为单线，“～”为波浪线，“＝”为双线，“（”为开圆括弧，“）”为闭圆括弧，“{”为开花括弧，“}”为闭花括弧，“[”为开正方括弧，“]”为闭正方括弧，“〔”为开斜方括弧，“〕”为闭斜方括弧，“→”为右箭头，“←”为左箭头。

〈附加距离〉用来调节线的上下位置，写法为〔－〕〈字距〉。〔－〕表示加大添线与盒子的距离，缺省表示缩小距离。

大样

$\overset{\frown}{\mathrm{AB}}$　　　　$\overline{\overline{\mathrm{A}}+\overline{\mathrm{B}}}$

说明

本例〖TX－－＊4〗中的“－＊4”表示增大所添线与被添线字符的距离。

八、顶底注解（DD）

功能：顶底注解用于给本注解前面的字符（盒子）上或下加各种字符（盒组内容）。

注解定义：

〖DD（〔〈顶底参数〉〕〗〈盒组〉〔〖〗〈盒组〉〕〖DD）〗

注解参数：

〈顶底参数〉　〈单项参数〉｜〈双项参数〉

〈单项参数〉　〔X〕〈参数〉

〈双项参数〉　〔〈参数〉〕〔；〈参数〉〕

〈参数〉　〔〈位置〉〕〔〈附加距离〉〕

〈位置〉　Z｜Y｜M

〈附加距离〉　〔－〕〈字距〉

解释：

〈顶底参数〉是为对附加内容的位置作附加说明而设置的。在没有〈顶底参数〉的情况下，附加内容按照与基盒左右的中线对齐来安排，上下距离也由系统来规定，如果用户希望按照自己的意愿安排位置，可以使用〈顶底参数〉来调节。

〈顶底参数〉分为单项参数和双项参数，分别作用于只有一面附加内容或上下两面均加内容的情况。〈单项参数〉中的〔X〕表示项底内容指定加在下面，缺省为加在上面；如果上下都需要指定位置，中间需要由“；”间隔开。

〈位置〉用来指定项底内容左右位置，其中的Z、Y、M分别为左对齐、右对齐和撑满排，缺省时为居中排。

〈附加距离〉用来调整项底内容的上下位置。因为项底内容与基盒（加顶底的字符或盒子）的距离是系统规定的，所以有时不能满足用户的需要，这种情况下可用此参数调节上下位置。附加距离与添线一样，可正可负，用“－”号时表示缩小距离，无“－”号为加大距离。

大样

$\lim\limits_{n\to\infty}\dfrac{1}{n}$　　　　$\overset{i=1}{\underset{n}{\sum}}x_i$　　　　$\int_a^b\int_c^d f(\overset{\text{常数}}{\overset{\downarrow}{x}},y)\,\mathrm{d}y\mathrm{d}x$

小样

ⓢ⦃ⓩlimⓩ⦄〖DD（〗〖〗n→∞〖DD）〗〖SX（〗1〖〗n〖SX）〗＝＝＝＝∑〖DD

〔〗n〖〗i=1〖DD)〗x⇓i====∫ ⇑b⇓a∫ ⇑d⇓cf（x〖DD（〗〖SX（B〗常数〖〗↓〖SX)〗〖DD)〗，y）dydx Ⓢ

九、界标注解（JB）

功能：界标注解的功能是给某一盒组左、右配上指定类型的分界符（界标）。

注解定义：

〖JB(〔〈开界标符〉〕〔Z〕]〈界标内容〉〖JB)〔〈闭界标符〉〕〗(变长界标注解)

注解参数：

〈开界标符〉　（｜　{｜　［｜｜｜/｜-=　（=表示｜｜）

〈闭界标符〉　）｜}　｜］｜｜｜/｜-=

解释：

界标注解中所包含的内容可以是任意多行，行间↙分隔。

Z指定界标的大小为上下盒组的中线间的高度，缺省则为上盒组的顶到下盒组的底。

大样

1. $f(x)=\left(\begin{array}{l}1(x\geqslant 0)\\-1(x<0)\end{array}\right.$

2. 实数$\left\{\begin{array}{l}\text{有理数}\left\{\begin{array}{l}\text{正有理数}\\\text{负有理数}\\\text{零}\end{array}\right.\\\text{无理数}\left\{\begin{array}{l}\text{正无理数}\\\text{负无理数}\end{array}\right.\end{array}\right.$

小样

Ⓢ1. f（x）=〖JB（(〗=1（x≥0）↙-1（x<0）〖JB)〗↙2. 实数〖JB（{Z〗有理数〖JB（{〗正有理数↙负有理数↙零〖JB)〗↙无理数〖JB（{〗正无理数↙负无理数〖JB)〗〖JB)〗Ⓢ

十、排方程式与行列式

【任务3】新建一个小样文件，完成下面的实例。

习题1　$\left\{\begin{array}{ll}f_x(x,y)=3x^2+6x-9=0 & (1)\\ f_y(x,y)=-3y^2+6y=6 & (2)\end{array}\right.$

【分析】在这个实例中主要是用方程注解〖FC〗和左齐注解〖ZQ〗来实现。

小样

ⓈⓈ〖ZQ3，2〗习题1〖FC（{〗f⇓x（x，y）=3x⇑2+6x-9=0〖FH〗(1)↙f⇓y（x，y）=-3y⇑2+6y=6〖FH〗(2)〖FC)〗ⓈⓈ

左齐注解（ZQ）

功能：左齐注解用于独立数学态中在居中公式行的左端排文字。在独立数学态中，数学公式自动居中排，但其前左端的文字如“因为，所以”等一般不能居中，这就要用左齐注解将这些文字排在数学公式的左端。

注解定义：

〖ZQ〈字数〉〔,〈字距〉〕〗
〖ZQ（〔〈字距〉〕〗〈左齐内容〉〖ZQ）〗

解释：

〈字距〉给出了距行左版口的距离，如缺省则表示齐左端排。

本注解的第一种形式是将指定〈字数〉排在行的左端，而第二种形式则是将注解括弧对中的内容全部排在左端，不指定〈字数〉。

大样

因为 $$a^2 + b^2 = c^2$$

所以 $$c = \sqrt{a^2 + b^2}$$

小样

ⓈⓈ〖ZQ2〗因为 a↑2 + b↑2 = c↑2↙〖ZQ2〗所以 c = 〖KF（〗a↑2 + b↑2〖KF）〗ⓈⓈ

方程号注解（FH）

功能：方程号注解只用于排方程式中的方程号。

注解定义：

〖FH〗

方程号位于方程式的右端。

方程注解（FC）

功能：方程注解用于排方程组。

注解定义：

〖FC（〔〈边括号〉〕〔J〕〗〈方程内容〉〖FC）〗

注解参数：

〈边括号〉　｛｜｝｜〔｜〕

〈方程内容〉　〈方程行〉｛↙〈方程行〉｝

〈方程行〉　〔左齐注解〕〈方程行体〉〔〖FH〗〈行方程号〉〕

〈方程行体〉　〔〈左部〉〖〗〕〈右部〉

解释：

〔〈边括号〉〕表示在整个公式组的左端或右端加配指定的边括号（用“（”，“｛”，“〔”，“）”，“｝”，“〕”）。

〔J〕表示整个公式组作为一个整体，禁止拆页。

大样 1

因此
$$\begin{cases} 2x+6y=8 & (1) \\ 3x-5y=7 & (2) \end{cases}$$

小样 1

ⓈⓈ〖ZQ2〗因此〖FC（{〗2x+6y=8〖FH〗（1）⇙3x-5y=7〖FH〗（2）〖FC）〗ⓈⓈ

大样 2

$$\left.\begin{aligned} 3x+2y+z&=6 \\ x-2y&=8 \\ 5x+2y&=3 \end{aligned}\right\} \qquad (2)$$

小样 2

ⓈⓈ〖FC（}〗3x+2y+z=〖〗6⇙x-2y=〖〗8⇙5x+2y=〖〗3〖FC）〗〖FH〗（2）ⓈⓈ

【任务4】 新建一个小样文件，完成下面的实例。

$$D=\left|\begin{array}{ccc:c} 1 & 0 & 1 & 0 \\ 0 & 1 & 0 & 1 \\ \hdashline 1 & 1 & 0 & 1 \end{array}\right|$$

【分析】 在这个实例中主要是用行列注解〖HL〗来实现，其中行与列之间的虚线可以用〖|〗和〖-〗来实现。

小样

ⓈⓈD=〖JB（|〗〖HL（4〗1〖〗0〖〗1〖|〗0⇙0〖〗1〖〗0〖-〗1⇙1〖〗1〖〗0〖〗1〖HL）〗〖JB）|〗ⓈⓈ

行列注解（HL）

功能：行列注解用于排数学公式中的行列式、矩阵以及一切需行列对齐的复杂内容。若要界标符，另加界标注解。

注解定义：

〖HL(〈总列数〉〔:〈列信息〉{;〈列信息〉}(0 到 n 次)〕]〈行列内容〉〖HL)〗

注解参数：

〈总列数〉　〈数字〉〈列信息〉:〈列号〉,〈〈列距〉|〈位置〉|〈列距〉|〈位置〉〉

〈列号〉　〈数字〉

〈列距〉　〈字距〉

〈位置〉　Z|Y（表示左对齐或右对齐）

〈行列内容〉　〈HL 行〉{〈↙〉〈⇙〉〈HL 行〉}（0 到 i 次）

〈HL 行〉　〈行列项〉{〖〔〈间隔类型〉〕〗〈行列项〉（0 到 m 次）

〈行列项〉　〈盒组〉

大样

$$\begin{pmatrix}1&0&0\\0&1&0\\0&0&1\end{pmatrix}\qquad\begin{vmatrix}x-1&&0\\0&x-1&0\\0&0&x-1\end{vmatrix}\qquad\left|\begin{array}{c:cc}1&0&0\\ \hdashline 0&1&0\\0&0&1\end{array}\right|$$

小样

Ⓢ〖JB（（〗〖HL（3〗1〖〗0〖〗0↙0〖〗1〖〗0↙0〖〗0〖〗1〖HL）〗〖JB））〗
====〖JB（|〗〖HL（3〗x－1〖〗〖〗0〖〗0↙0〖〗x－1〖〗0↙0〖〗0〖〗x－1〖HL）〗〖JB）|〗====〖JB（|〗〖HL（3〗1〖－〗0〖〗0↙0〖|〗1〖〗0↙0〖〗0〖〗1〖HL）〗〖JB）|〗Ⓢ

综 合 练 习

排下列数学式：

实例 1　$(2x+3y)^{(x+y)^2}$　　$\overline{\overline{M}+\overline{N}}$

实例 2　$\sum\limits_{n=1}^{100} n$　　$\lim\limits_{x\to 1}\frac{x-1}{\ln x}$

实例 3　$\dfrac{\dfrac{x^2+y^2}{x+y+z}+3z}{6x^2+\dfrac{1}{x+y}+z^2}$　　$1+\sqrt[m]{x+y+\sqrt{x+y}}$

实例 4　$\begin{pmatrix}1&0&0&0\\0&1&0&0\\0&0&1&0\\0&0&0&1\end{pmatrix}$　　$\left|\begin{array}{cc:cc}x&0&0&0\\ \hdashline 0&x&0&0\\0&0&x&0\\0&0&0&x\end{array}\right|$

实例 5

$$\begin{cases}f_x(x,y)=3x^2+6x-9=0 & (1)\\ f_y(x,y)=-3y^2+6y=0 & (2)\end{cases}$$

$$\left.\begin{array}{r}142a+28b=718\\28a+4b=256.3\end{array}\right\}\qquad(3)$$

实例 6

$$\int_a^b\int_c^d\int_e^f f(x,y,\overset{\text{常数}}{\overset{\downarrow}{z}})\,\mathrm{d}x\mathrm{d}y\mathrm{d}z$$

实例 7

$$\sin x=\sin\left[\frac{\pi}{4}+\left(x-\frac{\pi}{4}\right)\right]=\sin\frac{\pi}{4}\cos\left(x-\frac{\pi}{4}\right)+\cos\frac{\pi}{4}\sin\left(x-\frac{\pi}{4}\right)$$

$$=\frac{1}{\sqrt{2}}\left[\cos\left(x-\frac{\pi}{4}\right)+\sin\left(x-\frac{\pi}{4}\right)\right]$$

第二节 化学版面排版

【任务1】新建一个小样文件，完成下面的实例。

还原

$$CuO+H_2O\xlongequal{加热}Cu+H_2$$

氧化

【分析】在这个实例中主要可以用反应（FY）注解来实现，反应号为等号，因为是有反应条件，所以要用开闭弧。上下附加线要用（XL），（LS）和（LZ）注解。

小样

〖XL（〗C〖LS1S〗uO＋H↓2O〖LS2X〗〖FY（=〗加热〖FY）〗C〖LZ（1S〗还原〖LZ）〗u＋H↓2〖LZ（2X，X〗氧化〖LZ）〗〖XL）〗

一、化学反应方程式

化学中的简单的化学元素符号和方程式，可用非化学类排版注解来排。但对带有特殊反应号的反应方程式，则必须使用化学类排版注解来排。

反应注解（FY）

功能：反应注解用于排化学反应号和反应条件。

注解定义：

〖FY〔〈反应参数〉〕〗

〖FY（〔〈反应参数〉〕〗〈反应内容〉〖FY）〗

注解参数：

〈反应参数〉 〔〈反应号〉,〕〔〈反应方向〉,〕〈字距〉|〔〈反应号〉,〕〈反应方向〉|〈反应号〉

〈反应号〉 JH〔＊〕|KN〔＊〕|=

〈反应方向〉 S|X|Z|Y

解释：

〈反应号〉共有6种（见表4–3）：

表4–3 化学反应号及注解

注 解	名 称	反应号
=	等号	══
KN	可逆	⇌
KN＊	可逆	⇄
JH	聚合	→…→
JH＊	聚合	→→→
〖FY〗	单箭头（缺省）	⟶

〈反应方向〉缺省时系统自动选择“右”，用户也可以选择其他方向。其中“S”表示上，“Z”表示左，“X”表示下，“Y”表示右。

反应号的长度由〈字距〉指定。要注意的是，〈字距〉的取值必须大于等于当前1个字高，缺省时系统规定其值为2个字高。而聚合反应号必须大于等于3个字高（系统规定其缺省值为3）。

大样

1. $2CO + O_2 \longrightarrow 2CO_2$

2. $NaCl \rightleftharpoons Na^+ + Cl^-$

3. $CuO + H_2 \xrightleftharpoons[\text{氧化反应}]{\text{还原反应}} Cu + H_2O$

4. 〈盒子1〉 + 〈盒子2〉 $\xrightarrow[\text{放热反应}]{\text{链增长}}$ 〈盒子3〉

5. $Fe + NiO_2 + 2H_2O \xrightleftharpoons[\text{充电}]{\text{放电}} Fe(OH)_2 + Ni(OH)_2$

小样

1. =2CO + O⇓2 〖FY〗 2CO⇓2↙

2. =NaCl 〖FYKN〗 Na⇑ + + Cl⇑ −↙

3. =CuO + H⇓2 〖FY（KN〗 还原反应 〖〗 氧化反应 〖FY）〗 Cu + H⇓2O↙

4. =〈盒子1〉+〈盒子2〉〖FY(JH〗链增长〖〗放热反应〖FY)〗〈盒子3〉↙

5. =Fe + NiO⇓2 + 2H⇓2O 〖FY（KN〗 放电 〖〗 充电 〖FY）〗 Fe（OH）⇓2 + Ni（OH）⇓2

相联注解（XL）、联始注解（LS）、联终注解（LZ）

功能：相联注解用于排化学式中的上下附加线及其说明文字。

注解定义：

相联注解	〖XL（〗｛〈横结点〉 ｜ 〈盒组〉｝〔 ｛〈相联始点注解〉 ｜ 〈相联终点注解〉 ｜ 〈相联终点括弧对注解〉｝〕〖XL)〗
联始注解	〖LS〈编号〉〈位置〉｛〔,〈编号〉〈位置〉〕｝(0到K处)〗
联终注解	〖LZ ｛〈编号〉〈位置〉〔,〈线选择〉〕〔,〈线位置〉〕〔,〈线方向〉〕｝(0到K处)〗
联终括弧对注解	〖LZ（ ｛〈编号〉〈位置〉〔,〈线选择〉〕〔,〈线位置〉〕〔,〈线方向〉〕｝(0到K处)〗〖LZ)〗

注解参数：

〈编号〉　〈数字〉〔〈数字〉〕1≤编号≤20

〈位置〉　S｜X｜ZS｜ZX｜YS｜YX

〈线选择〉　XJ｜KH

〈线位置〉 S | X

〈线方向〉 F

解释:

〈编号〉在相连括弧对中允许用多条线把多对盒子连接起来，因此需要对线进行编号，相同编号的联始、联终被一条线连接起来。

〈位置〉说明从该盒子的什么位置（上、下、左、右、左上、左下、右上、右下）连到另一盒子的什么位置上。

〈线选择〉给出了联线的类型，其缺省值是箭头，“SJ”表示虚箭头，“HK”表示花括号。

〈线位置〉指出联线的位置在上或在下，“S”表示在上，“X”表示在下，缺省时为上。

〈线方向〉说明箭头方向，这仅对箭头与虚箭头起作用，缺省时表示正方向，箭头落在终点上，“F”表示反方向，箭头落在始点上。

大样

1. $CaCO_3 + H_2O + CO_2 \xlongequal{} Ca(HCO_3)_2$（$H_2O + CO_2$ 下方花括号标注：$H_2 + CO_3$）

2. $(CH_3)_33CH + CH_2 = C(CH_3)_2$（虚箭头联线）

3. $CuO + H_2O = Cu + H_2$（上方联线：还原；下方联线：氧化）

4. $\overset{+2}{Cu}O + \overset{0}{H_2} \xlongequal{} \overset{0}{Cu} + \overset{+1}{H_2}O$（上方虚线：化合价升高被氧化；下方虚线：化合价降低被还原）

5. $H_2S + 4Br_2 + 4H_2O \xlongequal{} H_2SO_4 + 8HBr$（上方虚线：$-8e \times 1$；下方联线：$+e \times 8$，S 的氧化性小于 Br）

小样

1. **=** 〖XL（〗CaCO⇓3 + H⇓2 〖LS1X〗O + CO⇓2 〖LZ（1X, KH, X〗H⇓2 + CO⇓3 〖LZ)〗〖FY = 〗Ca（HCO⇓3）⇓2 〖XL)〗↙

2. **=** 〖XL（〗（CH⇓3）⇓33C 〖LS1X〗H 〖LS2S〗 + C 〖LZ1ZX, XJ, X, F〗H ⇓2 = C 〖LZ2S, XJ〗（CH⇓3）⇓2 〖XL)〗↙

3. **=** 〖XL（〗C 〖LS1S〗uO + H⇓2O 〖LS2X〗 = C 〖LZ（1S〗还原〖LZ)〗u + H ⇓2 〖LZ（2X, X〗氧化〖LZ)〗〖XL)〗↙

4. **=** 〖XL（〗⦃Cu⦄ 〖DD（〗+2 〖DD)〗 〖LS1X〗O + ⦃H⇓2⦄ 〖DD（〗0 〖DD)〗〖LS2S〗〖FY = 〗⦃Cu⦄〖DD（〗0 〖DD)〗 〖LZ（1X, XJ, X〗化合价降低被还原〖LZ)〗 + ⦃H⇓2⦄〖DD（〗 +1 〖DD)〗 〖LZ（2S, XJ〗化合价升高被氧化〖LZ)〗

O〖XL)〗↙

5. ＝〖XL(〗H↓2S〖LS1S〗+4B〖LS2X〗r↓2+4H↓2O〖FY＝〗H↓2S〖LZ(1S，XJ，S〗-8e×1〖LZ)〗O↓4+8HB〖LZ(2X，X〗+e×8↙S 的氧化性小于 Br〖LZ)〗r〖XL)〗

竖排注解（SP）

功能：竖排注解用于将横向的字符或盒组旋转 90°，排成竖排的形式。

注解定义：

〖SP(〔〈字符盒组序号〉〕〔G〈空行参数〉〕〗｛〔〈字体号注解〉〕〈结点字〉|〈盒组〉｝〖SP)〗

注解参数：

〈字符盒组序号〉〈正整数〉

G〈空行参数〉需求撑满的竖排内容所占高度

解释：

〈字符盒组序号〉表示以第几个盒子为准与当前行中线对齐进行竖排。

G〈空行参数〉选项将括弧对中的内容在指定的〈空行参数〉内撑满排。其作用类似于横排中的撑满注解。

〈结点字〉指一个字符或一个字符再加上顶底或角标的内容组成的一个整体。

大样

1. 〈盒子 1〉+〈盒子 2〉

链增长↓放热反应

〈盒子 3〉

2. HJMN A B C　　HJMN A B C　　HJMN A B C

3. 氧化汞（橙红色粉末）—加热→汞（银白色液体）+氧气（无色气体）

小样

1. ＝〈盒子 1〉+〖SP(〗｛〈盒子 2〉｝〖FY(JH*，X，4〗〖SP(〗链增长〖SP)〗〖〗〖SP(〗放热反应〖SP)〗〖FY)〗｛〈盒子 3〉｝〖SP)〗↙

2. ＝HJMN〖SP(1〗ABC〖SP)〗＝＝＝＝HJMN〖SP(2〗ABC〖SP)〗＝＝＝＝HJMN〖SP(3〗ABC〖SP)〗↙

3. ＝〖SP(〗｛氧化汞｝〖HT6〗｛橙红色｝｛粉＝末｝〖HT〗〖SP)〗〖FY(〗加＝热〖FY)〗〖SP(〗汞〖HT6〗｛银白色｝｛液＝体｝〖HT〗〖SP)〗+〖SP(〗｛氧气｝〖HT6〗｛无色｝｛气体｝〖HT〗〖SP)〗

【任务2】新建一个小样文件，完成下面的实例。

```
      H
      |
  H—C—Cl
      |
      H
```

【分析】在这个实例中主要可以用结构（JG）、字键（ZJ）注解来实现，其中字键是链式结构的主要组成，可以设置线型、长度和方向。

小样

〖JG（〗C〖ZJS；X；Z；Y〗HHH{Cl}〖JG）〗

二、链状结构式

功能：化学结构式中元素符号和化学键排列成链状的叫做链状结构式或普根结构式。

结构注解（JG）

功能：结构注解用于排复杂的化学结构式，包括普根结构式、环根结构式等。

注解定义：

〖JG（〗〈结构内容〉〖JG）〗

结构注解不单独使用，需要和字键注解（ZJ）、连到注解（LD）、线始注解（XS）和线末注解（XM）等其他注解一起使用。

字键注解（ZJ）

功能：字键注解（ZJ）主要用来指明从本结构式的根结点上引出的“字键”数目，以及键的形状、位置、方向、长度。

注解定义：

〖ZJ〈字键〉{；〈字键〉}（0到t次）〗

注解参数：

〈字键〉　〔〈键形〉,〕〔〈字符序号〉〔〈位置〉〕,〕〈方向〉〔,〈字距〉〕

〈键形〉　LX｜SX｜XX｜QX｜SJ｜JT｜DX｜XS

〈方向〉　S｜X｜Z〔S｜X〕｜Y〔S｜X〕

解释：

〈键形〉的缺省值是单键（—），也可以选择以下所示的8种键形。

LX（两线）	═══
DX（点线）	………
QX（曲线）	～～～
JT（箭头）	——→
XX（虚线）	- - - -
SJ（三角）	—▸—

SX（三线）　　　　═══

XS（虚实）　　　　┈┈┈

〈字符序号〉　指出从第几个字符引出键。

〈位置〉：指引出的点，一共 8 个，如图 4–1 所示，由各点围成的方框表示一个字符，各点是引出字键的位置。

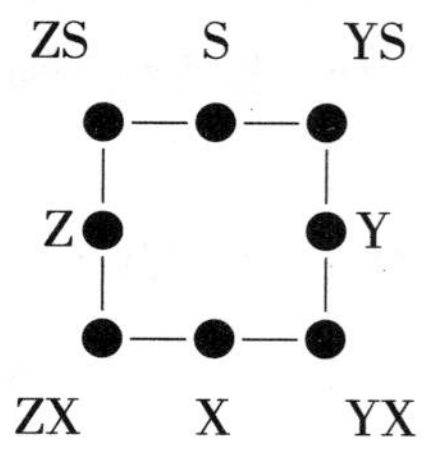

图 4–1　引出字键位置的各点

图中各字母的含义：

ZS 左上　S 上　YS 右上　Z 左　Y 右　ZX 左下　X 下　YX 右下

用〈位置,〉时注意逗号在后。

用了〈字符序号〉就一定要用〈位置,〉

〈方向〉不能缺省。指明向何方引出字键，S、X、Z、ZS、ZX、Y、YS、YX 选一。注意与位置的含义区别。

大样

CH_2OH
|
HCOH
|
OHC

A
|
B—CH＜ m / n
|
D

O
//
—C—OH

A
|—B
D　C

小样

〖JG（〗｛HCOH｝〖ZJ2，S；2，X〗｛CH⇓2OH｝｛OHC｝〖JG）〗＝＝＝＝

〖JG（〗｛CH｝〖ZJS；Z；X；2Y，YS，1＊3；2Y，YX，1＊3〗ABDmn〖JG）〗＝＝＝＝

〖JG（〗C〖ZJZ；LX，YS；Y〗｛｝O｛OH｝〖JG）〗＝＝＝＝

〖JG（〗｛｝〖ZJS；Y；YX；ZX〗ABCD〖JG）〗

连到注解（LD）

功能：连到注解用于指定由根结点引出的字键连到另一结点的第几个字符什么位置。如果字键由根结点出发连到结点的非第一字符（从左向右数），那么就必须用连到注解。

注解定义：

〖LD〈字符序号〉〔〈位置〉〕〗

注解参数：

〈字符序号〉　〈数字〉｛，〈数字〉｝

〈位置〉　S｜X｜Z〔S｜X〕｜Y〔S｜X〕

大样

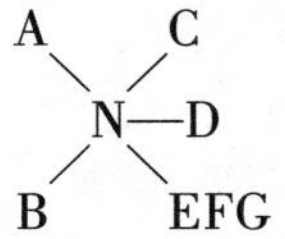

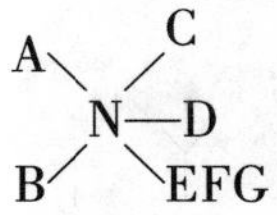

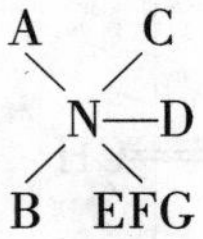

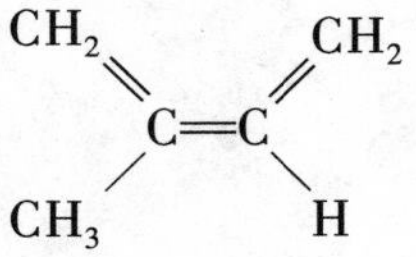

A C N—D B EFG　　A C N—D B EFG　　A C N—D B EFG　　CH_2 CH_2 C=C CH_3 H

小样

〖JG(〗〖HT4〗N〖HT〗〖ZJZS;YS;ZX;YX;Y〗ACB{EFG}D〖JG)〗＝＝＝

〖JG(〗 〖HT4〗N〖HT〗 〖ZJZS;YS;ZX;YX;Y〗 〖LD1Y〗AC〖LD1Y〗B〖LD1Z〗{EFG}D〖JG)〗＝＝＝

〖JG(〗 〖HT4〗N〖HT〗 〖ZJZS;YS;ZX;YX;Y〗 〖LD1X〗AC〖LD1S〗B〖LD2S〗{EFG}D〖JG)〗＝＝＝

〖JG(〗C〖ZJLX,ZS;ZX;LX,Y〗〖LD2YX〗{CH⇓2}〖LD2YS〗{CH⇓3}C〖ZJLX,YS;YX〗〖LD1ZX〗{CH⇓2}〖LD1ZS〗H〖JG)〗

线始注解(XS)和线末注解(XM)

功能:用线段把结构式中两结点联结起来。线段的起点由线始注解(SX)给出,终点由线末注解(XM)给出。

注解定义:

线始注解	〖XS〈编号〉〈位置〉{,〈编号〉〈位置〉}(0到K次)〗
线末注解	〖〈编号〉〈位置〉{,〈编号〉〈位置〉}(0到K次)〗

注解参数:

〈编号〉　〈数字〉{〈数字〉} 1≤编号≤20

〈位置〉　S|X|Z〔S|X〕|Y〔S|X〕

解释:

〈编号〉　本注解允许画多条线,因此需对每条线进行编号,同一编号的线始、线终点连成一条线。

〈位置〉　表示线始点(终点)在本结点的上、下、左、右或左上、左下、右上、右下。

大样

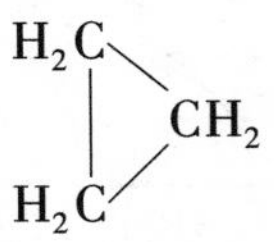

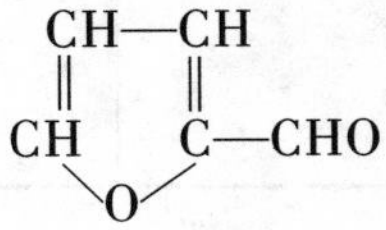

H_2C CH_2 H_2C　　CH—CH CH C—CHO O

小样

〖JG(〗{H⇓2C}〖XS1Y〗〖ZJ2,X,2〗〖LD2〗{H⇓2C}〖ZJ2Y,YS,1*2〗{CH⇓2}〖XM1ZS〗〖JG)〗＝＝＝＝

〖JG(〗{CH}〖ZJ2X,YX;LX,2S,S〗〖LD1Z〗O〖XS1Y〗{CH}〖ZJY〗{CH}〖ZJLX,X〗{C}〖XM1X〗〖ZJY〗{CHO}〖JG)〗

【任务3】新建一个小样文件，完成下面的两个实例。

CH_2

CH_3

【分析】在这两个实例中主要可以用六角（LJ）、角键（JJ）和邻边（LB）注解来实现。

小样〖JG（〗〖LJD〗〖LB1，3，5〗〖LJ〗〖LJ〗〖LJ〗〖JG）〗

三、环根结构式

前面介绍了链状结构式，即普根结构式，下面介绍环根结构式。环根结构式主要由六角环注解（LJ）、邻边注解（LB）和角键注解（JJ）来排。

六角环注解（LJ）

功能：最常见的环为六角环，排放有横、竖向之分。六角环上部有一个顶角的为竖向六角环，右部有一个顶角的为横向六角环。六角环的大小用长和宽指定。六角环的边和角可以分别编号，以便准确地描述环的结构。具体如图4–2和表4–4所示。

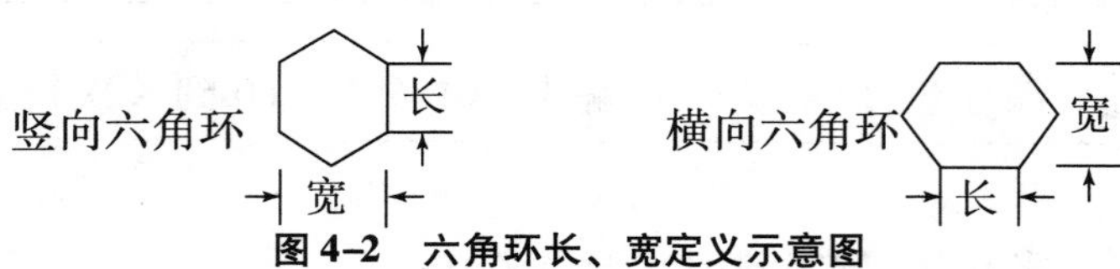

图4–2　六角环长、宽定义示意图

表4–4　六角环角和边的编号方法

	竖　向	横　向
边编号	3 4 2 5 1 6	2 1 3 6 4 5
角编号	4 3 5 2 6 1	2 3 1 4 6 5

注解定义：

〖LJ〈六角参数〉〗

〖LJ（〈六角参数〉〗｛〖〈角编号〉〗（结点）｝〖LJ）〗

注解参数：

〈六角参数〉　〔〈规格〉〕〔，〈六角方向〉〕〔，〈边情况〉〕〔，〈连入角〉〕〔，〕

〈规格〉　〈字距〉〔,〈字距〉〕

〈六角方向〉　H|S

〈边情况〉　〈各边形式〉〔〈嵌圆〉〕|〈嵌圆〉

〈各边形式〉　D|W（〈边编号〉{,〈边编号〉}0到j次）|S（〈边编号〉{,〈边编号〉}0到K次）〔W（〈边编号〉{,〈边编号〉}0到I次）〕

〈嵌圆〉　Y〈0|1〉〔〈嵌圆距离〉〕

〈嵌圆距离〉　（〈字距〉）

〈连入角〉L〈角编号〉

〈角编号〉　1|2|3|4|5|6

〈边编号〉　1|2|3|4|5|6

〈内嵌字符〉　#〈字符〉

解释：

〈规格〉形式为〈字距〉,〔,,,〈字距〉〕，第1个〈字距〉表示六角环的长，第2个〈字距〉表示六角环的宽；第2个〈字距〉省略时为正六角环，如果〈规格〉缺省，第一次出现六角注解时，系统自动规定环的大小为1，2（长为当前字号的1个字高，宽为2个字高），否则沿用上一个六角的规格。

〈六角方向〉：六角环只有横向（H）与竖向（S）两种，当省略该参数时，如果第一次出现六角环，则系统选用竖向六角环，否则沿用以前的六角环方向。

〈边情况〉参数省略时，如果第一次出现六角环，则系统规定第1、3、5条边为双键边，其余为单键边，否则沿用前一个六角环的边情况。

〈连入角〉该参数在结构式中用于指定该六角的哪一个角与根结点（环结点）相连。缺省时，系统选择连入角的方向。

〈嵌圆距离〉用于调整嵌圆和六角环宽边的距离。使用嵌圆距离之后，六角环的圆只能使用实圆。

大样

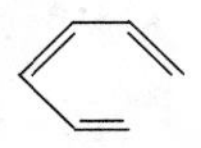

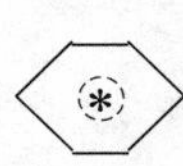

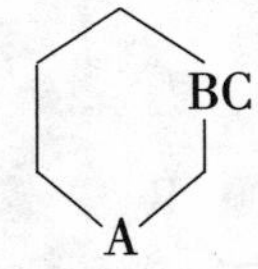

小样

[JG（] [LJ1，2，H，S（1，3，5）W（4）] [JG）]

[JG（] [LJY0，#*] [JG）]

[JG（] [LJDY1，#*] [JG）]

[JG（] [LJ（2，3，S，D] [1] {A} [5] {BC} [LJ）] [JG）]

大样

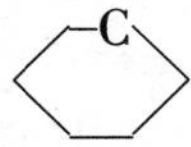

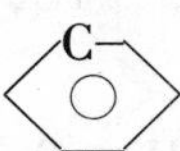

小样

〖JG(〗〖LJ(1,2,H,D〗〖3〗{C}〖LJ)〗〖JG)〗

〖JG(〗〖LJ1,2,H,D,#你〗〖JG)〗

〖JG(〗〖LJ(1,2,H,DY0〗〖2〗{C}〖LJ)〗〖JG)〗

角键注解(JJ)

功能:由环结点引出的化学键称为角键,由角键注解(JJ)给出。角键注解的功能就是说明从当前的环节点引出键的数目,以及键的位置、键形、方向、长度。

注解定义:

〖JJ〈角键〉{;〈角键〉}(0到J次)〗

注解参数:

〈角键〉 〈角编号〉〔,〈键形〉〕〔,〈方向〉〕〔,〈字距〉〕

〈角编号〉 1|2|3|4|5|6

〈键形〉 LX|SX|XX|QX|SJ|JT|DX|XS

〈方向〉 S|X|Z〔S|X〕|Y〔S|X〕

解释:

〈角键〉包括〈角编号〉,指定引出角键的角的号码,本参数不能省略,其他参数均可省略。

〈键形〉、〈字距〉的缺省值同字键注解。

当〈方向〉参数省略时,系统根据引出角号自动选取键的方向如下:

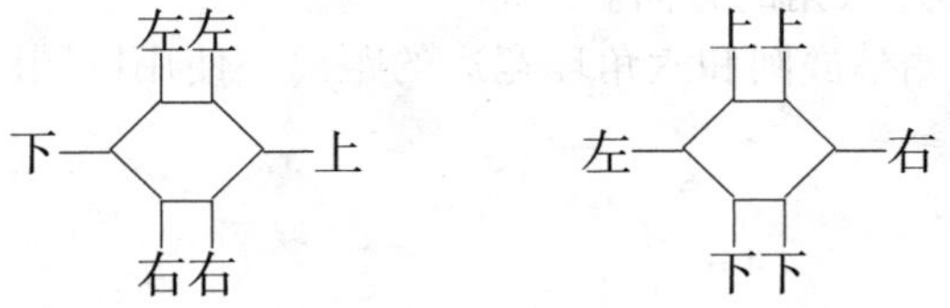

左左 上上
下 上 左 右
右右 下下

大样

R
CH_3
R′

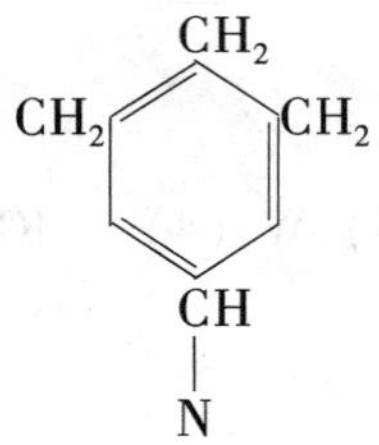

CH_2
CH_2 CH_2
CH
N

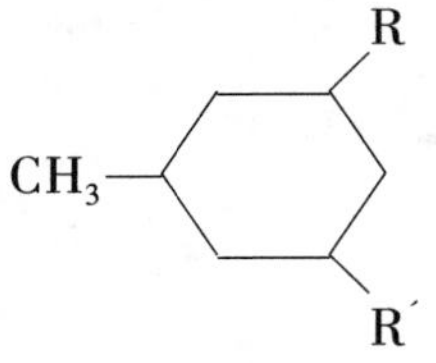

小样

〖JG(〗〖LJ2,3,H,D〗〖JJ1;3,YS;5,YX〗{CH⇓3}{R}{R⇑}〖JG)〗====

〖JG(〗〖LJS,S(1,3,5)〗〖JJ3,0;4,0;5,0;1,0〗{CH⇓2}{CH⇓2}{CH⇓2}{CH}〖ZJX〗N〖JG)〗

邻边注解（LB）

功能：邻边注解的功能是将前边的六角环按注解中给出的边号顺序自动与后边的各环连接起来。

注解定义：

〔LB〈边编号〉{，〈边编号〉}（0到K次）〕

解释：

〈边编号〉指定哪条边与另一个六角环相邻。

大样

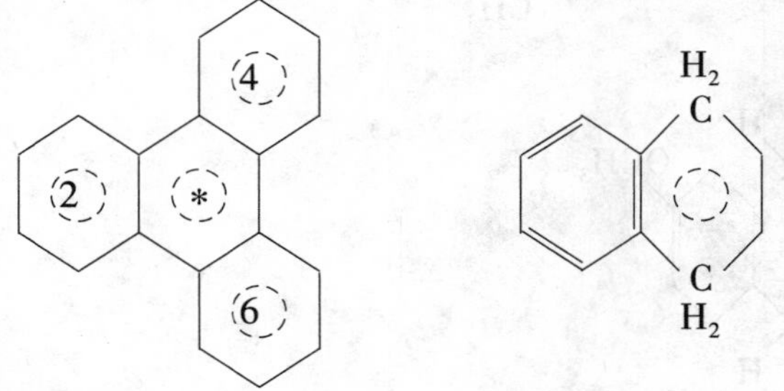

小样

〔JG（〕〔LJS，DY1，#*〕〔LB2，4，6〕〔LJ#2〕〔LJ#4〕〔LJ#6〕〔JG）〕 ====

〔JG（〕〔LJ（〕〔1〕〔SP（〕C{H⇓2}〔SP）〕〔4〕〔SP（〕{H⇓2}C〔SP）〕〔LJ）〕〔LB2〕〔LJS，S（1，3，5）〕〔JG）〕

综 合 练 习

1．排下列化学反应式

（1） $2HgO \xrightarrow{\triangle} 2Hg + O_2$　　$CH_3I + Cl \xrightarrow{25℃} CH_3Cl + I$

（2） $I_2 + H_2 \underset{分解}{\overset{化合}{\rightleftharpoons}} 2HI$　　$2KClO_3 \underset{\triangle}{\overset{MnO_2}{\longrightarrow}} 2KCl + 3O_2\uparrow$ （$-4e\times3$；$5e\times2$）

2．排下列链状结构式

（1）

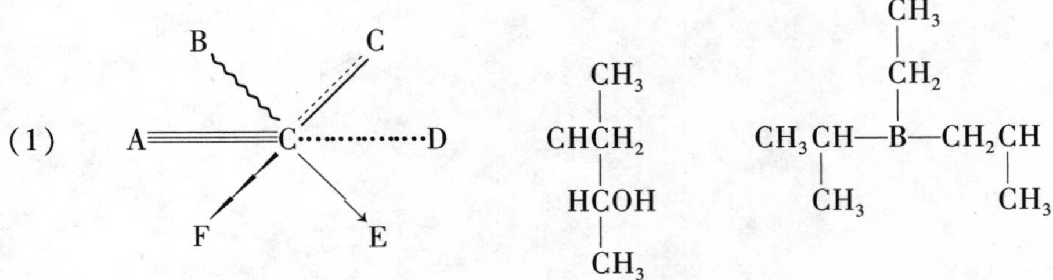

（2） 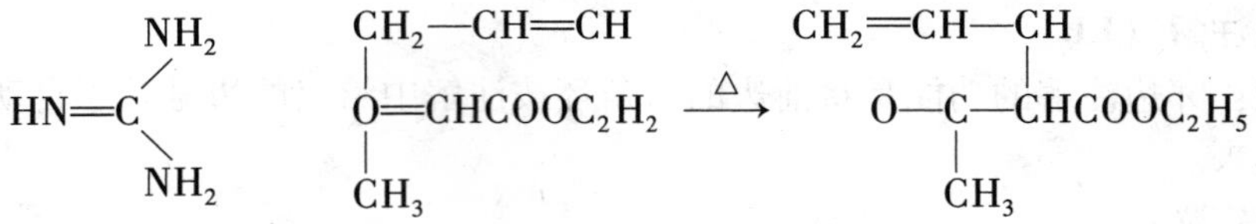 $HN{=}C(NH_2)NH_2$ 　 $CH_2{-}CH{=}CH$ / $O{=}CHCOOC_2H_2$ / CH_3 $\xrightarrow{\triangle}$ $CH_2{=}CH{-}CH$ / $O{-}C{-}CHCOOC_2H_5$ / CH_3

3．排下列环状结构式

（1） 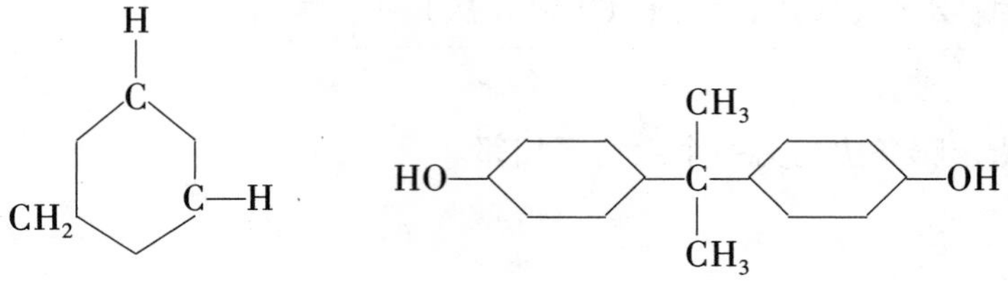 H, C, C—H, CH_2 　 CH_3, HO—, C, —OH, CH_3

（2） ＊, ＊, ＊ 　 H H, OCH_3, H H

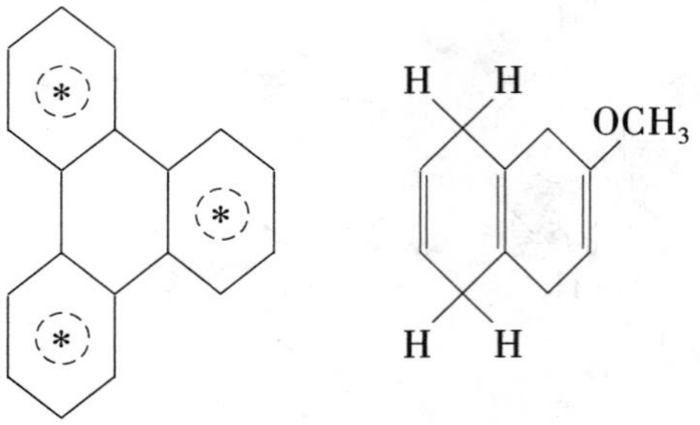

参考文献

[1] 楠天健．排版工艺方正书版（第二版）．印刷工业出版社，2005.

[2] 楠天健．北大方正书版 9.01 培训教程．北京：清华大学出版社，2001.

[3] 何燕龙．方正书版 10.x 标准教程．北京：电子工业出版社，2006.

[4] 高萍．方正排版标准教程．北京：科学出版社，2003.

[5] 林晓虹．排版工艺．北京：中国劳动和社会保障出版社，2005.

[6] 徐令德，张云峰．排版基础知识．北京：印刷工业出版社，2006.